环境影响评价

郑有飞　周宏仓　郭照冰
吴荣军　赵晓莉　等编

气象出版社
China Meteorological Press

内容简介

本书较为系统的介绍了环境影响评价的概念及环境影响评价制度的建立和发展、环境影响评价的基本程序，并综合介绍了大气、地表水、海洋、土壤、生态和噪声环境影响评价的基本原理和技术方法，详细论述了环境风险评价、区域环境影响评价、战略环境影响评价和规划环境影响评价的原理和方法。

本书具有一定的深度和广度，适合从事环境科学、环境工程等专业领域的工作者阅读，也可供本、专科院校环境科学及其相关专业作为教材使用。

图书在版编目(CIP)数据

环境影响评价/郑有飞等编.—北京:气象出版社,2008.10

ISBN 978-7-5029-4604-3

Ⅰ.环… Ⅱ.郑… Ⅲ.环境影响—评价 Ⅳ.X820.3

中国版本图书馆CIP数据核字(2008)第156140号

Huanjing Yingxiang Pingjia

环境影响评价

郑有飞 周宏仓 郭照冰 吴荣军 赵晓莉 等编

出版发行:气象出版社

地　　址:北京市海淀区中关村南大街46号　　**邮政编码**:100081

总 编 室:010-68407112　　**发 行 部**:010-68409198

网　　址:http://cmp.cma.gov.cn　　**E-mail**: qxcbs@263.net

责任编辑:陈　红　林雨晨　　**终　　审**:黄润恒

封面设计:王　伟　　**责任技编**:都　平

责任校对:赵　寒

印　　刷:北京昌平环球印刷厂

开　　本:720mm×960mm　1/16　　**印　　张**:18

字　　数:353千字

版　　次:2008年10月第1版　　**印　　次**:2008年10月第1次印刷

定　　价:36.00元

本书如存在文字不清、漏印以及缺页、倒页、脱页等，请与本社发行部联系调换。

前 言

环境是人类社会生存与发展的根本条件。为避免和减轻人类活动引起的环境污染的加剧和自然生态平衡的破坏，达到人与自然生态环境和谐发展，必须实施人口、资源与环境协调发展的可持续发展战略。

环境影响评价是区域发展、各类工程开发建设和重大决策过程中贯彻实施可持续发展战略的有效而重要的手段。决策前，对区域发展战略和即将开发建设的重大工程进行环境影响评价，对可能产生的环境问题进行科学分析、预测，提出优选方案和解决对策，从社会、经济的发展及其可能对环境的影响等方面综合考虑，协调人类的短期行为和长远利益，从而达到合理开发利用自然资源，保护自然生态环境，实现资源的可持续利用和最终实现可持续发展的目标。

当前，环境影响评价已被世界各国所认识和接受，我国也较早地引入和开展环境影响评价，并逐步建立了我国独立的环境影响评价制度，强化了我国的环境管理，环境评价法的实施则进一步完善了我国的环境影响评价制度。同时，世界各国的环境影响评价理论、方法和技术正日益完善和向着高水平发展。如何将高等学校环境科学及相关专业的教学与现代环境影响评价理论、方法和技术，以及新形势下的各种环境影响评价的理论、方法和技术的需求结合起来，使学生们更易接受、理解和掌握，这是本书编写的期望之处。本书编写人员在环境影响评价讲稿和最新研究进展的基础上编写此书。

按照环境科学及相关专业教学大纲的要求，结合环境影响评价的现实需求和学生的实际情况进行了编写。全书共分十二章：第一章绪论，介绍了环境影响评价的概念及环境影响评价制度的建立和发展；第二章介绍了环境影响评价的基本程序；第三至第八章介绍了大气、地表水、海洋、土壤、生态和噪声环境影响评价的基本原理和技术方法；第九章介绍了环境风险评价；第十章介绍了区域环境影响评价；第十一章介绍了战略环境影响评价；第十二章介绍了规划环境影响评价。

本书是南京信息工程大学教材出版基金项目，原定的教材编写人员由于工作调动等原因，在正式开始编写时经大家讨论重新调整了编写人员，第一、七、九章由郑有飞编写，第三、十二章由周宏仓编写，第六、八、十章由郭照冰编写，第四、五章由吴荣军编写，第二、十一章由赵晓莉编写，最后由郑有飞和吴荣军统稿。中国国电集团南京环境保护研究院朱法华研究员就本书的编写内容和范围与编写组成员做了讨论，南京大学朱晓东教授百忙之中通审了全书，并提出了富有建设性的建议。陈魁、杭烨超同志提供了本书的部分绘图工作。在本书的出版过程中到了南京信息工程大学教务处的大力支持，在此一并表示感谢。

本书编写过程中参考了许多教材和研究者的有关研究成果，在此表示感谢。

本书内容涉及面较广，加之作者水平有限，书中缺点和错误在所难免，敬请广大读者批评指正。

郑有飞

2007 年 12 月

目　录

第一章　绪论

第一节　环境评价概念及分类

一、环境评价的概念

环境评价就是对环境质量进行评价，故也可称环境质量评价，有时亦称环境影响评价。

环境质量是指环境对人类社会生存和发展的适宜性。由于自然的原因（如火山爆发等）和人类活动，会使得环境变得不适宜人类的生存与发展，这需要对它进行评估。

环境评价主要是对环境有影响的人类活动进行评价，或者对拟议中的人类活动可能产生的环境后果进行分析，即对于拟议中可能对环境产生不良影响的活动进行环境影响评价。

因此，环境评价是按照一定的评价标准和评价方法定性或定量描述现有环境质量的现状，预测环境质量的变化趋势和评价人类活动的环境影响的学科；是为了环境质量符合人群生活与生产的要求，有利于自然生态系统的良性循环而采取一种预防性行动。

环境评价是一个理论与实践相结合的适用性强的学科，它是环境科学的一个重要分支，也是环境保护工作中的一项重要的工作，随着经济的发展，人民物质生活的不断改善，这项工作显得越来越重要，受到更多的关注。

二、环境评价的意义

环境评价是人们认识环境的本质和进一步保护环境的手段与工具，为环境规划、环境管理、环境治理、生态环境建设、制定环境标准和确定环境规则等提供科学依据，也是为国家制定环境保护政策提供科学信息，也可为制定国家经济建设、城乡发展、提高人民生活质量规划提供环境信息；它是确定建设项目环境保护对策的依据，也是为区域开发活动奠定的科学基础。它是环境科学工作中的一项基础性工作，是贯彻我国预防为主、防治结合、综合治理的环境管理原则的具体体现。

进一步分析，环境评价的对象是环境质量及其价值，通过环境评价，不仅可以判断环境质量的优劣，也可以进一步认识环境质量价值的高低，即前面给出的环境质量的定义中的适宜性，从而可确定环境质量与人类生存发展需要之间的关系。

环境影响评价制度在很多国家实行以来，对这些国家控制新污染、促进老污染治理发挥了积极的作用。

在进行环境评价工作的同时，需要开展大量的各种学科的专项研究与综合研究，以揭示环境的本质，找出环境质量与人类生存与发展的关系，从而可大大丰富环境科学的内容，促进环境科学学科的发展。

三、环境评价的分类

按照所评价的环境质量的时间属性，环境评价可以分成回顾评价、现状评价和影响评价三种类型。

(1)环境质量回顾评价。是对某一区域某一历史阶段的环境质量的历史变化的评价，评价的资料为历史数据。这种评价可以预测环境质量的变化发展趋势。例如在使用含铅汽油的时候，公路两侧表层土壤中的铅的浓度会随时间而逐步积累。利用历年监测数据，可以对土壤铅含量的变化作出评价，进而预测其发展趋势。

(2)环境质量现状评价。这种评价是利用近期的环境监测数据，反映的是区域环境质量的现状，环境质量现状评价是区域环境综合整治和区域环境规划的基础。

(3)环境影响评价。这种评价是对拟议中的重要决策或开发活动可能对环境产生的物理性、化学性或生物性的作用及其造成的环境变化和对人类健康和福利的可能影响，进行系统的分析和评估，并提出减免这些影响的对策和措施。环境影响的评价是目前开展得最多的环境评价。

根据评价的内容，环境评价可以分成三种类型：

(1)环境影响经济评价(Economical Assessment of Environmental Impact) 是对环境对人类产生影响后发生的经济价值进行评估或者进行环境费用一 效益分析，反映人与物的关系，是环境经济学的一个重要组成部分，是连接经济系统与环境系统的桥梁。

(2)环境政策评价(Policy Assessment，PA) 是指依据一定的标准和程序，运用一定的方法，对各种环境政策进行衡量、分析、比较和评估的总称 。政策评价的目的是要把对环境的考虑纳入到政策制度中去，是公共政策的重要部分，通过分析各种政策，选择的政策对环境质量的影响，从而建立一种环境、经济和社会综合的决策机制。

(3)战略环境评价(Strategic Environmental Assessment，SEA) 是对政策、计

划及规划所产生的长期环境效应进行系统的和综合的评价，目的是通过SEA消除或降低因战略失效而造成的环境影响，从源头上控制环境问题的产生，是EIA（Environmental Impact Assessment）在政策、计划和规划层次上的应用。欧美一些国家称之为计划EIA（Programmatic EIA）或政策、计划和规划EIA（Policy，Plan，Program EIA或PPPs EIA）。

按照评价所涉及的环境要素，可以将环境评价分为综合评价（涉及区域所有重要环境要素）和单要素评价如大气环境质量评价、水环境质量评价、土壤环境质量评价等。按评价的区域类型，环境评价可分为行政区域评价（如北京市环境评价）和自然地理区域评价（如长江中上游水环境质量评价）。按照自然地理区域进行环境评价有利于揭示污染物的迁移转化规律；按照行政区域进行环境评价易于获取监测数据等原始资料，也有利于环境评价提出的措施和建议的采纳。

第二节　环境影响评价定义

有的学者认为环境评价是环境质量评价和环境影响评价的总称。但大多数学者认为环境影响评价是环境质量评价的一部分，所以环境评价与环境质量评价的内涵基本一致。国际环评学会（IAIA）和英国皇家环评研究所对环境影响评价作定义如下：

对作出的决策之前的规划和接受的委托项目的生物物理、社会和其他影响所做的鉴定、预测、评价和如何减轻负面影响的工作。

到现在为止，还没有一个被世人普遍接受的环境影响评价定义，根据科学家的分析，环境影响评价有许多定义，可分为一般定义和专业化定义。

一、环境影响评价的一般定义

环境影响评影响是对一个规划可能产生的相关环境效应及由此产生的社会效应作出评估（Battelle，1978）。

环境影响评价是一个活动，该活动旨在鉴定、预测法规、政策、项目和操作程序对人类健康和生命（福利）的影响，用来解释和沟通有关影响的信息（Munn，1979）。

环境影响评价是一种研究，研究全部可能的、眼前和长远的、可预料的和难以预料的结果，研究引进一种新技术、新项目和新方案的可能影响（Rossni和Porter，1983）。

环境影响评价是一种工具，用来预测某一规划可能出现的环境结果（Fearo，1987）。

环境影响评价是一种工具，用来鉴定和预测项目造成的可能影响，调研并提出管理的方法(Cearc，1988)。

环境影响评价是一种规划工具，对某地的规划的项目在实施之前的环境结果进行评价，然后作出决策(Gilpin，1995)。

二、专业化的定义

环境影响评价是一个综合性、系统性的过程，旨在鉴定、分析和评价所提项目的环境影响。

环境影响评价是一种过程，帮助将有效的、综合性的环境考虑和公众关注点放入到决策过程中去。

环境影响评价是帮助决策者实施可持续发展战略的有力工具。

综上所述，环境影响评价是制定决策过程中的重要因素之一，同时为收集信息和进行分析服务，还为决策者提供有关制订规划管理的信息。

第三节　环境影响评价制度及法律依据

我国于 1978 年制定的《关于加强基本建设项目前期工作内容》中提出了进行环境影响评价的问题，这可认为是一种制度的探讨，1979 年 9 月发布的《中华人民共和国环境保护法(试行)》开始了环评工作法制化的探索。该法第六条规定："一切企业、事业单位的选址、设计、建设和生产，都必须充分注意防止对环境的污染和破坏。在进行新建、改建和扩建工程时，必须提出对环境影响的报告书，经环境保护部门和其他有关部门审查批准后才能进行设计"。第七条还规定："在老城市改造和新城市建设中，应当根据气象、地理、水文、生态等条件，对工业区、居民区、公用设施、绿化地带等作出环境影响评价"。1981 年 5 月，国家计委、国家建委、国家经委和国务院环境保护领导小组联合颁发了《基本建设项目环境保护管理办法》，对环境影响评价的基本内容和程序作了规定，后经 5 年的实践，1986 年 3 月，以国务院环境保护委员会、国家计委、国家经委的名义又一次联合颁布了《建设项目环境保护管理办法》，相应出台了一系列的法规和制度。1998 年 11 月又颁布了《建设项目环境保护管理条例》，进一步完善了原有办法，建立健全了环境影响评价法律制度。现在，我国的《海洋环境保护法》、《水污染防治法》、《大气污染防治法》、《环境噪声污染防治条例》和《国务院关于在国民经济调整时期加强环境保护工作的决定》、《对外经济开放地区环境保护管理办法》等法律规定中，都有关于环境影响评价的规定。全国许多省、市、自治区也根据中央的有关法律、法规、规定和办法，制定了相应的地方法规和实施细则。

2002年10月28日第九届全国人民代表大会常务委员会第三十次会议通过的《中华人民共和国环境影响评价法》(2003年9月1日起施行),该法将环境影响评价的范围从建设项目扩大到有关规划、计划草案等宏观性的、战略性行为,将环境影响评价确定为国家的一项重大法律制度,这对于中国的政治、经济、社会和环境的一体化发展具有重大的意义。

第四节　环境影响评价制度的建立与发展简史

美国

环境影响评价起源于1969年制定的美国国家环境政策法(NEPA),这个法第一次提出要求:某些发展项目必须要证明这些项目不会对环境产生不利影响。为了做到这一点,就生成了环境影响综述(EIS),这个综述要描述发展项目的内容、要影响的环境、可能的影响程度、提出的对策活动以便掌握和监测这些影响等。它的目的是:①每一代要为下一代负责;②要保持一个安全、高产和使得社会和谐的环境;③允许最大限度的安全和可接受地利用环境;④要保护供下一代继承和选择的财产;⑤要鼓励资源潜力和人口增长的平衡;⑥鼓励可更新和再生资源的利用。在此法规被执行的头十年里,每年大约递交1000个环境影响综述。现在美国大概超过30个州有环境影响评价系统存在。

加拿大

加拿大是第一个紧跟美国NEPA的国家,环境影响评价工作正式开始于1973年,当年通过了工作的指导方针"联邦环境评价和回顾过程";1995年,环境影响评价成为加拿大法律,随后开始修订,2003年修订成为现在的"加拿大环境评价法案"。加拿大每年要完成几千个环评项目,内容从小区域的规划到大尺度的资源发展项目。目前加拿大所有省都有自己的环评系统,并有原住民土地保留区环评系统。

澳大利亚

澳大利亚是第二个引进环评系统的国家,1974年通过了《环境保护法》,1975年正式实施,1995年修订该法。和加拿大一样,澳大利亚大多数州都有自己的环评机构,大多数国家级项目都要通过州和联邦评估体系的共同评估。已完成最大的澳大利亚国家水平的环评项目是矿石资源发展项目,以后又有运输和军事发展项目(Glasson 等, 1999)。

欧盟

环境影响评价系统1976年首次被引进法国,1985年,环境影响评价工作在欧洲正式施行,通过了欧盟文件85/337/EEC,修订于1997年,这为每个成员国的环境影响评价规章的制定奠定了基础。1991 年,由欧共体和联合国经济共同体几个欧洲成员国签订的 Espoo 议定书为潜在跨边界影响的环境影响评价提供了框架。到 20 世纪 90 年代中期,英国有了超过 2500 个环评项目,大多来自于英格兰废物处理项目和工业及城市发展项目,每年大概 300 个项目。

日本

环境影响评价工作早在 20 世纪 70 年代中期在日本就讨论过,1976 年在国会就有相关提案,但直到 1984 年,环评工作才正式开始,通过了非强制性的指南,每年仅有 70 个环评项目。Glasson 等(1999)的报告说超过一半的地方政府采用环境影响评价的一些形式,他们制定的规则都比国家的指南还严格。1997 年日本引进了正式的环评体系法律。

中国

在 20 世纪 70 年代初,我国就已开展一些零星环境质量评价的探索工作。与其他国家类似,我国首先实施的是指南而不是法,1979 年 9 月颁布的《中华人民共和国环境保护法(试行)》为环境影响评价工作奠定了基础,1989 年修改了《环境保护法》,其中第三条规定:"建设污染环境的项目,必须遵守国家有关建设项目环境管理的规定。"该法还规定"建设项目的环境影响报告书,必须对建设项目产生的污染和对环境的影响作出评价,规定防治措施,经项目主管部门预审,并依照规定的程序报环境保护行政主管部门批准。环境影响报告书经批准后,计划部门方可批准建设项目设计任务书"。此后我国形成了比较完善的环境影响评价的法律体系,它由法律、行政法规、部门行政规章和地方性法规组成。目前环境影响评价工作由国家环境保护部和 2000 多个地区和城市环保局所管理,每年有数千个环评项目。

发展中国家和发展机构

菲律宾是第一个引进环评的发展中国家,在 1977 年引进(Harrop 和 Nixon,1999),现在大约超过 70 个发展或欠发达国家建立了环评系统。也许现在最欠发达的地区是非洲,有 12 个国家建有环评系统,是过去 12 年间建立环评系统最多的地区,是在国际捐赠机构如世界银行的特别要求下才建立的。世界银行率先在 1989 年引进了环评项目用于评估由其融资的项目中,接着亚洲银行也在 1993 年跟着这么做了(Harrop 和 Nixon,1999)。加拿大国际发展局在国家投资和发展项目中也增加了环评的需求,近来又把环评系统用于了评价与政策和项目决策有关的潜在环境影响。

第二章　环境影响评价的基本程序

自从1973年第一次环境保护会议后，环境影响评价被引入中国，经过几十年的理论发展及实践检验，已经成为一门相对完整，相对成熟的环境管理学科。2002年10月28日第九届全国人民代表大会常务委员会第三十次会议通过《中华人民共和国环境影响评价法》(2003年9月1日起施行)，该法将环境影响评价的范围从建设项目扩大到有关规划、计划草案等宏观性的、战略性行为，将环境影响评价确定为国家的一项重大法律制度，这对于中国的政治、经济、社会和环境的一体化发展具有重大的意义。

第一节　环境影响评价程序的基本概念

一、环境影响评价程序的含义

环境影响评价程序是指按照一定的顺序或步骤完成环境影响评价工作的过程。目前可以分为建设项目环境影响评价程序和规划环境影响评价工作程序，前者主要用于对建设项目环境影响评价进行的监督和管理，后者主要是指导规划环境影响评价的工作内容和进程。

二、环境影响评价应该遵循的原则

环境影响评价的根本目的是在规划和决策中避免和减轻不良的环境影响，最终达到更具有环境相容性的人居环境，并实现社会的可持续发展。因此在进行环境影响评价时应该遵循一些基本的原则。

1. 整体性原则

在进行环境影响评价时，应该注意各种政策及项目建设对区域人类—生态系统的整体环境影响，即在分别进行了各环境要素的影响预测后，应该分析其综合效应，这对正确、全面估计区域环境影响和选择各种替代方案的决策有重要的作用。《中华人民共和国环境影响评价法》第四条就规定，“环境影响评价必须客观、公开、公正、综合考虑规划或者建设项目实施后对各种环境因素及其所构成的生态系统可能造成的环境影响，为决策提供依据”。事实上，环境影响评价指标体系是实施整体性原则的一个很重要的手段。

2. 相关性原则

环境是一个开放的系统，在人类—生态系统中，各系统之间、同一层次系统之间及不同层次各系统之间关联的性质、关联方式及联系紧密性是判断环境影响传递性的重要原则。应该根据相关性研究其逐层、逐级的传递方式、速度及强度。在构建环境影响指标体系时，各环境影响因素之间的权重就是相关性原则的体现。

3. 目的性原则

确定环境影响评价程序时，必须根据所评价的规划或建设项目所处的区域环境的特定的结构和功能，确定其环境目标，并根据环境目标确定环境影响的内容和目的。

一般来说，环境影响评价有以下目的：为规划或项目的优化选址，合理布局提供决策；为规划或项目的优化设计及污染防治对策的制订提供依据；为规划实施后或项目建成后的环境管理与监测提供依据。为达到这些目的，在环境影响评价的可行性研究阶段和设计前期都有所体现，而且必须付诸实施。

4. 动态性原则

环境系统是一个动态的系统，无论考虑到整体性还是相关性，各系统之间都是相互关联、相互依靠的，系统之间的关系也非一成不变的，环境因素之间具有随机性、不确定性。因此在进行环境影响评价时应该研究不同层次、不同时间、不同阶段正常和异常环境影响特征，以便为决策提供可靠的依据。

5. 社会经济性原则

为了推动社会的可持续发展，环境影响评价除了要在环境的系统性和整体性方面对环境的价值作出判断外，还应在社会、经济和可持续发展方面对环境开发行为作出合理的判断。在环境信息的处理和表达中，除了要使用物理数据外，还应该了解这些数据的实际意义，以实现环境、社会和经济三者之间的协调，使环境影响评价真正促进综合决策，发挥正常的功能。

6. 主导性原则

在进行环境影响评价时，建设项目可能会对很多环境要素产生不利的影响，要把这些可能产生影响的环境要素进行综合的分析，尽可能抓住各种政策或项目建设可能引起的主要环境问题，并对其进行详细的分析、预测及评价。

7. 等衡性原则

为了更好地保护环境，进行建设项目的环境影响评价，充分体现“预防为主”的环境保护和管理理念，在进行环境影响因素的分析时，注意各个环境因素之间的权衡，充分注意各子系统和环境要素之间的协调和均衡，由于某些环境要素具有“阈值效应”，因此要特别予以关注。

8. 公众参与原则

公众参与是环境影响评价的一个重要组成部分，以人为本是环境评价的最终价值体现。在《环境影响评价法》中明确规定，规划单位、建设项目单位、环境保护部门及其他相关的机关、团体、地方政府、学者专家、当地居民等，通过一定的方式（如讨论、听证会）参与到规划、建设项目及政府决策和立法的环境影响评价过程中，而且在编制环境影响评价报告时，应该附有公众参与的意见，即公众对该项目即环保设施采纳或不采纳的说明，否则不予审批。

第二节　环境影响评价的基本程序

环境影响评价的程序是由环境影响评价制度所决定的，在世界范围内，有不同的环境影响评价制度，就有不同的环境影响评价程序，但是共同的目的又决定了环境影响评价程序的一些共同遵循的原则。下面分别介绍建设项目环境影响评价的工作程序和规划环境影响评价工作程序。

一、建设项目环境影响评价的工作程序

1. 环境影响的分类筛选

凡新建或改建、扩建项目，根据国家环境保护部“分类管理名录”确定应该编制环境影响报告书、环境影响报告表或填报环境影响登记表。

(1)编制环境影响报告书：建设项目对环境可能造成重大影响的，应当对建设项目产生的污染和对环境的影响进行全面、详细的评价。

包括原料、产品或生产过程中涉及的污染物种类多、数量大或毒性大、难以在环境中降解的建设项目；可能造成生态系统结构重大变化、重要生态功能改变、或生物多样性明显减少的建设项目；可能对脆弱生态系统产生较大影响或可能引发和加剧自然灾害的建设项目；容易引起跨行政区环境影响纠纷的建设项目；所有流域开发、开发区建设、城市新区建设和旧区改建等区域性开发活动或建设项目。

(2)编制环境影响报告表：建设项目对环境可能造成轻度影响的，应当对建设项目产生的污染和对环境的影响进行分析或者专项评价。

包括污染因素单一，而且污染物种类少、生长量小或毒性较低的建设项目；对地形、地貌、水文、土壤、生物多样性等有一定影响，但不改变生态系统结构和功能的建

设项目。

(3)填报环境影响登记表:建设项目对环境影响很小,不需要进行环境影响评价的。

包括基本不产生废水、废气、废渣、粉尘、恶臭、噪声、振动、热污染、放射性、电磁波等造成环境影响的建设项目;基本不改变地形、地貌、水文、土壤、生物多样性等,不改变生态系统结构和功能的建设项目;不对环境敏感区造成影响的小型建设项目。

根据分类原则确定评价类别,如需进行环境影响评价,则由建设单位委托有相应评价资格证书的单位承担。项目的环境影响评价分类管理,体现了管理的科学性,既保证批准的建设项目不会对环境产生重大不利影响,又加快了项目前期的工作进度,促进经济建设的发展。

2. 评价大纲的审查

编制环境影响报告书的建设项目,应该编制评价大纲,评价大纲是环境影响报告书的总体设计,应该在评价工作之前编制。评价大纲由建设单位向负责审批的环境保护部门申报,并抄送行业主管部门。环境保护部门根据情况确定审评方式,提出审查意见。在具体的实施过程中审查意见必须列为大纲的内容。

具体程序为:

(1)编制:评价单位接到委托书后,着手编制环境影响评价大纲,完成后交建设单位送(或直接送)环境保护管理部门。

(2)审查:由环境保护管理部门根据情况确定评审方式,提出审查意见。(大纲通过审查,建设单位与评价单位签订评价合同)

3. 环境影响评价工作等级的划分

一般来说,环境影响评价工作等级根据各专题的工作深度划分为三级:一级评价最为详细,二级次之,三级较简单。环境影响评价工作等级的划分依据如下:

(1)建设项目的工程特点(工程性质、工程规模、能源及资源的使用量及类型、源项等)。

(2)项目的所在地区的环境特征(自然环境特点、环境敏感程度、环境质量现状及社会经济状况等)。

(3)国家或地方政府所颁布的有关法规(包括环境质量标准和污染物排放标准)。

对于某一具体建设项目,在划分各评价项目的工作等级时,根据建设项目对环境的影响、所在地区的环境特征或当地对环境的特殊要求情况可作适当调整。

4. 建设项目环境影响评价工作程序(见图 2-1)

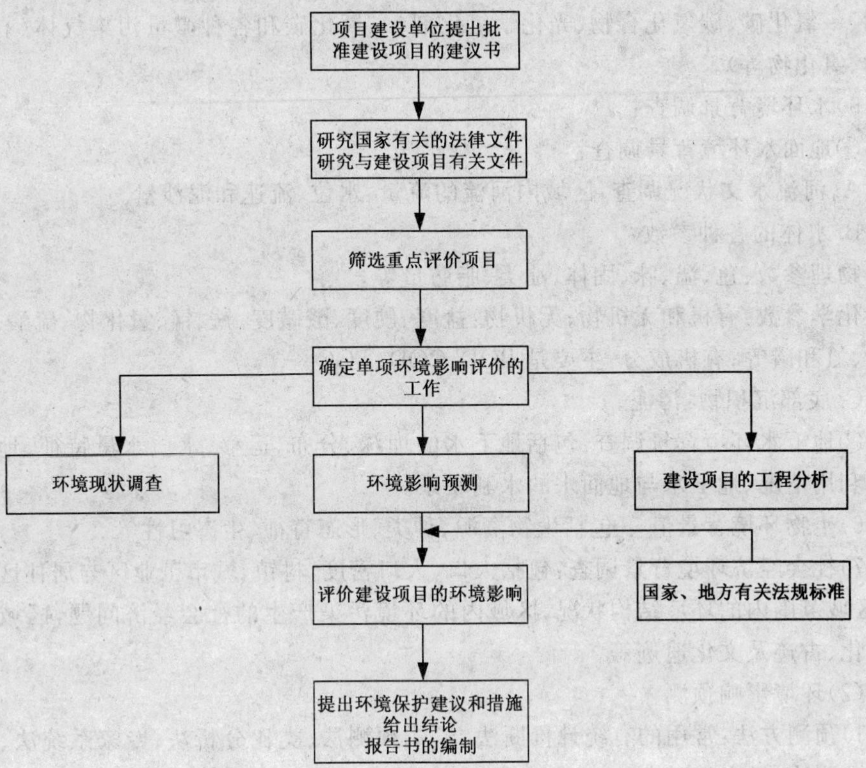

图 2-1　建设项目环境影响评价工作程序

5. 建设项目环境影响评价应注意的问题

(1)评价区域环境质量现状调查和评价

环境现状调查是各项评价共有的工作，虽各专题调查的内容不同，但其目的都是为了掌握不同的环境质量现状或本底，为环境影响预测、评价和累积效应及其投产运行环境管理数据提供基础。因此环境质量现状调查内容包括：

1)基础地质环境背景调查：包括区域地层、岩性、地质构造、岩石的矿物组成及化学成分等。

2)地貌环境背景调查：包括山地的形态、组成、山地的高度、山脉走向、河谷地貌、第四纪化学组成等。

3)土壤环境背景调查：包括土壤矿物类型、土壤物理 性状、成土母质、剖面发育等。

4)大气环境背景调查：包括研究区的主要气候特征，年平均风速和主导风向，年平均气温，极端气温，各月平均气温，年平均相对湿度，风向，风速(包括非正常情况)；

降水量(包括雪、雹);空气组分:包括各种污染物浓度,如悬浮颗粒物、硫氧化物、氮氧化物、一氧化碳、碳氢化合物、光化学氧化剂、二氧化碳和各种微量污染气体(有机氟化物、氯化物等)。

5)水环境背景调查:

①地面水环境背景调查:

A. 河流水文状况调查:区域内河流的流量、水位、流速和泥沙量。

B. 水体的各种参数:

物理参数:色、温、味、固体、油类、脂肪量等。

化学参数:有机和无机物;无机物:盐度、硬度、酸碱度、铁、锰、氯化物、硫酸盐、重金属、氮和磷等;有机成分:主要是 BOD、COD、TOC。

C. 底部沉积物:污泥。

②地下水环境背景调查:包括地下水的埋深、分布、运移、水质水量特征、地下水开采利用情况、地下水与地面水的水利联系。

6)生物环境背景值 :包括生物资源、种类、形态特征、生态习性等。

7)社会经济环境背景调查:包括人口,人口密度,村镇,城市工业区与居住区的分布,区域范围内的环境结构状况,区域内的环境污染产生的社会经济问题,区域范围内文化、古迹及文化遗迹等。

(2)环境影响预测

1)预测方法:常用的有统计推断法、模式预测法、类比分析法、专家系统法、物理模拟预测法(见表 2-1)。

表 2-1 环境影响预测方法及其特点、应用条件

方法	特点	应用条件
统计推断法	据原始数据分布规律,选择恰当的数学公式,预测未来	利用一定的统计规律,选择数学模式,应不断的修正
模式预测法	用数学模型去模拟、预测实际环境的变化,推理出结果	模式应用条件不满足时,应进行修正
类比分析法	通过兴建项目前后的环境质量变化来分析环境变化的可能性或者与一个已知的项目作对比	时间限制短,无法取得参数、数据时用
专家系统法	凭借经验来进行系统分析,预测环境的变化	一些评价方法难以定量时才用
物理模拟预测法	实物模型来模拟	实体模拟比较麻烦,应用较少

2)预测的阶段和时段:建设项目的环境影响分为三个阶段(即建设阶段、生产运营阶段、服务期满或退役阶段)和两个时段(丰水期和枯水期)。

3)预测范围和内容:为全面反映评价区内的环境影响,预测点的位置和数量除应覆盖现状监测点外,还应该根据工程和环境特征以及环境功能要求而设定。

二、规划环境影响评价工作程序

《中华人民共和国环境影响评价法》在《在建设项目环境保护管理条例》的基础上增加了规划环评的内容,将环境影响评价的范围由评价建设项目,扩大到评价对环境有影响的总体规划和专项规划,从此,从区域的发展规划到具体项目的建设,都必须执行"先评价,后建设"的规定,这对预防环境污染,防止生态破坏,对我国的国民经济和社会的健康发展,可持续战略的全面实施以及全面实现小康社会的奋斗目标将产生重大的积极作用。下面将对规划环境影响评价进行简要的概述。

1. 规划环评的目的

《中华人民共和国环境影响评价法》第一条指出,规划环评的宗旨和目的是"为了实施可持续发展战略,预防因规划和建设项目实施后对环境造成不良影响,促进经济、社会和环境的协调发展"。规划环评概念的提出,是因为人们认识到建设项目环境影响评价制度以及以往对规划采取的事后环保论证等程序上的被动地位,从而希望通过将其发展为一项新的环境管理制度,能够在更接近环境问题源头处对环境问题进行主动预防和控制。因此,规划环评的目的不仅仅是提出措施将规划实施后所产生的环境影响最小化,重点还在于使规划所可能产生的环境影响最小化,使规划成为可持续规划,推动环境与发展综合决策机制的建立。

2. 规划环评的对象

规划环境评价所确定的评价对象应具备两个条件:一是对一定区域内的生态环境有重大影响、并且能够通过评价达到一定的目的;二是在时机、人力、物力、财力及所掌握的资料等基本条件方面能满足评价需要。《中华人民共和国环境影响评价法》规定国务院有关部门、设区的市级以上地方人民政府及其有关部门,对其组织编制的下列规划应开展环评:

(1)土地利用规划的有关规划,区域流域、海域的建设、开发利用规划,应当在规划编制过程中组织进行环境影响评价,编写该规划有关环境影响的篇章或者说明。

(2)工业、农业、畜牧业、林业、能源、水利、交通、城市建设、旅游、自然资源开发的有关专项规划等,应当在该专项规划草案上报审批前,组织进行环境影响评价,并向审批该规划的机关提出环境影响评价报告书。

(3)专项规划中的指导性规划,应编写该规划有关环境影响的篇章或者说明。

3. 规划环评的工作程序

由于规划环评的类型繁多，层次不同，难以找到统一的规划编制程序，只能对规划环评的通用的工作程序进行规范。规划环评的工作程序如图 2-2 所示。

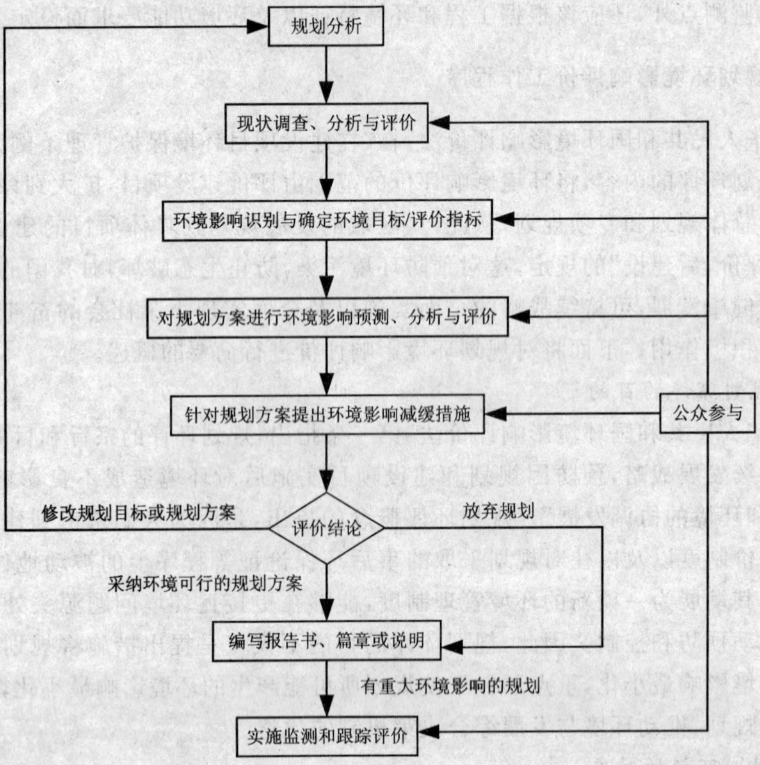

图 2-2　规划环境影响评价的工作程序

4. 规划环评的研究手段和方法

规划环评中难以进行定量化的预测与分析，或者有些规划环评没有必要进行定量化的分析，现行的环境质量标准、污染物排放标准难以作为规划环评的依据；规划环评作为连接宏观的、抽象的可持续发展目标与具体的、可操作的项目之间的桥梁，可持续发展的准则应该并且可以作为规划的依据，但是宏观的可持续发展准则却又抽象，同时难以胜任。因此，需要寻找新的标准或依据用于规划环评的研究工作。

现阶段在没有更好的适应的手段和方法的情况下，规划环境影响评价的方法的除了可以借鉴项目环境影响评价的许多方法外，累计影响的分析方法更为适用，而幕景分析法常用于处理规划不确定性评估。概括起来，规划环境影响评价方法可分为两类：

(1)项目环境影响评价方法。采用这类方法时，将项目的整体影响加以分解，有重点地将规划环境影响分解为与环境资源、社会经济和生态系统阈值相关的影响，再综合地评价各种联合行为的累积效应。

(2)规划学的方法。这类方法首先是有效地评估规划的综合影响，特别是累积效应，然后将综合影响分别导于规划区域的各种资源或生态子系统上。

规划环境影响评价的研究方法是一个综合各个相关学科的复杂体系，表 2-2 列出的是现阶段进行规划环评在各个评价阶段常用的评价方法。

表 2-2　规划环境影响评价的常用方法

评价环节	评价方法名称
评价规划的筛选	定义法；核查表法；阈值法；敏感区域分析法；矩阵法；对比、类比法；专家咨询法
环境背景调查分析	收集资料法；现场调查和监测法；“3S”技术法；参与表决、访谈和专门座谈会法
规划环境影响的识别	核查表法；矩阵法；网络法；叠图法＋GIS；系统流图法；相关分析法；层次分析法；幕景分析法；德尔斐法
规划环境影响的预测	主观概率法；系统动力学法；人工神经网络法；投入产出分析法；环境数学模型法；幕景分析法；风险分析法；经济分析法；社会影响分析法
规划环境影响的评价	加权比较法；逼近理想状态排序法；费用效益分析法；层次分析法；可对比评价法；持续发展能力评估法；承载力分析法；风险评价法；决策分析技术
累积环境影响的评价	专家咨询法；核查表法；矩阵法；网络法；系统流图法；环境数学模型法；承载力分析法；风险评价与管理法；决策分析技术；幕景分析法；叠图法＋GIS
公众参与	参与表决；论证会；听证会；广播；电视；网络等

第三节　环境影响评价报告书的编制

一、环境影响评价报告书的基本要求

环境影响报告书的编写要满足以下基本要求：

(1)环境影响报告书总体编排结构应符合《建设项目保护管理条例》(1998 年 11 月 29 日颁布)的要求，即《建设项目环境影响报告书内容提要》的要求。

(2)基础数据可靠。基础数据是评价的基础。基础数据有错误，特别是污染源排放量有错误，不管选用的计算模式多么正确，计算得多么精确，其计算结果都是错误的。因此，基础数据必须可靠。对不同来源的同一参数数据出现不同时应进行核实。

(3)预测模式及参数选择合理。环境影响评价预测模式都有一定的适用条件。参数也因污染物和环境条件的不同而不同。因此，预测模式和参数选择应“因地制

宜”。应选择模式的推导(总结)条件和评价环境条件相近(相同)的模式。选择总结参数时的环境条件和评价环境条件相近(相同)的参数。

(4)结论观点明确,客观可信。结论中必须对建设项目的可行性、选址的合理性作出明确回答,不能模棱两可。结论必须以报告书中客观的论证为依据,不能带感情色彩。

(5)语句通顺、条理清楚、文字简练、篇幅不宜过长。凡带有综合性、结论性的图表应放到报告书的正文中,对有参考价值的图表应放到报告书的附件中,以减少篇幅。

(6)环境影响报告书中应有评价资格证书,报告书的署名,报告书编制人员按行政总负责人、技术总负责人、技术审核人、项目总负责人,依次署名盖章,报告编写人署名。

二、环境影响评价报告书的编写要点

环境影响报告书编写的基本格式有两种:一种以环境现状(背景)调查、污染源调查、影响预测及评价分章编排的。它是《建设项目环境保护管理条例》中规定的编排格式。另一种是以环境要素(含现状评价及影响评价)分章编排的。下面给出以环境要素分章的环境影响报告书编写编写要点,内容包括:

1. 总论

包括环境影响评价项目的由来,编制环境影响报告书的目的,编制依据,评价标准,评价范围,控制及保护目标。

2. 建设项目概况

包括应介绍建设项目规模、生产工艺水平、产品方案、原料、燃料及用水量、污染物排放量、环保措施,并进行工程影响环境因素分析等。

3. 污染源调查与评价

污染源向环境中排放污物是造成环境污染的根本原因。污染源排放污染物的种类、数量、方式、途径及污染源的类型和位置,直接关系到它危害的对象、范围和程度。因此,污染源调查与评价是环境影响评价的基础工作。污染源调查与评价主要包括建设项目污染源预估和评价区内污染源调查与评价两部分内容。

4. 大气环境现状及影响评价

包括大气环境现状(背景)调查及大气环境影响预测与评价两部分内容。

5. 地面水环境现状及影响评价

包括地面上环境现状(背景)调查及地面水环境影响预测与评价两部分内容。

6. 地下水环境现状及影响评价

包括地下水环境现状(背景)调查及地下水环境影响预测与评价两部分内容。

7. 环境噪声现状及影响评价

包括环境噪声调查及环境噪声影响预测与评价两部分内容。

8. 土壤及农作物现状与影响预测分析

包括土壤及农作物现状调查和土壤及农作物环境影响分析两部分内容。

9. 人群健康现状及对人群健康影响分析

包括评价区内人体健康及地方病调查和人群健康影响分析两部分内容。

10. 生物环境现状及影响预测和评价

包括森林、草原、水产、野生动物、野生植物等现状及建设项目及生物环境的影响预测和评价。

11. 特殊地区的环境现状及影响预测和评价

包括自然保护区、风景游览区、名胜古迹、温泉、疗养区及重要政治文化设施等地区环境现状建设项目对这些地区的影响预测及评价。

12. 建设项目对其他环境影响预测和评价

包括振动、电磁波、放射性的环境现状，建设项目对其环境影响预测及评价。

13. 环保措施的可行性分析及建议

包括大气污染防治措施的可行性分析及建议，废水治理措施的可行性分析与建议，对废渣处理及处置的可行性分析，对噪声、振动等其他污染控制措施的可行性分析，对绿化措施的评价及建议，环境监测制度建议。

14. 环境影响经济损益简要分析

包括从社会效益、经济效益、环境效益统一的角度论述建设项目的可行性。由于这三个效益的估算难度很大，特别是环境效益中的环境代价估算难度更大，目前还没有较好的方法，使环境影响经济损益简要分析还处于探索阶段，有待今后的研究和开发。

目前，主要从以下几方面进行：1)建设项目的经济效益；2)建设项目的环境效益；3)建设项目的社会效益。

15. 结论及建议

要简要、明确、客观地阐述评价工作的主要结论，包括下述内容：

(1) 评价区的环境质量现状。

(2) 污染源评价的主要结论，主要污染源及主要污染物。

(3) 建设项目对评价区环境的影响。

(4) 环保措施可行性分析的主要结论及建议。

(5) 从三个效益统一的角度，综合提出建设项目的选址、规模、布局等是否可行。建议应包括各节中的主要建议。

16. 附件、附图及参考文献

(1)附件　主要有建设项目建议书及其批复,评价大纲及其批复。

(2)附图　在图、表特别多的报告书中可编附图分册，一般情况下不另编附图分册。若没有该图对理解报告内容有较大困难时,该图应编入报告书中,不入附图。

(3)参考文献　应给出作者、文献名称、出版单位、版次、出版日期等。

第三章　大气环境影响评价

第一节　大气环境影响评价概述

一、大气环境影响评价的基本任务

大气环境影响评价的基本任务是从保护环境的目的出发，通过调查、预测等手段，分析、判断建设项目在建设施工期和建成后生产期所排放的大气污染物对大气环境质量影响的程度和范围，为建设项目的厂址选择、污染源设置、制定大气污染防治措施以及其他有关的工程设计提供科学依据或指导性意见。

二、大气环境影响评价的特点

为分析建设项目对大气环境质量的影响。首先必须调查当地的大气自然净化能力。大气和地面水都属于流体，它们各自对其中的污染物的自然净化作用有类似之处。然而，大气却有其显著特点，它是地球表面上占据空间最大的一种物质。约占总质量98%的大气分布在从地面到30 km高度范围内的空间，在人类和生态受影响的范围内，它可以说无所不在。而不像江、河、湖泊和海洋那样，局限于地表面的一定范围。太阳的辐射能通过大气作用于海洋或其他地表，在这一系统的能量交换和收支平衡中，可以使大气产生从几千米到几千千米不同范围内的平均流动和小尺度的湍流扩散。如果周围环境比较空旷，大气的平均流动和湍流扩散以及其他方面的物理、化学作用，可以使大气污染物迁移到远处和稀释扩散到允许的浓度值，从而起到对大气的自然净化作用。由此可见，在大气环境影响评价中应该注意下述特点：① 自然净化能力比较大，可以采用高烟囱排放或尽可能将污染源设置在远离人口密集或环境敏感的地区；② 为了调查或探测大气的运动规律，必将增加评价工作的难度和周期。

三、大气环境影响评价的工作程序

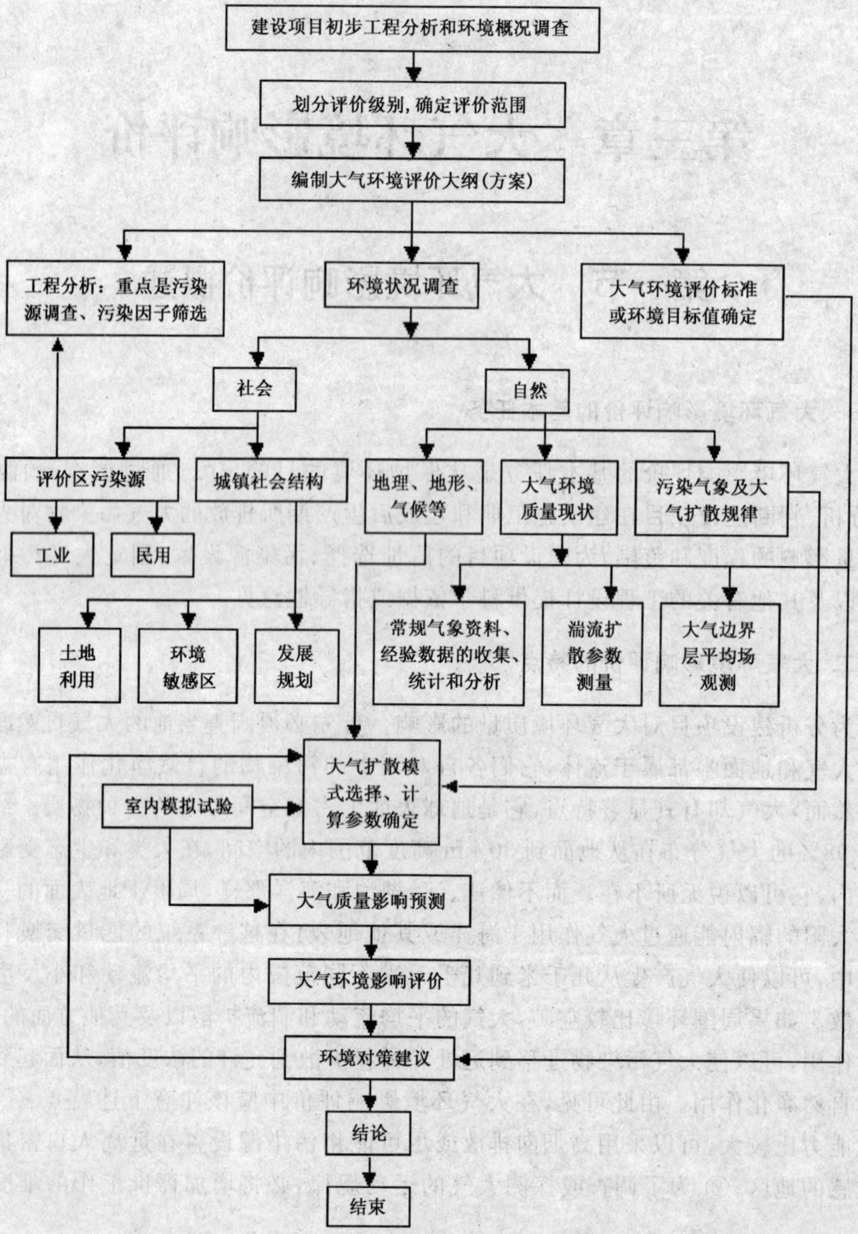

图 3-1　大气环境影响评价技术工作程序图

大气环境影响评价工作可分为三个阶段。第一为准备阶段，主要工作为研究有关文件，进行初步的工程分析和环境现状调查，确定评价工作等级和编制评价大纲。这一阶段相当于图 3-1 中自上而下第一至第三层方框所包含的内容。第二为正式工作阶段，其主要工作包含三大部分，它们依次为调查、预测和评价。这一阶段相当于图 3-1 中自上数第四层至倒数第三层方框所包含的内容。第三为报告书编制阶段，其主要工作为给出结论，完成环境影响报告书中大气部分的编写。这一阶段相当于图 3-1 中倒数第二层方框。考虑到正式工作中的调查主要应针对污染源、气象条件和环境质量现状三个方面，工作程序的主要内容大体上可按“三三制”来理解和记忆。即：准备、正式工作和编制报告书三个阶段；正式工作依次包含调查、预测和评价三大部分；调查主要包括污染源、气象条件和环境质量现状三个方面。

第二节　大气环境影响评价等级

一、评价等级的划分目的和判据

划分评价等级的目的是为了区别对待不同的评价对象，在保证评价工作质量的前提下，尽可能节约经费和时间。区别的原则主要有两点：①对环境质量的影响大小；②评价工作的难易程度。

设评价等级的判别参数为 P_i

$$P_i = (Q_i / C_{0i}) \times 10^9 \tag{3-1}$$

式中 P_i 为评价等级判别参数，亦即通常所谓的等标排放量，m^3/h；Q_i 为第 i 类污染物单位时间的排放量，t/h；C_{0i} 为第 i 类污染物空气质量标准，mg/m^3；C_{0i} 按“环境空气质量标准”二级、一小时平均值计算。

如表 3-1 所示，可将大气环境影响评价工作划分为一、二、三级。表中的复杂地形系指：丘陵、山区、沿海以及大、中城市的城区。如所排放的主要污染物多于一种，则应按 P_i 值中最大者计算。

表 3-1　评价工作级别（一、二、三级）

$P_i(m^3/h)$	$P_i \geqslant 2.5\times10^9$	$2.5\times10^9 > P_i \geqslant 2.5\times10^8$	$P_i < 2.5\times10^8$
复杂地形	一	二	三
平　原	二	三	三

二、各种等级的评价范围

评价范围应根据建设项目对大气环境质量影响的范围确定。这一影响范围主要决定于建设项目的级别。此外，还应考虑评价区内和评价区边界外有关区域（以下简称界外区）的地形、地理特征及该区域内是否包括大、中城市的城区、自然保护区、风景名胜区等环境保护敏感区。通常可将建设项目的主要污染源作为评价区的中心，以主导风向为主轴，按正方形或矩形划定评价区的范围。如无明显主导风向，可取东西向或南北向为主轴。

各种等级的评价范围边长可根据表 3-1 中 P_i 的级间限制值确定。根据 P_i 和该污染物的 C_{0i}，由式(3-1)可得 Q_i；利用排放标准，可由 C_{0i} 和 Q_i 得出烟囱有效高度 H_e；按制定标准的惯例，取稳定度为中性，由 H_e 可以计算出某一浓度限值的下风距离。如果将该建设项目的主要污染物影响到评价区边界处的地面浓度值，限定为不高于其最大落地浓度的 1/4，则一、二、三级评价项目的评价范围边长分别不应小于 16～20 km、l0～14 km、4～6 km。平原地区取上限，复杂地形条件取下限。

对于某些等标排放量较大的一、二级项目，评价范围应适当扩大。考虑到界外区对评价区的影响，对于排放高度、排放量较大的点源以及地形、地理特征的调查。还应扩大到界外区域。和上述确定评价范围的道理一样，各方位的界外区的边长大致为评价区边长的 0.5 倍。如果界外区域包含有环境保护敏感区，则应将评价区扩大到界外区。如果评价区包含有荒山、沙漠等非环境保护敏感区，则可适当缩小评价区的范围。该设施的大气环境影响评价范围一般是以该设施为中心、半径为 80 km 的圆形地区。

对于新建项目应以项目建议书批准的内容为准，按最终规定的规模作出完整的评价；对于改、扩建项目既要评价改、扩建工程也应评价现有工程。

第三节 大气环境影响评价的自然和社会调查

一、大气环境调查的含义和目的

本节所谓的调查包含：资料的收集和统计分析；污染物的现状监测；现场气象观测或实验以及有关的室内模拟实验。调查的主要目的是：① 为下一步的预测提供必要的输入参数；② 直接为评价提供背景数据和有关信息。

二、大气环境调查的主要内容

大气环境调查的有关内容列于图 3-1 中的第 4～7 层方框。其中主要的是对污染源、气象条件和环境质量现状三个方面的调查；因为其中的工程分析主要是针对污染源，而社会调查中的土地利用和发展规划等项也主要是为了了解其气象条件和污染源的变化情况。

三、大气环境调查的注意事项

所谓大气环境影响评价工作的难度较大、周期较长、需要花费较多的经费，主要指调查阶段。为此，必须以科学的态度严格按有关的规定和操作规程进行大气环境调查；否则，不但会造成直接的经济损失，而且有可能因错过季节，延误了时机，造成更大的损失。下述注意事项主要是针对现场观测、现场实验、现状监测以及室内模拟实验。

(1)做好实验前准备工作。

(2)实验中严格按有关的操作规程执行，发现问题及时纠正，根据新情况对原实验设计进行必要的修订。

(3)正确处理和分析实验数据。

四、收集地理地形图

收集评价区及其界外区的地形图(比例尺可在 1∶25000～1∶100000 之间选取)，在该地形图上应标有经纬度，地表状况，拟建项目厂区、村镇、城市分布，主要厂矿及大型建筑物、构筑物分布，常规气象站和监测站位置等，并划明大气环境影响评价区及界外区范围。

五、自然环境调查

重点应调查当地的长期气候特点。选用地理条件基本一致、距建设项目最近的气象台站的气候要素资料(最近 5 年以上的平均值)。列表载明逐月及全年的气压、气温、降水、湿度、日照、蒸发量、平均风速、主导风向、大风、雷暴、雾日、扬沙等项内容(其中蒸发量、雷暴、雾日、扬沙等项目视地区气候特点而定)。此外还应简要说明环境水文、土壤、植被概况及特点。

六、社会环境概况调查

主要说明：评价区及界外区中城镇、村落分布、城市性质、景区及名胜古迹分布、城市发展规划及环境规划要点等。

第四节 大气污染源调查

一、污染因子的筛选及大气污染源调查对象

1. 污染因子的筛选

表 3-2 各类工业企业向大气中排放的主要污染物

工业部门	企业类别	排出主要污染物
电力	火力发电厂	烟尘、二氧化硫、氮氧化物、一氧化碳、苯并[a]芘
冶金	钢铁厂	烟尘、二氧化硫、氮氧化物、氧化铁尘、氧化锰尘
	有色金属冶炼厂	粉尘(含各种重金属:铜、镉、铅、锌等)、二氧化硫
	炼焦厂	烟尘、二氧化硫、一氧化碳、硫化氢、酚、苯、萘、烃类
化工	石油化工厂	二氧化硫、硫化氢、氰化物、氮氧化物、氯化物、烃类
	氮肥厂	烟尘、氮氧化物、一氧化碳、氨、硫酸气溶胶
	磷肥厂	烟尘、氟化氢、硫酸气溶胶
	氯碱厂	氯气、氯化氢、汞蒸气
	化学纤维厂	烟尘、硫化氢、氨、二硫化碳、甲醇、丙酮等
	硫酸厂	二氧化硫、氮氧化物、砷等
	合成橡胶厂	苯乙烯、乙烯、异丁烯、异戊二烯、丙烯腈、二氯乙烷、二氯乙酮、乙硫醇、氯化甲烷
	农药厂	砷、汞、氯气、农药
	冰晶石厂	氟化氢
机械	机械加工	烟尘
轻工	造纸厂	烟尘、硫尘、硫化氢
	仪表厂	汞、氰化物
	灯泡厂	烟尘、汞
建材	水泥厂	水泥尘、烟尘

在污染源调查中,应根据评价项目的特点和当地大气污染状况对污染因子(即待评价的大气污染物)进行筛选。首先应选择该项目等标排放量 P_i 较大的污染物为主要污染因子;其次,还应考虑在评价区内已造成严重污染的污染物。污染源调查中的污染因子数一般不宜多于5个。对某些排放大气污染物数目较多的企业,如钢铁企业,其污染因子数可适当增加。表 3-2 列出各类工业企业的特征大气污染物,可供筛选污染因子时参考。

2. 大气污染源调查对象

大气污染源调查应包括拟建项目污染源(对改扩建工程应包括新、老污染源)和评价区内工业及民用污染源;三级评价项目的调查内容可适当从简。

二、大气污染源调查方法

新建项目可通过类比调查或设计资料确定；改扩建项目的现有工业污染源可以现有的“工业污染源调查资料”为基础，再对变化情况进行核实、调整。评价区内其他污染源及界外区较大污染源可参照建设项目的方法进行调查。

核实污染物排放量一般有以下三种方法。

1. 现场实测

对于有组织排放的大气污染物，例如，由烟囱排放的 SO_2、NO_x 或颗粒物等，可根据实测的废气流量和污染物浓度，按下式计算

$$Q_i = Q_N \cdot C_i \times 10^{-6} \tag{3-2}$$

式中 Q_i 为废气中 i 类污染物的源强，kg/h；Q_N 为废气体积（标准状态）流量，m^3/h；C_i 为废气中污染物 i 的实测浓度值。

2. 物料衡算法

物料衡算法是对生产过程中所使用的物料情况进行定量分析的一种科学方法。对一些无法实测的污染源，可采用此法计算污染物的源强，其公式如下

$$\sum G_{投入} = \sum G_{产品} + \sum G_{流失} \tag{3-3}$$

式中 $\sum G_{投入}$ 为投入物料量总和；$\sum G_{产品}$ 为所得产品量总和；$\sum G_{流失}$ 为物料和产品流失量总和。

3. 经验估计法

对于某些特征污染物排放量，可依据一些经验公式，或一些经验的中性产品的排污系数来计算。表 3-3 至表 3-5 分别为燃烧 1t 煤、lm³ 油和 10^6 m³ 燃料气排放的污染物量。表 3-6 是生产过程中气体污染物的排放系数（即吨产品的污染物排放量）。

表 3-3　燃烧 1t 煤排放的污染物量(kg)

污染物	炉型		
	电站锅炉	工业锅炉	采暖炉及家用炉
一氧化碳（CO）	0.23	1.36	22.7
碳氢化合物（C_nH_m）	0.091	0.45	4.50
氮氧化物（以 NO_2 计）	9.08	9.08	3.62
二氧化硫［硫指煤的含硫量（%）］		16.0S	

表 3-4 燃烧 1 m^3 油排放的污染物量(kg)

污染物	炉型		
	电站锅炉	工业锅炉	采暖炉及家用炉
一氧化碳(CO)	0.005	0.238	0.238
碳氢化合物(C_nH_m)	0.381	0.238	0.357
氮氧化物(以 NO_2 计)	12.47	8.57	8.57
二氧化硫[硫指油的含硫量(%)]		20S	20S
烟尘	1.20	渣油燃烧 2.73 蒸馏油燃烧 1.80	0.952

表 3-5 燃烧 10^6 m^3 燃料气排放的污染物量(kg)

污染物	炉型		
	电站锅炉	工业锅炉	采暖炉及家用炉
一氧化碳(CO)	忽略不计	6.30	6.30
碳氢化合物(C_nH_m)		忽略不计	
氮氧化物(以 NO_2 计)	6200.00	3100.16	1843.24
二氧化硫(SO_2)	630.00	630.00	630.00
烟尘	238.50	286.20	302.00

表 3-6 生产过程中气体污染物的排放系数

产品		单位	污染物种类	污染物产生量	污染物排放量	生产方式	备注
冶金工业	烧结(烧结矿)	m^3/t	废气	4000～6000	4000～6000		机头
		kg/t	粉尘	5～15	0.5～1.5	铺底料	
		kg/t	粉尘	15～25	1.5～2.5	无铺底料	
		kg/t	SO_2	0.2～20	0.2～20		
		m^3/t	废气	800～1200	800～1200		机尾
		kg/t	粉尘	30～65	0.3～1.5		
	炼铁(生铁)	m^3/t	废气	1500～2300			高炉煤气全部作能源用
		kg/t	尘泥	30～70			
		m^3/t	废气	2700～4100	2700～4100		煤气燃烧废气
		kg/t	粉尘	10～20	0.015～0.04		
		kg/t	粉尘	0.4～0.65	0.10～20		出铁场废气带出的粉尘
	炼钢	m^3/t	废气	2000～3000	2000～3000	平炉	
		kg/t	粉尘	12～25	0.5～5		
		m^3/t	废气	800～1000	800～1000	电炉	原始烟气
		kg/t	粉尘	10～15	1～5		
	耐火材料	m^3/t	废气	8000～40000	8000～40000		
		kg/t	粉尘	30～100	2～64		

续表

产品		单位	污染物种类	污染物产生量	污染物排放量	生产方式	备注
冶金工业	炼焦	m^3/t	废气	2200～2600	2200～2600		
		kg/t	粉尘	50～80	5～32		
		kg/t	SO_2	3.4～5.2	0.15～0.35	有脱硫	
		kg/t	SO_2	3.4～5.2	3.4～5.2	无脱硫	
	碳素	m^3/t	废气	40000～60000	40000～60000		石墨类产品
		kg/t	粉尘	70～100	10～25		
	硅铁	m^3/t	废气	1000～2000	1000～2000		原始烟气
		kg/t	粉尘	140～200	5～200		
有色金属工业	氧化铝	m^3/t	废气	30000～50000	30000～50000	烧结法	
		kg/t	粉尘	40～60	15～20		
		kg/t	SO_2	40～60	10～15		
		m^3/t	废气	3000～5000	3000～5000	联合法	
		kg/t	粉尘	40～60	15～20		
		kg/t	SO_2	10～15	10～15		
	铝电解	m^3/t	废气	2000～5000	2000～5000	电解法	
		kg/t	粉尘	50～200	30～50		
		kg/t	SO_2	5～15	5～15		
		kg/t	氟化物	18	10～13		
	铅锌冶炼	m^3/t	废气	30000～70000	30000～70000		
		kg/t	粉尘	180～900	4～10		
		kg/t	SO_2	3000～5000	50～180		
	镍联合企业	m^3/t	废气	10000～100000	10000～100000		
		kg/t	粉尘	1000～2000	100～200		
		kg/t	SO_2	4000～10000	4000～100000		
	锑冶炼	m^3/t	废气	150000～250000	150000～250000	火法冶炼	
		kg/t	粉尘	2500～3000	3～6		
		kg/t	SO_2	1000～1200	1000～1200		
化学工业	硫酸	m^3/t	废气	2800～3200	2800～3200	沸腾焙烧	废气经二段或三段
		kg/t	SO_2	25～45	0.4～0.6	一转一吸	回收处理
	合成氨	m^3/t	废气	2500～3500	2500～3500	以煤为原	
		kg/t	CO	200～500	40～100	料生产碳	
		kg/t	NH_3	30～60	0～0.5	酸氢铵	
		kg/t	SO_2	15～20	8～10	(小型)	
		kg/t	H_2S	0.1～5	0～3		
	普通过磷酸钙	m^3/t	废气	4800～8700	4800～8700	以磷矿石	布袋收尘
		kg/t	粉尘	18.8～46.2	0.35～0.99	为原料	
		kg/t	氟化物	17.8～48	0.094～0.13		
	烧碱	m^3/t	废气	3800～4000	3800～4000	苛化法	
		kg/t	CO	1.0～1.2	1.0～1.2		
		kg/t	SO_2	0.8	0.8		

续表

产品		单位	污染物种类	污染物产生量	污染物排放量	生产方式	备注
化学工业	纯碱	m^3/t	废气	4000	4000	氨碱法	
		kg/t	NH_3	0.8～1.0	0.8～1.0		
		kg/t	CO	10	10		
	硝酸铵	m^3/t	废气	150～200	150～200	真空结晶法	
		kg/t	NH_3	0.01～0.02	0.01～0.02		
		kg/t	NH_4NO_3	0.05～0.07	0.05～0.07		
	尿素	m^3/t	废气	4000～5000	4000～5000	合成法	
		kg/t	NH_3	5～15	2～10		
	钛白粉	m^3/t	废气	16000～18000	16000～18000	硫酸法	
		kg/t	SO_2	4.7～5.3	1.01～2.3		
		kg/t	SO_3	37.2～69.3	6.1～8.5		
建材工业	水泥	m^3/t	废气	4000～5900	4000～5900	干法回转窑	
		kg/t	粉尘	50～120	1～24		
		kg/t	SO_2	0.2～3.7	0.2～3.7		
		m^3/t	废气	2200～4000	2200～4000	机械化立窑	
		kg/t	粉尘	34～100	4～40		
		kg/t	SO_2	0.5～5.0	0.5～5.0		
	平板玻璃	m^3/t	废气	5000～10000	5000～10000		
		kg/t	粉尘	3～16	3～16		
		kg/t	SO_2	0.1～3.0	0.1～3.0		
	石棉	m^3/t	废气	14000～36000	14000～36000		
		kg/t	粉尘	40～80	23～67		
		kg/t	SO_2	6～30	6～30		

三、建设项目污染源调查内容

1. 一级评价项目污染源调查内容

对于一级评价项目应进行以下各方面的调查。

(1)按生产工艺流程或按分厂、车间分别绘制污染流程图。

(2)按分厂或车间统计各排放源和无组织排放源的主要污染物排放量。

(3)对改扩建项目的主要污染物排放量应给出:现有工程排放量、改扩建工程排放量、改扩建后现有工程的削减量,按上述三个量计算最终排放量。

(4)除调查主要污染物正常生产的排放量外,对于毒性较大的物质还应估计其非正常排放量。

(5)将污染源按点源和面源进行统计。面源包括无组织排放源和数量多源强源高都不大的点源。对于范围比较大的城区或工业区,一般是把源高低于 30 m、源强小于 0.04 t/h 的污染源列为面源。建设项目可参考这一数据,根据污染源源强和源高的具体分布状况确定点源的最低源高和源强。厂区内某些属于线源性质的排放源可并入其附近的面源，按面源排放统计。

(6)点源调查内容：①烟囱底部中心坐标及分布平面图；②烟囱高度(m)及出口内径(m)；③烟囱出口处烟气温度；④烟气出口速度(m/s)；⑤各主要污染物正常排放量(t/a，t/h 或 kg/h)；⑥毒性较大物质的非正常排放量(kg/h)；⑦排放工况，如连续排放或间断排放，间断排放应注明具体排放时间、时数和可能出现的频率。

(7)统计评价区内面源时，首先进行网格化。可以评价区左下或左上角为原点，分别以东、北为 x 和 y 的正轴。网格单元取 1 km×1 km，评价区较小时，可取 500 m×500 m。然后按网格统计面源的下述参数：①主要污染物排放量[$t/(h \cdot km^2)$]；②面源排放高度(m)，网格内排放高度不等时，可按排放量加权平均取平均排放高度，如果面源分布较密且高度差较大时，可酌情按不同平均高度将面源分为 2～3 类。对于建设项目的面源，因其范围一般较小，可统计其实际位置和所占面积，排放量和排放高度的统计方法同上。

(8)对排放颗粒物的重点点源，还应调查其颗粒物的密度及粒径分布。

(9)原料、燃料及固体废弃物等堆放场所，有风时，易产生扬尘。这类问题可按“风面源”处理。采用试验或类比调查，确定其启动风速和扬尘量。

2. 二、三级评价项目污染源调查内容

二级评价项目的调查内容可参照“一级评价项目污染源调查内容”中的内容进行，可适当从简，三级评价项目可只调查“一级评价项目污染源调查内容”中(3)、(5)、(6)、(7)、(8)等条内容。

四、其他污染源调查

评价区内其他工业污染源的调查内容，一般可直接取自近期的“工业污染源调查资料”。必要时应对重点污染源进行核实。具体调查项目可参照“一级评价项目污染源调查内容”中有关内容执行。民用污染源可限于调查二氧化硫、颗粒物两项，其排放量可按全年平均燃料使用量估算，对于有明显采暖和非采暖期的地区，应分别按采暖期和非采暖期统计。界外区较大点源的调查内容可参照“一级评价项目污染源调查内容”执行。也可采用卫星资料反演或航片反演进行污染调查。

第五节　大气环境影响预测方法与模型及应用

一、大气环境影响预测方法

1. 预测方法概述

预测方法大体上可分经验方法和数学模拟方法两大类。经验方法主要是在统计、分析历史资料的基础上,结合未来的发展规划进行预测。数学方法主要指利用数学模式进行计算或模拟。

按经典的划分法,数学模拟方法可分三大类:第一类是基于泰勒(Taylor)统计理论的所谓"统计理论";第二类是假设湍流通量正比于平均梯度的所谓"梯度理论";第三类是基于因次分析的"相似理论"。三种方法通常都需要进行数值计算。因此,在工程上尚未达到普遍应用的地步。但是三大理论中的有关内容,却经常在工程中应用。

迄今为止,在工程上最普遍的应用是正态模式(即 Gauss 模式)。正态扩散模式的前提是假定污染物在空间的概率密度是正态分布,概率密度的标准差亦即扩散参数通常用"统计理论"方法或其他经验方法确定。正态扩散模式之所以一直被应用主要因为它有以下优点:① 物理上比较直观,其最基本的数学表达式可从普通的概率统计教科书或常用的数学手册中查到;② 模式直接以初等数学形式表达,便于分析各物理量之间的关系和数学推演,易于掌握和计算;③ 对于平原地区、下风距离在 10 km 以内的低架源,预测结果和实测值比较一致;④ 对于其他复杂问题,对模式进行适当修正后,许多结果仍可应用。但是在应用时应当注意,常用的正态烟羽扩散模式实质上已假定:流场是定常的,不随时间变化;同时在空间是均匀的。均匀意味着平均风速、扩散参数随下风距离的变化关系到处都一样,在空间是常值。这一条件加上正态分布的前提,也限制了正态扩散模式的发展。

2. 法规大气扩散模式

所谓法规(Regulatory)大气扩散模式是指由政府部门颁布实施、在工程上普遍应用的大气扩散模式。这种模式通常是用初等数学形式表达,其中需要给定的输入参数,可由常规气象参数、物理常数或经验数据求出。

二、大气扩散模式

1. 瞬时单烟团正态扩散模式

瞬时释放的单个烟团正态扩散模式是一切正态扩散模式的基础(见图 3-2)。假

定单位容积粒子比 $C/Q(\mathrm{m}^{-3})$ 在空间的概率密度为正态分布，则

$$[C(x,y,z,t)/Q(x_0,y_0,z_0,t_0)]=[(2\pi)^{3/2}\sigma_x\sigma_y\sigma_z]^{-1}\times$$
$$\exp\{-0.5[(x-x_0-x')^2/\sigma_x^2+(y-y_0-y')^2/\sigma_y^2+(z-z_0-z')^2/\sigma_z^2]\} \tag{3-4}$$

式中 x,y,z,t 为预测点的空间坐标和预测时的时间；x_0,y_0,z_0,t_0 为烟团初始空间坐标和初始时间；x',y',z' 为烟团中心在 $t-t_0$ 期间的迁移距离，$x'=\int u\mathrm{d}t$，$y'=\int v\mathrm{d}t$，$z'=\int w\mathrm{d}t$；u,v,w 为烟团中心在 x,y,z 方向的速度分量；C 为预测点的烟团瞬时浓度；Q 为烟团的瞬时排放量；$\sigma_x,\sigma_y,\sigma_z$ 为 x,y,z 方向的标准差（扩散参数），是扩散时间 T 的函数，$T=t-t_0$。

2. 点源烟羽扩散模式

(1)模式的推导及应用条件

实际上绝大多数污染源都是连续的，对于连续排放源，可理解为在时间上依次释放无穷多个烟团。因此，连续排放源的扩散模式可以通过将式(3-4)对 t_0 从 $-\infty$ 到 t 积分后求得。点源烟羽扩散模式是有风条件下（距地面 10 m 高处风速 $u_{10}\geqslant 1.5$ m/s）连续排放源正态扩散模式的基础，其推导过程如下。

假设 Q=常值，u=常值，$v=w=0$，以烟团初始空间坐标点为原点，下风方为 x 轴，烟羽轴线（烟团中心）与 x 轴一直保持重合，$\sigma_x,\sigma_y,\sigma_z$ 都是 x 的函数，将对 t_0 的积分变换为对 $(x-uT)/\sigma_x$ 的积分，则当下式成立时

$$(2\pi)^{-1/2}\int_{-\infty}^{x/\sigma_x}\exp\{-0.5[(x-uT)^2/\sigma_x^2]\}\mathrm{d}[(x-uT)/\sigma_x]=1 \tag{3-5}$$

可得最基本的烟羽扩散模式

$$C(x,y,z)=Q(2\pi u\sigma_y\sigma_z)^{-1}\exp[-y^2/(2\sigma_y^2)]\exp[-z^2/(2\sigma_z^2)] \tag{3-6}$$

式中 Q 为单位时间的排放量（即排放率或源强）。

式(3-5)左侧的积分上限常大于 2.15，因此式(3-5)是可以成立的。值得注意的是，$\sigma_x,\sigma_y,\sigma_z$ 都是 x 的函数的假设。这意味着至少在预测点一带的烟羽在 y 和 z 方向上的尺度变化不能太大，亦即烟羽的扩张角应当比较小。这首先要求风速要比较大（$u_{10}\geqslant 1.5$ m/s）；其次说明对于烟羽扩张角较大的大气不稳定状态，可能带来一定的误差。

式(3-6)并未考虑边界对烟羽的限制。实际应用时，常需要对式(3-6)进行地面及混合层顶反射的边界修正。

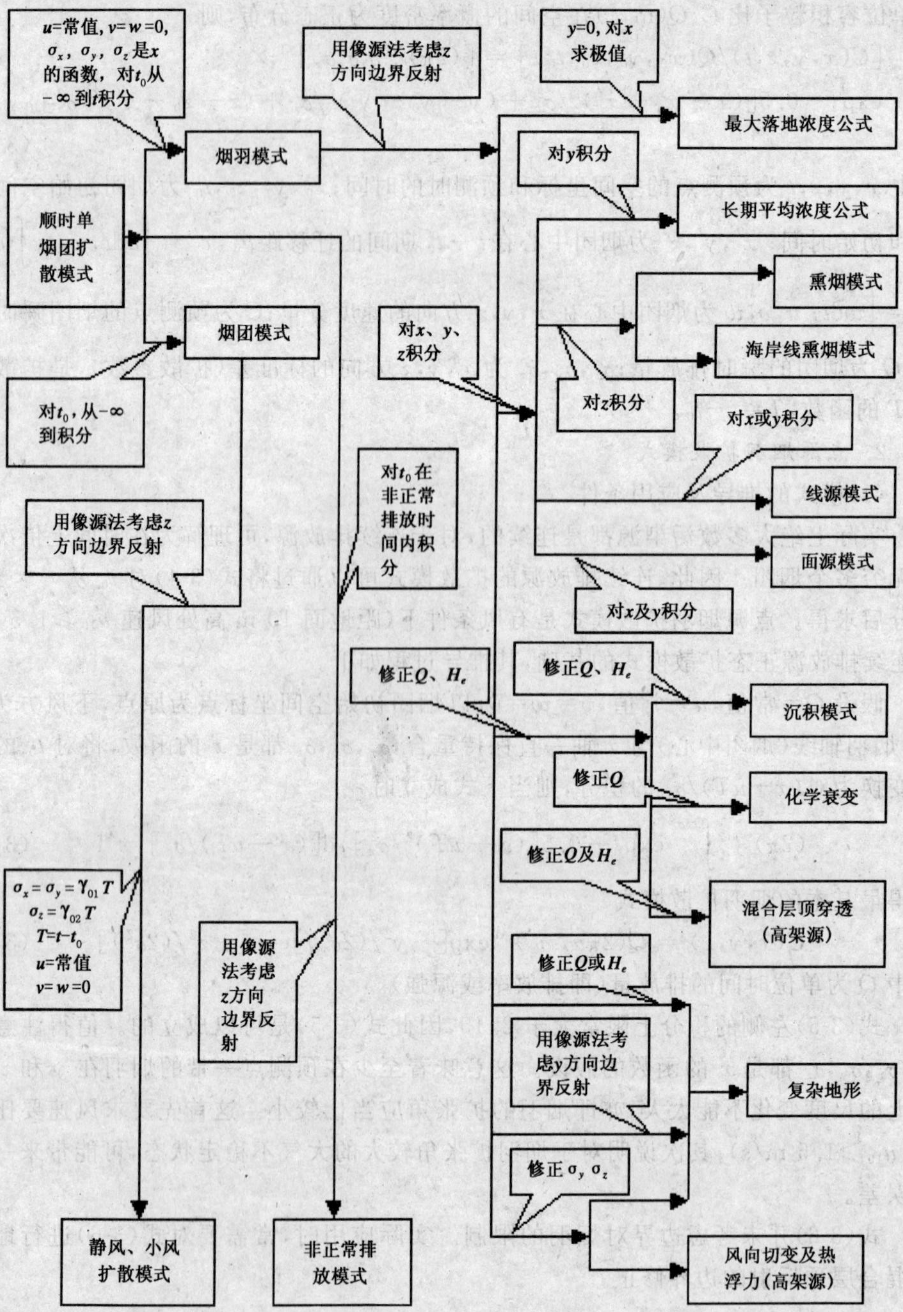

图 3-2　正态扩散模式推演关系

(2)点源扩散模式

用像源法，假想地平线为一镜面，在其下方有一与真实源完全对称的虚源，则这两个源按式(3-6)叠加后的效果和真实源考虑到地面反射的结果是等价的。以烟囱地面位置的中心点为坐标原点，在考虑到地面反射后，污染源下风方任一点小于 24 小时取样时间的污染物浓度 $C(x,y,z)$ 由下式给出

$$C(x,y,z)=Q(2\pi u\sigma_y\sigma_z)^{-1}\exp[-y^2/(2\sigma_y^2)]\{\exp[-(z-H_e)^2/(2\sigma_z^2)]+\exp[-(z+H_e)^2/(2\sigma_z^2)]\} \tag{3-7}$$

式中 u 为平均风速，一般取烟囱出口处的平均风速；H_e 为烟囱有效高度，$H_e=H+\Delta H$，H 和 ΔH 分别是烟囱的几何高度和抬升高度（ΔH 的计算公式见本节“烟气抬升公式”部分内容）；其他符号同前。

通常主要预测 $z=0$ 时的地面浓度 $C(x,y,0)$，此时，式(3-7)可简化为

$$C(x,y,0)=Q(\pi u\sigma_y\sigma_z)^{-1}\exp[-y^2/(2\sigma_y^2)-H_e^2/(2\sigma_z^2)] \tag{3-8}$$

下风方 x 轴线上($y=0$)的地面浓度 $C(x,0,0)$ 由下式给出

$$C(x,0,0)=Q(\pi u\sigma_y\sigma_z)^{-1}\exp[-H_e^2/(2\sigma_z^2)] \tag{3-9}$$

对于较低的排放源，一般可直接应用式(3-8)或式(3-9)计算。

对于高架源，当超过一定的下风距离时，需对烟羽在混合层顶的反射进行修正。同考虑地面反射类似，用像源法修正后，污染源下风方任一点小于 24 小时取样时间的污染物地面浓度 $C(x,y,0)$ 可表示为

$$C(x,y,0)=Q(2\pi u\sigma_y\sigma_z)^{-1}\exp[-y^2/(2\sigma_y^2)]\cdot F \tag{3-10}$$

$$F=\sum_{n=-k}^{k}\{\exp[-(2nh-H_e)^2/(2\sigma_z^2)]+\exp[-(2nh+H_e)^2/(2\sigma_z^2)]\} \tag{3-11}$$

式中 h 为混合层高度；k 为反射次数，一、二级项目取 $k=4$ 已足够。

扩散参数可由下述回归式表示为

$$\sigma_y=\gamma_1 x^{\alpha_1},\ \sigma_z=\gamma_2 x^{\alpha_2} \tag{3-12}$$

如果湍流场不均匀，应用正态模式时，应对 σ_y 或 σ_z 进行变换（见图 3-3）

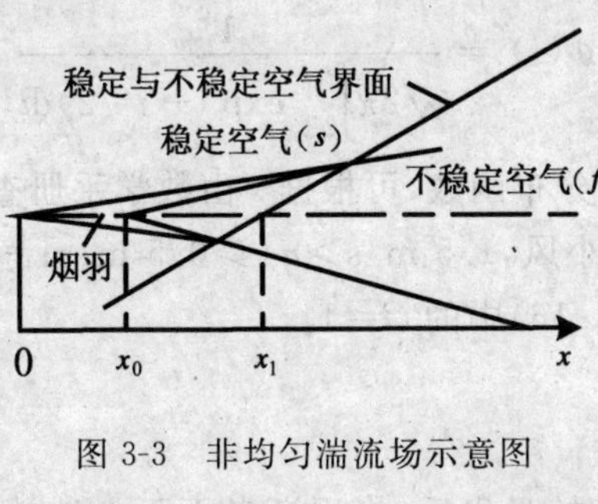

图 3-3 非均匀湍流场示意图

$\sigma_{yf}=\gamma_{1f}(x_1-x_0)^{\alpha_{1f}}$

$\sigma_{ys}=\gamma_{1s}x_1^{\alpha_{1s}}$

在 x_1 处，$\sigma_{yf}=\sigma_{ys}$，所以：

$(x_1-x_0)=(\gamma_{1s}x_1^{\alpha_{1s}}/\gamma_{1f})^{1/\alpha_{1f}}$

$\sigma_{ys}(x,x_1)=\gamma_{1f}\{x-x_1+(\gamma_{1s}x_1^{\alpha_{1s}}/\gamma_{1f})^{1/\alpha_{1f}}\}\alpha_{1f}$

(3)最大落地浓度公式

将轴线浓度公式(3-9)对 x 求导数，令其等于零，可得 1 小时取样时间的最大落地浓度 C_m 及其下风距离 x_m 如下

$$C_m=2Q/(e\pi uH_e^2P_1) \tag{3-13}$$

$$x_m=\left\{\frac{H_e}{\gamma_2}\right\}^{1/\alpha_2}\left(1+\frac{\alpha_1}{\alpha_2}\right)^{-[1/(2\alpha_2)]} \tag{3-14}$$

式中

$$P_1=\frac{2\gamma_1\cdot\gamma_2^{-\alpha_1/\alpha_2}}{\left(1+\frac{\alpha_1}{\alpha_2}\right)^{\frac{1}{2}\left\{1+\frac{\alpha_1}{\alpha_2}\right\}}\cdot H_e^{\left(1-\frac{\alpha_1}{\alpha_2}\right)}\cdot\exp^{\frac{1}{2}\left(1-\frac{\alpha_1}{\alpha_2}\right)}} \tag{3-15}$$

一般主要计算不稳定条件下的最大落地浓度，此时的混合层都比较厚，且下风距离较近，因此，对式(3-13)无需作混合层顶反射修正。

3. 小风和静风扩散模式

连续点源的小风和静风扩散模式，可以直接通过对公式(3-4)从 $t_0=-\infty$ 到 $t_0=t$ 积分后求得。当风速较小时($u_{10}<1.5$ m/s，可假设 $\sigma_x=\gamma_{01}T$，$\sigma_y=\gamma_{01}T$，$\sigma_z=\gamma_{02}T$；再假设 $Q=$常值，$u=$常值，$v=w=0$，烟囱地面位置的中心点为坐标原点，下风方为 x 轴，并将对 t_0 的积分变换为对 T 的积分，则可得小风和静风扩散模式的解析解。污染物地面浓度 $C_L(x,y,z)$ 可表示为

$$C_L(x,y,0)=2Q(2\pi)^{-3/2}\gamma_{02}^{-1}\eta^{-2}\cdot G \tag{3-16}$$

$$\eta^2=x^2+y^2+\gamma_{01}^2\gamma_{02}^{-2}H_e^2 \tag{3-17}$$

$$G=\exp(-u^2/2\gamma_{01}^2)\cdot[1+\sqrt{2\pi}\cdot s\exp(s^2/2)\cdot\Phi(s)] \tag{3-18}$$

$$\Phi(s)=\frac{1}{\sqrt{2\pi}\int_{-\infty}^{s}\exp(-t^2/2)\mathrm{d}t} \tag{3-19}$$

$s=ux/(\gamma_{01}\eta)$，$\Phi(s)$是正态分布函数，可根据 s 由数学手册查得。

小风、静风的划分是：小风，1.5 m/s$>u_{10}>0.5$ m/s；静风，$u_{10}<0.5$ m/s。

静风时，令 $u=0$，式(3-16)中的 $G=1$。

4. 熏烟模式

(1)熏烟的定义

当夜间产生贴地逆温时，日出后，将逐渐自下而上地消失，形成一个不断增厚的混合层。原来在逆温层中处于稳定状态的烟羽进入混合层之后，由于其本身的下沉

和垂直方向的强扩散作用，污染物浓度在这一方向将接近于均匀分布，出现所谓熏烟现象。

(2)熏烟浓度最大值

假定熏烟发生后，污染物浓度在垂直方向为均匀分布，将式(3-8)对 z 从 $-\infty$ 到 ∞ 积分，并除以混合层高度，则熏烟条件下的地面浓度 C_f 为

$$C_f = Q(2\pi)^{-1/2}(uh_f\sigma_{yf})^{-1}\exp(-0.5y^2/\sigma_{yf}^2)\Phi(p) \tag{3-20}$$

$$p = (h_f - H_e)/\sigma_z \tag{3-21}$$

$$\sigma_{yf} = \sigma_y + H_e/8 \tag{3-22}$$

式中 Q 为单位时间排放量；u 为烟囱出口处平均风速；h_f 为逐渐增厚的混合层高度；σ_y，σ_z 为烟羽进入混合层之前处于稳定状态的横向和垂直向扩散参数，它们是 x 的函数；H_e 为烟囱的有效高度[见式(3-7)]；x，y 为接受点坐标；$\Phi(p)$为其定义同式(3-19)，在此反映原稳定状态下的烟羽进入混合层中的份额多少。通常认为 $p=-2.15$ 时为烟羽的下边界，$\Phi\approx 0$，烟羽未进入混合层；$p=2.15$ 时为烟羽的上边界，$\Phi\approx 1$，烟羽全部进入混合层。

设混合层高度 h_f 升至烟囱出口处的瞬时为时间原点[$t=0$，图 3-4(a)]，则 $t=t_f$ 时，原处于稳定条件下的烟羽已向下风方平流扩散，其起始点已从 $x=0$ 平流至 x_f[图 3-4(b)，3-4(c)]。$0<x<x_f$ 一段的烟羽是 $t>0$ 之后在混合层中排出的，其扩散过程不

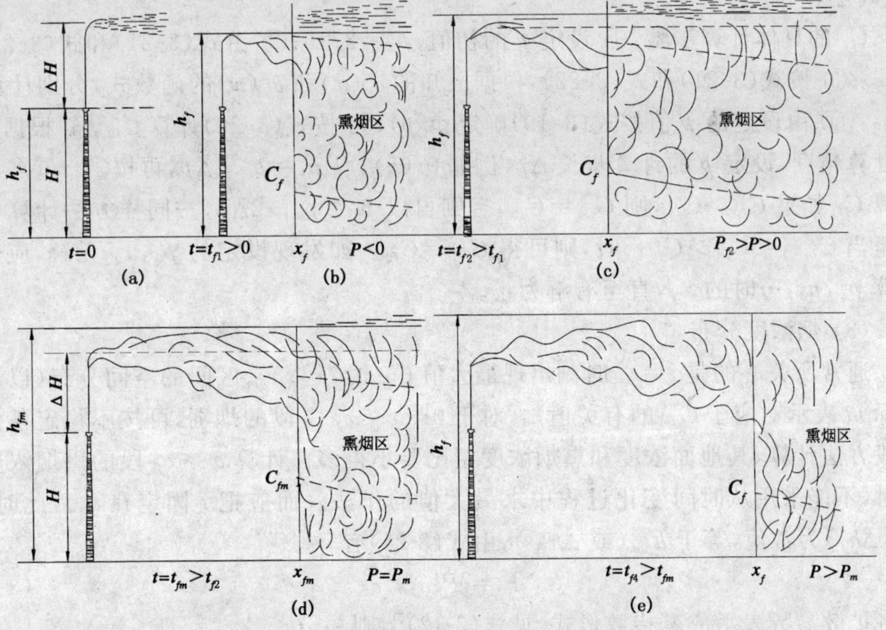

图 3-4　熏烟随时间变化过程示意图

属于熏烟问题。在 $x \geqslant x_f$ 处，原处于稳定条件下的部分烟羽进入混合层，由于卷夹和下沉作用，迅速在混合层内扩散呈均匀分布状态。随着 $\Phi(p)$ 的增加，混合层高度 h_f 将增高，同时，σ_{yf} 多数情况下也增大。因此，从式(3-20)可见，C_f 在时间序列上，必有一最大值 C_{fm}（见图 3-4(d)）。C_{fm} 不但是时间序列上的最大，也是这一时刻空间分布的最大。

设 u 为常值，则 t 时刻，原稳定状态下的烟羽起始点从 $x=0$ 平流至 x_f

$$x_f = ut \tag{3-23}$$

用 Δh_f 表示混合层自烟囱出口处向上的净增加高度，则由式(3-21)可得

$$\Delta h_f = \Delta H + p\sigma_z \tag{3-24}$$

如无实测值，Δh_f 和时间 t 的函数关系可由下式给出

$$x_f = A(\Delta h_f^2 + 2H\Delta h_f) \tag{3-25}$$

$$A = \rho_a c_p u/(4K_c) \tag{3-26}$$

$$K_c = 4.168\exp[-99(\mathrm{d}\theta/\mathrm{d}z) + 3.22] \times 10^3 \quad \mathrm{J/(m \cdot s \cdot K)} \tag{3-27}$$

式中 ρ_a 为大气密度，g/m³；c_p 为大气比定压热容，J/(g·K)；$\mathrm{d}\theta/\mathrm{d}z$ 为位温梯度，K/m，$\mathrm{d}\theta/\mathrm{d}z \approx \mathrm{d}T_a/\mathrm{d}z + 0.0098$，$T_a$ 为大气温度，如无实测值，$\mathrm{d}\theta/\mathrm{d}z$ 可在0.005～0.015 之间选取，弱稳定(D～E)取下限，稳定(F)取上限，大气稳定度的分类见本章第六节。

由以上分析可见，p 和 x_f 是相互不独立的，不能任意设定。时间 t 是 P 的函数，给定了值相当于给定时间 t。当 p 值给定且已知 $\sigma_z(x)$ 的函数形式后，x_f 应由式(3-25)确定。

C_f 的具体计算步骤：① 设定 p 的初值，$p_0=2.15$；② 由式(3-21)和式(3-25)确定 x_f；③ 按式(3-21)和式(3-22)，根据已知的 $\sigma_z(x)$ 和 $\sigma_y(x)$ 的函数式，分别计算 h_f 和 σ_{yf}；④ 由设定的 p 值按式(3-19)确定 $\Phi(p)$；⑤ 按式(3-20)计算 C_{f0}，⑥ 根据要求的计算精度，设定 p 的计算步长 Δp(例如 0.05)，取 $p_1=p_0-\Delta p$，再按①－⑤各步骤计算 C_{f1} 如果 $C_{f0}>C_{f1}$，则 $C_{fm}=C_{f0}$，否则再以 $p_2=p_0-2\Delta p$，按同样方法计算 C_{f2}，直至当 $C_{fn-1}<C_{fn}>C_{fn+1}$ 时，则可得 $C_{fm}=C_{fn}$。如发现设定的 p_0，x_f 无解，应依次计算 p_1，p_2，…时的 x_f，直至有解为止。

(3) 烟浓度分布

通常所关心的是 $t=t_m$ 时刻出现最大值 C_{fm} 时，$x \geqslant x_{fm}$ 区间的空间分布(以下用下标 m 表示对应于 C_{fm} 的有关值)。对于 $0<x<x_f$ 一段的烟羽，可按不稳定条件的一般方法计算，其地面浓度和熏烟浓度相比要小得多。计算 $x>x_f$ 段的熏烟浓度分布时，不能采用从时间变化过程中求最大值的作法。而应把 t 固定在 t_m。此时，h_f(或 Δh_f)为常值，等于 h_{fm}(或 Δh_{fm})，由式(3-24)有

$$P = P_m\sigma_{zm}/\sigma_z \tag{3-28}$$

如将扩散参数表示成幂指数形式[见式(3-12)]，则

$$P = P_m(x_{fm}/x)^{\alpha} \tag{3-29}$$

式中 α 为稳定状态时 σ_z 的回归指数。

熏烟浓度分布的计算步骤：① 给定 x 值；② 分别由(3-29)式、(3-19)式和(3-22)式计算 $p,\Phi(p)$ 及 σ_{yf}；③ 取 $h_f=h_{fm}$，④ 按(3-20)式计算 C_f。

曾出现过的下述几种做法都是不正确的：① 用求绝对最大值的方法计算浓度分布，所得结果不是同一时刻；② 令 $h_f=h_{fm}$，但其他点的 p 值未变，仍取其为 p_m，从而使除 x_{fm} 以外的其余下风方各点的 C_f 估计过高；③ 错误地将 $0\leqslant x\leqslant x_{fm}$ 区间的烟羽也按熏烟处理。

5. 海岸线熏烟模式

在沿海或沿大型湖泊等水体附近，当出现向岸气流时，由于水陆间的温差和粗糙度不同，原处于稳定层结的海上空气流向陆地时，将发生较强烈的变性，从而形成一个自岸边伸向内陆在铅垂方向逐渐增厚的热力内边界层(TIBL)。TIBL 是一种上边界受逆温抑制的对流边界层。如果在沿岸一带设置有高于当地 TIBL 的污染源，其烟羽开始在稳定空气中沿下风方平流扩散；随后，将与逐渐增厚的 TIBL 上边界相交，并进行强烈地向下混合，出现所谓海岸线熏烟状态。这种熏烟状态下的最大地面浓度(C_{fm})有可能比通常不稳定状态下的最大地面浓度(C_m)高 2～3 倍。海岸线熏烟出现的频率较高，而且持续时间较长。在温带气候区，只要出现向岸气流，特别是在春、夏季的白天，就可能形成 TIBL 发生海岸线熏烟。这种熏烟在出现期间，可以视为定常的。因此，除预测其 1 小时最大地面浓度外，还应按其出现频率，计入其对长期平均浓度的贡献。

通常的作法是将进入 TIBL 之前的烟羽按正态分布计算；烟羽进入 TIBL 之后，其横向(y)按正态分布，垂直方向(z)则按均匀分布处理。关键是如何确定烟羽进入 TIBL 之后的横向扩散参数(σ_{yf})。

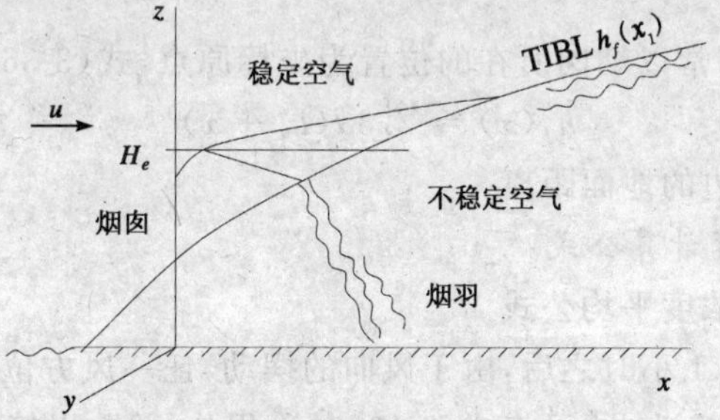

图 3-5　海岸线熏烟示意图

如图 3-5 所示，以烟囱地面位置为坐标原点，$h_y(x)$ 是 TIBL 厚度。烟羽进入 TIBL 之前，浓度 C_s 定义域为：$0\leqslant x\leqslant\infty$；$-\infty\leqslant y\leqslant\infty$；$h_f(x)\leqslant z\leqslant\infty$。$C_s$ 可按一

般的稳定条件计算，通常很小，可忽略不计。当烟羽进入 TIBL 之后，浓度 C_f 的定义域应为：$0 \leqslant x \leqslant \infty$；$-\infty \leqslant y \leqslant \infty$；$0 \leqslant z \leqslant h_f(x)$，其横向扩散参数 σ_{yf} 由下述约束条件确定

$$\sigma_{yf}(x_1) = \sigma_{ys}(x_1) \tag{3-30}$$

式中 σ_{yf} 为 TIBL 上边界上方稳定层的横向扩散参数；x_1 为接受点上风方 TIBL 上边界坐标。

如果采用式(3-12)的 σ_y 和 x 的函数关系，由式(3-30)可得

$$\sigma_{yf}(x, x_1) = \gamma_{1f}[x - x_1 + (\gamma_{1s} x_1^{\alpha_{1s}} / \gamma_{1f})^{1/\alpha_{1f}}]^{\alpha_{1f}} \tag{3-31}$$

TIBL 内任一接受点(x,y)的浓度 $C_f(x,y)$内质量守恒导出并经整理后为

$$C_f(x,y) = \frac{Q\exp\{-y^2/[2\sigma_{yf}^2(x,x_1)]\}}{\sqrt{2\pi} h_f(x) u_f(x_1) \sigma_{xf}(x,x_1)} \Phi(p) \tag{3-32}$$

式中 u_f 为 TIBL 内的平均风速；$0 < x_1 < x$；$\Phi(p)$的定义见式(3-19)。

$$P(x) = [h_f(x) - H_e]/\sigma_{zs}(x) \tag{3-33}$$

根据烟全部进入 TIBL 内时，C_f 或 σ_{yf} 应满足的连续条件，x_1 应由下式决定

$$\Phi[p(x_1)] = \Phi[p(x)]/2 \tag{3-34}$$

对式(3-34)反演后可得

$$p(x_1) = 0.40p(x) - 0.89[0.17p^2(x) - 0.25p(x) + 0.22]^{0.5} - 0.26 \tag{3-35}$$

实际计算时，可以根据国内外已报道的实验结果，给出下述较简单的实用公式

$$h_f(x) = 2.3dx^{0.5} \tag{3-36}$$

式中 d 为粗糙度参数。当 $z_0 \leqslant 0.5$ m 时，式中 $d=1$；当 $z_0 = 1$ m 时，$d=2$；z_0 在 0.5 m 与 1 m 之间或大于 1 m 时，可用其线性内插或外延确定。h_f，x 以及 z_0 的单位皆为 m。

由于下风距离 x 常以烟囱所在的位置为坐标原点，式(3-36)应改写为

$$h_f(x) = 2.3d(L_c + x)^{0.5} \tag{3-37}$$

式中 L_c 为烟囱与岸边的地面距离。

6. 长期平均浓度计算公式

(1)孤立源长期浓度平均公式

当平均时间超过 1 小时之后，由于风向的摆动，任一风方位内的污染物浓度在横向都将趋于均匀分布。为此，可将式(3-10)对 y 积分，并除以接受点所在位置的风方位宽度(或弧线长度)。

对于孤立排放源，以烟囱地面位置为原点，在某一稳定度(序号为 j)和平均风速(序号为 k)时，任意风向方位 i 的下风方 x 处的长期平均浓度(季、期或年均值)$C_{ijk}(x)$(mg/m^3)为

$$C_{ijk} = Q[(2\pi)^{3/2}u\sigma_z x/n]^{-1} \cdot F \tag{3-38}$$

式中 n 为风向方位数，一般取 16；其他符号同前。

在可能出现的稳定度和平均风速条件下，任意风向方位 i 的下风方 x 处的长期平均浓度 $C_i(x)$（mg/m³）为：

$$C_i = \sum_j (\sum_k C_{ijk} f_{ijk} + \sum_k C_{Lijk} f_{Lijk}) \tag{3-39}$$

式中 f_{ijk} 为有风时风向方位、稳定度、风速联合频率；C_{ijk} 为对应于该联合频率在下风方 x 处有风时的浓度值，由式(3-38)给出；f_{Lijk} 为静风或小风时，不同风方位和稳定度的出现频率（下标 k 只含有静风和小风两个风速段）；C_{Lijk} 为对应于 f_{Lijk} 的静风或小风时的地面浓度。

因为静风或小风时的风脉动角本来就比较大，C_{Lijk} 可直接按式(3-16)计算，如果 H_e 较大（>200 m）且得自常规地面气象资料的 f_{Lijk}<20%时，f_{Lijk} 可以不单独统计，此时，式(3-39)的右侧括号内只包括前一项。

式(3-39)中的 j 和 k 的加和总数取决于所划分的稳定度和风速段数目，j 的总数不宜少于 3（稳定、中性、不稳定）；有风时 k 的总数一般也不宜少于 3。

在估算每个风速段的平均风速时，由于平均风速出现在公式的分母中，因而平均风速应等于单次风速倒数的平均值倒数。其表达式为

$$u = [(1/N)\sum_i (1/u_i)]^{-1} \tag{3-40}$$

式中 u_i 为第 i 个风速值；N 为总个数。

(2)多源长期浓度平均公式

如果评价区的烟囱多于一个，则任一接受点 (x,y) 的长期平均浓度为

$$C(x,y) = \sum_i \sum_j \sum_k (\sum_r C_{rijk} f_{ijk} + \sum_r C_{Lrijk} f_{Lijk}) \tag{3-41}$$

式中 C_{rijk}，C_{Lrijk} 分别为在接受点上风方对应于 f_{ijk} 和 f_{Lijk} 联合频率的第 r 个源对接受点的浓度贡献。

C_{rijk}、C_{Lrijk} 的公式形式分别和 C_{ijk}，C_{Ljk} 相同，但应注意坐标变换，将坐标转换到以接受点为原点，i 风方位为正 x 轴的新坐标系后，再应用 C_{ijk} 或 C_{Lijk} 公式。

7. 日均浓度计算公式

(1)保证率法

保证率法在国际上比较通用。其计算步骤如下：①对任一关心点，根据一年的逐时气象资料，计算逐时的地面浓度，再按日取平均值；②将一年 365 天的日均浓度值，按大小次序排列，确定某一累积频率。保证率法源于“最佳可行技术”（经济最佳、技术可行），对于极少数几天，可采取临时措施，减少污染物排放，以确保不超标。这一方法要求具备一年的逐时气象资料，还应尽可能考虑到一些不利气象条件，对于某些

地区，可能有一定的难度。

(2)典型日法

选择可能出现的高浓度污染日3～5天，对任一关心点，按每日的气象条件逐时预测其地面浓度，并按日取平均。取其中最大的一个（也有取这几日的平均值）作为该关心点的日平均浓度。所谓"典型日"即指选择的这几天高浓度污染日。如果有典型日的监测资料，则应按上述作法用监测数据确定。利用这种方法时，应注意选择有代表性的污染气象条件，如风向、风速、稳定度以及当地可能出现的熏烟、海岸线熏烟、山谷风、城市热岛等不利气象条件。

(3)换算法

换算法是指用长期平均浓度（年或季）预测值按一定比例换算为日平均浓度的一种方法。由于预测值和实测值的误差随着平均时间的增加而减小，作为基准的长期平均浓度应该是比较准确的。因此，即使所采用的比例有误差，也可由此得到一定的补偿。

如果有条件，可以同时用上述三种方法预测，然后，选用其中最大者。

8. 线源模式

线源模式主要用以预测流动源以及其他线状污染源对大气环境质量的影响。流动源主要指驶过公路或街道的机动车。和固定源相比，流动源排放因子（源强）有其特殊性。

(1)线源扩散模式

1) 直线型线源扩散模式　假设平行于 y 轴的线源是由无穷多个点源排列而成，将式(3-8)对 y 从 $-\infty$ 到 ∞ 积分，可得风向与线源垂直时无限长线源任一接受点(x, z)的浓度为

$$C(x,z)=Q_L[\sqrt{2\pi}u\sigma_z]^{-1}\{\exp[-(z+H_e)^2/(2\sigma_z^2)]+\exp[-(z-H_e)^2/(2\sigma_z^2)]\} \tag{3-42}$$

风向与线源垂直时，对于端点为 y_2，y_1($y_2>y_1$)的有限长线源(FLS)浓度为

$$C(x,z)=Q_L[\sqrt{2\pi}u\sigma_z]^{-1}\{\exp[-(z+H_e)^2/(2\sigma_z^2)] + \exp[-(z-H_e)^2/(2\sigma_z^2)]\}\cdot[\Phi(y_2/\sigma_y)-\Phi(y_1/\sigma_y)] \tag{3-43}$$

式中 Q_L 为线源源强，mg/(s · m)；$\Phi(y/\sigma_y)$的定义同式(3-19)。

当线源与风向平行时，需将式(3-8)对 x 积分，此时若想得到解析解，必须像式(3-16)一样，假设 $\sigma_y=\gamma_1 T$，$(\sigma_z/\sigma_y)=b$，b 为常值。好在流动源多为地面源，其影响主要在近处，根据 Taylor 扩散理论，当 T 或 x 较小时，上述假设是成立的。令 $r_1=(y^2+H_e^2/b^2)^{1/2}$，注意到只有上风向的线源才对接受点的浓度有贡献，则无限长线源及长度为 $2x_0$ 的有限长线源的地面浓度分别为

$$C(x,y,0)=\{Q_L/[\sqrt{2\pi}u\sigma_z(r_1)]\} \tag{3-44}$$

$$C(x,y,0)=\{Q_L/[\sqrt{2\pi}u\sigma_z(r_1)]\}\times 2\{\Phi[r_1/\sigma_y(x-x_0)]-\Phi[r_1/\sigma_y(x+x_0)]\} \tag{3-45}$$

如假设线源与风向从平行变到垂直的过程，浓度是单调变化的，当线源与风向成任意角度时，地面浓度可用内差法求得。设交角为 $\theta(\theta\leqslant 90°)$，则

$$C(x,y,0)=\sin^2\theta(C_{\parallel})+\cos^2\theta(C_{\perp}) \tag{3-46}$$

式中 $C_{\perp}$，$C_{\parallel}$ 分别为用式(3-43)($z=0$)和式(3-45)求得的浓度值。

除风向与线源垂直情况外，其他条件最好采用下述的线源分段求和模式。

2）线源分段求和模式　以下介绍美国环保局采用的线源分段求和模式 CALINE4。该模式将道路划分成一系列线源单元(以下简称线元)，分别计算各线元排放的污染物对接受点浓度的贡献，然后再求和计算整条道路流动源在接受点产生的污染物浓度。接受点与道路的距离是指该点到道路中心线的垂直距离(见图 3-6)。第一个线元的长度与道路宽度相等，是一边长等于路宽的正方形，它的位置由道路与风向的夹角(θ)决定。$\theta\geqslant 45°$时，第一个线元位于接受点的上风向；$\theta<45°$时，按 $\theta=45°$确定第一个线元的位置。其余线元的长度和位置由下面公式确定

$$L_a=W\cdot L_r^n \tag{3-47}$$

式中 L_a 为线元长度；W 为道路宽度；n 为线元编号，$n=0,1,2,3,\cdots$；L_r 为线元长度增长因子，$L_r=1.1+\theta^3/(2.5\times 10^3)$，$\theta$ 以度为单位。

上述线元划分法，主要是为了在保证计算精确度的前提下减少计算量。

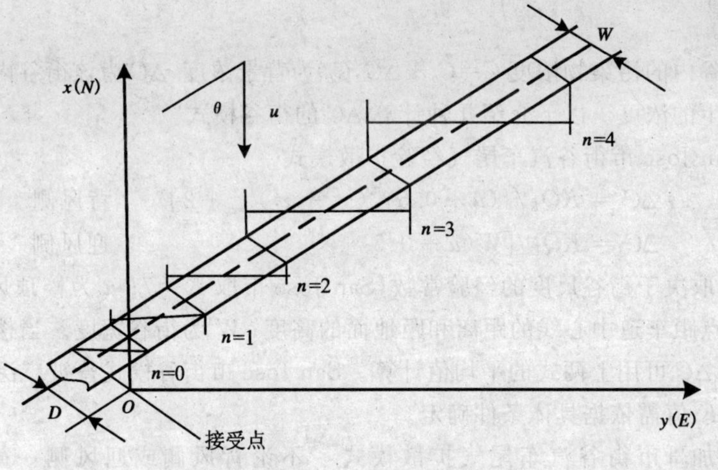

图 3-6　按 CALINE4 对线源系列的划分

把划分后的每一个线元看作一个通过线元中心、方向与风向垂直、长度为该线元在 y 方向投影的有限线源(见图 3-6)。以接受点为坐标原点,上风向为正 x 轴,则整条街道上的流动源在接受点产生的浓度 C 可由下式表示

$$C = \sum C_n \tag{3-48}$$

式中 C_n 为第 n 个线元对接受点的浓度贡献,可按式(3-43)计算。

3) 混合区　用初始混合区模拟车流运动对汽车尾气扩散的影响。初始混合区宽度(W_1)等于机动车路宽再在两侧各加 3 m,用以代表尾气的初始横向扩散。初始混合区高度 σ_w(单位为 m)取决于汽车尾气在初始混合区滞留的时间 T(单位为 s)。

$$\sigma_w = 1.6 + 0.1 \times T \tag{3-49}$$

$$T = W_1/(2u \times \sin\theta), \theta \geqslant 45°;$$

$$T = W_1/(2u \times \sin 45°), \theta < 45° \tag{3-50}$$

式中 u 为地面风速。

距道路中心线 500 m 外的扩散参数选取原则和式(3-43)相同;自初始混合区至 500 m 之间,可用线性内差法确定。

(2)街谷模式

如果街道两旁的建筑物较高且比较密集,则常称这种街道为街谷。当风向和街谷的夹角 $\theta=90°$时,整街谷相当背风涡区,此时,将形成一个较稳定的环形涡;$0<\theta<90°$时,常形成一螺旋形涡;$\theta=0$ 时,通常这两种涡都将消失。环形涡或螺旋形涡(统称原生涡)带来的主要后果是增大街谷内的污染物浓度;特别是背风侧的污染物浓度可能更高。

令街谷内的污染物浓度 $C=C_b+\Delta C$,C_b 为背景浓度,ΔC 为该街谷内因排放汽车尾气所产生的浓度。以下介绍几种计算 ΔC 的街谷模式。

1) San Jose 市街谷汽车尾气经验扩散模式

$$\Delta C = KQ_L/\{(u+0.5)[(x^2+z^2)^{1/2}+2]\} \quad \text{背风侧} \tag{3-51a}$$

$$\Delta C = KQ_L/[W(u+0.5)] \quad \text{迎风侧} \tag{3-51b}$$

式中 K 为取决于街谷尺度的经验常数,San Jose 市取 $K=7$;u 为楼顶风速;x,z 分别为接受点距车道中心线的距离和距地面的高度;W 为街谷宽度。当楼顶风向与街谷平行时,ΔC 可用上两式的平均值计算。San Jose 市街谷模式曾被广泛应用。其主要问题是 K 值需依据具体条件确定。

2) 芝加哥市街谷汽车尾气扩散模式　不论背风侧或迎风侧一律采用式(3-51b),取 $K=6.25$。

3) 广州市街谷汽车尾气扩散模式　根据测量结果,对于尺度较小的街谷,不论背风侧或迎风侧一律采用式(3-51a),取 $K=6.0$。对于尺度较大的街谷,他们建议采

用风向与街谷平行时无限长线源正态模式(3-44)式，式中 $\sigma_z(r_1)=0.48\,r_1$。

4）北京市街谷汽车尾气扩散模式　基于北京市前三门流动源示踪试验结果，利用现代湍流理论把街谷中的原生涡从湍流量中分离出来，给出背风侧路面和楼面的 ΔC 为

$$\Delta C=\{[\sqrt{2\pi}Q_L]/[\sigma_z(u\sin\theta+0.5)]\}\exp[-\rho^2/(2\sigma_z^2)] \quad (3\text{-}52)$$

$$\rho^2=37.15\{\sin^2[(\pi/2)(X+Z)]\}^{1.4}+62.8^{0.975}z$$

式中 σ_z 为 S 的函数，$S=0.46W_r^{0.94}$，$r^2=X^2+Z^2$，$X=2x/W$，$Z=2z/H$，x,z 分别为接受点至车道中心线的垂直距离和距地面高度，W,H 分别是街宽和楼高；u 为楼顶风速；迎风侧的 ΔC 为

$$\Delta C=0.235Q_L/[W(u\sin\theta+0.5)r^{0.68}] \quad (3\text{-}53)$$

(3)流动源排放因子(汽车尾气源强)

通常用综合排放因子描述特定行车条件下(一系列确定的驾驶工况循环)汽车尾气的平均源强，然后根据车流量和车流组成计算道路汽车尾气总源强 Q

$$Q=\sum_{i=1}^{n}N_iE_i/3600000 \quad [\mathrm{g/(m\cdot s)}] \quad (3\text{-}54)$$

式中 n 为道路汽车类型总数；N_i 为 i 类型汽车的车流量，辆/h；E_i 为 i 类型汽车尾气的综合排放因子，g/km。

E_i 的预测模式是以实验室内监测值为基础，再综合考虑其可能受到的各种影响之后建立的。表 3-7 及图 3-7 至图 3-9 是美国环保局 MOBILE 系列模式的预测结果，与道路实验的比较列于表 3-8。

表 3-7　各种车型 MOBILE 模式 E_i(g/km)的典型预测结果

(平均车速 45 km/h，环境温度 23.9 ℃)

车辆类型	LDGV	LDGT1	LDGT2	HDGV	LDDV	LDDT	HDDV	MC
HC	0.86	1.18	1.75	3.29	0.29	0.39	1.34	1.31
CO	7.30	8.90	12.09	42.27	0.53	0.61	5.57	8.12
NO_x	0.75	0.94	1.19	4.18	0.90	0.94	10.73	0.57

注：车辆类型代号：LDGV 为轻型汽油车；LDGT1，LDGT2 为轻型汽油货车；HDGV 为重型汽油车；LDDV 为轻型柴油车；LDDT 为轻型柴油货车；HDDV 为重型柴油车；MC 为摩托车。

表 3-8　E_i 道路试验与 MOBILE 模式 E_i(g/km)预测结果比较

(各类车辆综合，美国 1990 年代初)

项　目	平均车速(km/h)	NMHC①	CO	NO_x
实　测	31.4	1.67±0.01	13.3±1.7	1.11±0.22
	54.7	3.18±0.88	24.5±9.1	3.15±1.28
	66.0	2.93±1.26	21.7±6.2	2.86±0.95

续表

项目	平均车速(km/h)	NMHC①	CO	NO_x
MOBILE3	31.5	2.3～2.8	18.6～24.7	1.89～2.17
	56.3	1.7～1.9	9.6～12.6	1.90～2.19
	66.0	1.6～1.7	8.0～10.3	1.96～2.27
MOBILE4	31.5	2.3～2.8	18.8～24.9	2.01～2.32
	56.3	1.7～1.9	10.5～13.9	1.98～2.29
	66.0	1.6～1.7	9.1～12.1	2.04～2.37

注:①非饱和烃。

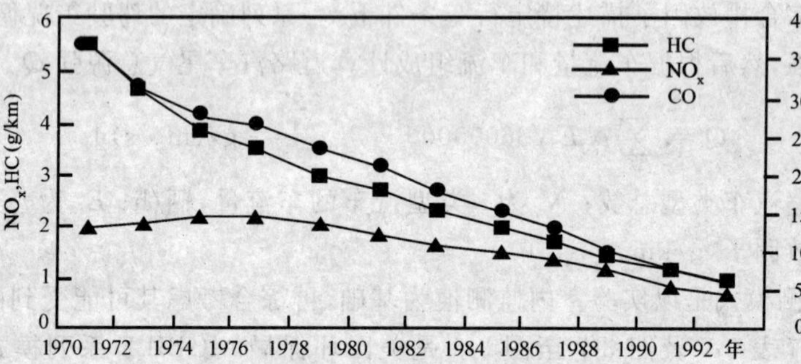

图 3-7　轻型汽油车 MOBILE 模式 E_i 随年份的变化曲线

(平均车速:45 km/h,环境温度:23.9℃;美国)

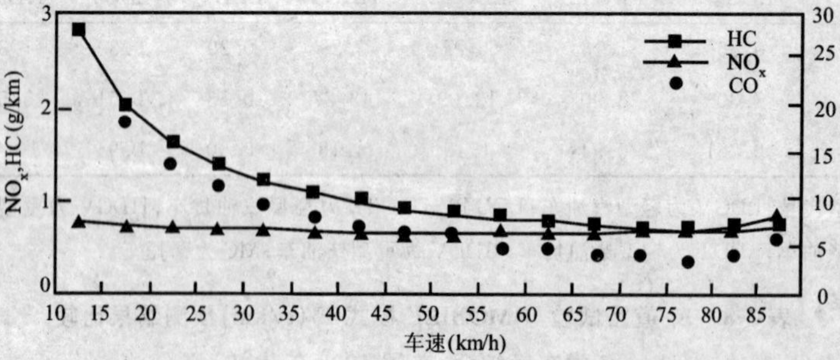

图 3-8　轻型汽油车 MOBILE 模式 E_i 随平均行车速度的变化曲线

(环境温度:23.9℃;美国 1990 年代初)

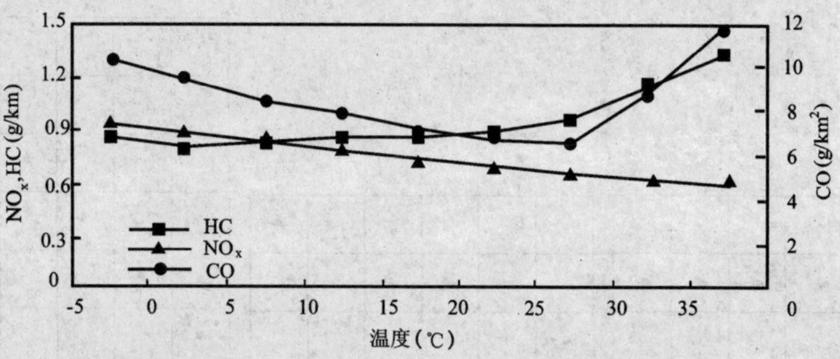

图 3-9　轻型汽油车 MOBILE 模式 E_i 随环境温度的变化曲线

（平均车速:45 km/h;美国 1990 年代初）

9. 多源、面源和体源模式

(1)多源模式

如果需要评价的点源多于一个，计算浓度时，应将各个源对接受点浓度的贡献进行叠加。在评价区内选一原点，以平均风的上风方为正 x 轴，各个源（坐标为 x_r，y_r，0）对评价区内任一地面点（x，y）的浓度总贡献 C_n 可按下式计算

$$C_n(x,y,0) = \sum C_r(x - x_r, y - y_r) \tag{3-55}$$

式中 C_r 为第 r 个点源对（x，y，0）点的浓度贡献，其计算公式可根据不同条件选用本章给出的有关点源模式，但应注意坐标变换，（x，y，0）代以（$x-x_r$，$y-y_r$）。

(2)面源模式

面源模式主要用以预测源强较小、排出口较低，但数量多、分布比较均匀的污染源。常用的面源模式有两种：一种是采用对点源实行空间积分的方法（简称点源积分法）；另一种则采用对点源修正的方法。现分别介绍如下。

1) 点源积分法　点源积分法在数学上和线源类似，设想把本来的离散问题化为连续问题处理。首先将评价区网格化；令接受点位于某一网格的中心（或网格边线的中心），以接受点为坐标原点；x 轴指向上风方，假定 x 轴与网格轴线平行。对于接受点上风方每个可能影响到接受点的网格，按式(3-8)分别对 x，y 从网格一侧积到另一侧，其结果则为各个网格面源对接受点的浓度贡献。这些浓度贡献的总和，即该接受点的预测浓度值。当 x 轴与网格轴线不平行时，可参照图 3-10(b)、图 3-10(c)确定上风方的网格。

在工程应用上，通常对上述方法还进行进一步简化，即对 y 从 $-\infty$ 到 $+\infty$ 积分，其他作法不变。从对线源的讨论中可以理解，这一作法的含义是：面源在 y 方向的范围要比较大，且分布较均匀；或者网格单元足够大（例如 1 km×1 km），但风的脉动角较小（烟羽横向较窄）。因为后一个条件，这种作法常称之为“窄烟云”假设。进一步对 x 积分时，由于 σ_z 通常是 x 的非线性函数，仍旧难以得到解析解。为此，Gifford

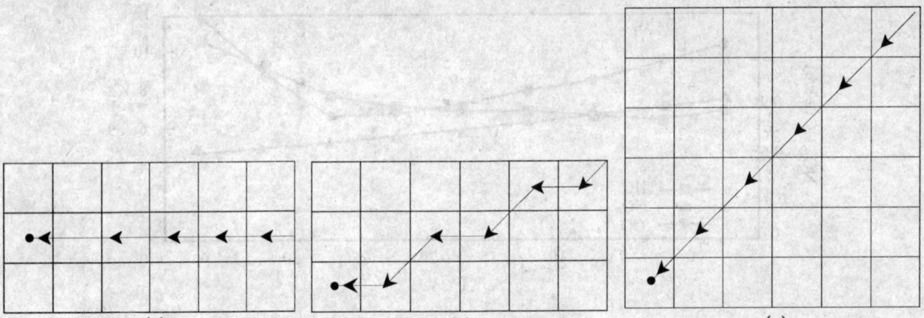

(a)（●为接受点，风方位为E）　(b)（●为接受点，风方位为ENE）　(c)（●为接受点，风方位为NE）

图 3-10　面源模式风向路径

—Hanna 又进一步假设面源的源高为零，从而得到解析解形式的面源模式（G-H 模式）。G-H 模式和实测值的相关性较好，但误差较大，预测值常比实测值大 7～8 倍。组铁林等在窄烟云假设的前提下，未再做进一步简化，保留了面源源高，把对 x 积分变换为对 r 积分[$\tau=H_2/(2\sigma_z^2)$，利用式(3-12)，则 $\tau=H^2/(2\gamma^2x^{2\alpha})$]。积分后得到以不完全 Γ 函数表示的解析解[该模式已列为大气环境影响评价技术导则(HJ/T2.2-93)的推荐模式，以下简称 T2 模式]。T2 模式曾用北京、沈阳、天津、杭州等城市的实测资料作过校验。结果表明：除保持相关性好的特点之外，均方误差等统计特性都优于同类模式。作为一个特例，令面源的源高为零，T2 模式将简化为 G-H 模式。

令 C_s 为接受点来自面源贡献的浓度，则 T2 模式由下式给出

$$C_s=(2\pi)^{-1/2}\sum_j Q_j\beta_j \tag{3-56}$$

$$\beta_j=[2^\eta/(u_jH_j^{2\eta}\gamma^{1/\alpha}\alpha)][\Gamma_j(\eta,\tau_j)-\Gamma_{j-1}(\eta,\tau_{j-1})] \tag{3-57}$$

式中 Q_j，H_j，u_j 分别为接受点上风方第 j 个网格的单位面积单位时间排放量，平均排放高度和 H_j 处的平均风速；α、γ 为垂直扩散参数 σ_z 的回归指数和回归系数，$\sigma_z=\gamma x^\alpha$，α，γ 即式(3-12)中的 α_2，γ_2，x 轴指向上风方，坐标原点在接受点[见图 3-10(a)]；

$$\eta=(\alpha-1)/2\alpha;$$

$$\tau_j=H_j^2/(2\gamma^2x_j^{2\alpha});$$

$$\tau_{j-1}=H_{j-1}^2/(2\gamma^2x_{j-1}^{2\alpha})$$

式中 $\Gamma(\eta,\tau)$为不完全伽马函数，可由下式确定

$$\Gamma(\eta,\tau)=a\tau^{-1}\cdot(b+1/\tau)^{-c} \tag{3-58}$$

$$\left.\begin{aligned}a&=2.32\alpha+0.28\\b&=10.00-5.00\eta\\c&=0.88+0.82\eta\end{aligned}\right\} \tag{3-59}$$

如果面源范围较大，且分布较均匀，u_{10}<1.5 m/s 时也可按式(3-56)至式(3-59)计算，但当平均风速 u<1 m/s 时，一律取 u=1 m/s。

计算时，应注意坐标变换，将坐标变换到以接受点为原点，上风方为正 x 轴后，再应用式(3-56)至式(3-59)。有风时 16 个风方位的风向路径如图 3-10 所示。风速小于 1.5 m/s 时，因风向脉动角较大，影响接受点的上风方网格数应适当增加；确定 Q_j 时，可按图 3-11 所示，沿上风方按步长取粗实线内各网格 Q_j 的面积加权平均值。图 3-10 和图 3-11 都是按评价区坐标系给出的，图中只给出 3 个风方位，其余 13 个方位可利用其对 x 或 y 轴的对称关系导出。

将公式(3-41)中的 C_{rijk} 代以 C_{sijk}，可得到面源季(期)或年长期平均浓度。

如需将面源按高度分为 2～3 类，C_s 可表示为

$$C_s = (2\pi)^{-1/2}\sum_m\sum_j Q_{mj}\beta_{mj} \tag{3-60}$$

式中 m 为面源类别序号。如果只计算任一孤立面源内的平均浓度，C_s 可按下式计算

$$C_s = Q(2\pi)^{-1/2}\beta_j(\eta,\tau)$$

$$\tau = H^2/(2\gamma^2 x^{2\alpha}) \tag{3-61}$$

式中 x 为沿平均风向面源边长的 1/2，根据具体情况也可取 $x=(S/\pi)^{1/2}$；S 为面源面积。当 $S\leqslant 1\ \mathrm{km}^2$ 时，C_s 可按下述点源修正法计算。

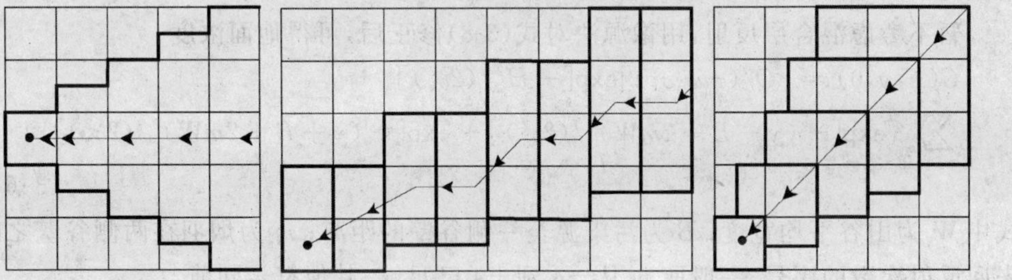

(a) (u_{10}<1.5m/s；● 为接受点，风方位为E)　(b) (u_{10}<1.5m/s；● 为接受点，风方位为ENE)　(c) (u_{10}<1.5m/s；● 为接受点，风方位为NE)

图 3-11　面源模式风向路径

2）点源修正法

① 直接修正法。如果面源的面积较小($S\leqslant 1\ \mathrm{km}^2$)，面源外的 C_s 可按点源扩散模式计算，只是应附加一个初始扰动。这一初始扰动使烟羽在 $x=0$ 处就有一个和面源横向宽度相等的横向尺度，以及和面源高度相等的垂直向尺度。注意到烟羽的半宽度等于 2.15σ_y 或2.15σ_z，则修正后的 σ_y 和 σ_z 分别为

$$\sigma_y = \gamma_1 x^{\alpha_1} + a_y/4.3 \tag{3-62a}$$

$$\sigma_z = \gamma_2 x^{\alpha_2} + a_z/2.15 \tag{3-62b}$$

式中 x 为自接受点至面源中心点的距离；a_y 为面源在 y 方向的长度；H 为面源的平

均排放高度。

② 虚点源法。虚点源法也称点源后退法。和直接修正法类似，也是把面源看作点源，地面浓度 C_s 按点源扩散模式计算。不同的是这一假想的点源位于面源上风方某处($-x_0$)，条件是当其烟羽扩散到面源中心时，烟羽的宽度和高度分别为 $a_y/4.3$ 和 $H/2.15$，亦即此时的 $\sigma_y(x_0)=a_y/4.3$，$\sigma_z(x_0)=H/2.15$。根据已知的 $\sigma_y(x)$、$\sigma_z(x)$ 关系式[式(3-12)]，很容易反推出 x_0。具体计算时，只需将 $\sigma_y(x)$、$\sigma_z(x)$ 的自变量 x 代以 $x+x_0$ 即可(相当于将坐标原点由面源中心平移至 $-x_0$)。

(3)体源模式

当无组织排放源为体源时，地面浓度可按点源直接修正法计算；令 a_y，a_z 分别表示体源在 y 和 z 方向的边长，则修正后的 σ_y 和 σ_z 分别为

$$\sigma_y=\gamma_1 x^{\alpha_1}+a_y/4.3 \tag{3-63a}$$

$$\sigma_z=\gamma_2 x^{\alpha_2}+a_z/4.3 \tag{3-63b}$$

10. 丘陵、山区扩散模式

(1) 狭长山谷扩散模式

如果盛行风和狭长山谷走向的夹角小于 45°，谷内的风向常同山谷走向一致。此时，当谷内排出的烟羽边缘接近两侧山体时，其横向扩散将受到两侧谷壁的限制。解决这一问题的方法和处理混合层反射问题相似[见式(3-10)]。

暂不考虑混合层反射，用像源法对式(3-8)修正后，可得地面浓度

$$C(x,y,0)=[Q/(\pi u\sigma_y\sigma_z)]\exp[-H^2/(2\sigma_z^2)]$$
$$\sum_m\{\exp[-(y-B+2mW)^2/(2\sigma_y^2)]+\exp[-(y+B+2mW)^2/(2\sigma_y^2)]\} \tag{3-64}$$

式中 W 为山谷平均宽度；B 为污染源至一侧谷壁的距离；m 为烟羽在两侧谷壁之间来回反射次数的序号，一般取 m 从 -4 到 $+4$ 已足够；其他符号同前。

经过一定距离后，横向浓度趋向均匀分布，此时

$$C(x,y,0)=(2/\pi)^{1/2}[Q/(uW\sigma_z)]\exp[-H^2/(2\sigma_z^2)] \tag{3-65}$$

从污染物自排出口排出到烟羽边缘接触到谷壁时的距离 x_w，可由下式反算

$$\sigma_y(x_w)=W/4.3 \tag{3-66}$$

式(3-66)等号右侧的数字 4.3 不难理解，因为我们已经默认烟羽一侧的宽度为 $2.15\sigma_y$。如果再考虑混合层反射，可将式(3-64)或式(3-65)等号右侧的 $\exp[-H^2/(2\sigma_z^2)]$ 代入式(3-11)。

(2)烟轴高度修正方法

为了修正地形对烟羽路径的影响，美国国家海洋和大气局提出所谓 NOAA 模式，ERT 也提出所谓 PSDM 模式。中国国家环境保护部推荐的方法基本上和 PS-

DM 模式一致，都是来源于 Egan 模式。Egan 模式是在对山区平均流场和湍流研究的基础上得到的。Egan 认为：假定烟羽路径始终与起伏的地形保持平行，或者假设烟羽轴线保持固定的海拔高度，并与高于烟羽的地形相交，都是不正确的，实际情况应该是介于上述二者之间。具体的修正方法如下。

1）中性和不稳定大气条件 令：h_T 为凸出的地形高度；H_e 为烟轴高度（即有效高度）；T 为烟轴高度修正系数（或地形系数），修正后的烟囱有效高度应该是 TH_e。T 则应按下式取值

$$T = 1/2，当\ H_e \leqslant h_T\ 时 \tag{3-67a}$$

$$T = (H_e - h_T/2)/\ H_e，当\ H_e > h_T\ 时 \tag{3-67b}$$

2）稳定天气条件 在稳定天气条件下，当烟羽逼近孤立山体时，烟羽以临界高度 H_c 为界分成两部分，临界高度以上的烟羽有足够的动能爬越山体，而临界高度以下的烟羽，只能被迫绕着山体过去。临界高度 H_c 可由下式确定

$$u^2/2 = g\int_{H_c}^{H_m}[(H_m - z)/\theta](\mathrm{d}\theta/\mathrm{d}z)\mathrm{d}z \tag{3-68}$$

式中 H_m 为孤立山体高度，m；H_c 为临界高度，m；θ 为 z 高度处大气位温；$\mathrm{d}\theta/\mathrm{d}z$ 为 z 高度处位温梯度；u 为平均风速，m/s；g 为重力加速度，m/s^2。假定在烟羽高度范围内，θ＝常值，$\mathrm{d}\theta/\mathrm{d}z$＝常值，积分式(3-68)，可得

$$H_c = H_m - u[\theta/(g\mathrm{d}\theta/\mathrm{d}z)]^{1/2} \tag{3-69}$$

11. 干沉积（颗粒物）模式

(1)源亏损模式

源亏损模式主要用于粒径小于 10 μm 易产生沉积的颗粒物或气体。假定因各种机理造成的大气污染物向地面的沉积通量 W[mg/(s·m^2)]由下式表示

$$W = V_d C \tag{3-70}$$

式中 V_d 为沉积速度，m/s；C 为大气污染物地面浓度，常取自距地面 1 m 高度处。

大气污染物自烟囱出口排出后，其初始源强 $Q(0)$ 因沉积作用将随下风距离逐渐减弱（亏损）。根据式(3-70)可导出亏损后的源强 $Q(x)$；因为将 W 从 $-\infty$ 到 ∞ 对 y 积分恰是 $-\mathrm{d}Q(x)/\mathrm{d}x$，再对 x 积分则可得

$$Q(x) = Q(0)\exp\{-(2/\pi)^{1/2}(V_d/u)\int\sigma_z^{-1}\exp[-H_e^2/(2\sigma_z^2)]\mathrm{d}\xi\} \tag{3-71}$$

(2)部分反射（斜烟羽）模式

部分反射模式主要用于粒径大于 10 μm 的气载颗粒物。其地面浓度为

$$C = (1+\alpha)Q(2\pi u\sigma_y\sigma_z)^{-1}\exp[-0.5y^2/\sigma_y^2 - 0.5(V_g x/u - H_e)^2/\sigma_z^2] \tag{3-72}$$

$$V_g = d^2\rho g(18\mu)^{-1} \tag{3-73}$$

式中 α 为颗粒物的地面反射系数（见表 3-8）；V_g 为颗粒物沉降速度；d，ρ 分别为颗粒

物的直径和密度；g 为重力加速度；μ 为空气黏性系数。

表 3-8 地面反射系数 α

粒径范围(μm)	15～30	31～47	48～75	76～100
平均粒径(μm)	22	38	60	85
反射系数 α	0.8	0.5	0.3	0

12. 湿沉积及化学迁移的修正

(1)湿沉积

湿沉积是指大气污染物因降水而减少其在空气中浓度的过程。严格地讲，湿沉积分云中和云下两种清除机制。在工程应用中，常把这两种机制合起来考虑。假设大气污染物的初始源强 $Q(0)$ 因降水随下风距离 x 成指数衰减，则

$$Q(x) = Q(0)\exp(-Ax/u) \tag{3-74}$$

式中 x 为接受点的下风距离，m；u 为烟囱出口处的风速，m/s；A 为清除系数，s^{-1}。

令 J 为降水强度(mm/h)，根据实验室测量结果，对于 SO_2，有

$$A = 1.7 \times 10^{-4} J^{0.6} \tag{3-75}$$

(2)化学迁移

化学迁移的修正在工程应用上与湿沉积类似，可令修正后的源强 $Q(x)$ 等于初始源强 $Q(0)$ 乘以修正因子 f_c

$$f_c = \exp[-x/(uT_c)] \tag{3-76}$$

式中 T_c 为大气污染物的时间常数；其他符号同前。

如果定义 $f_c = 1/2$ 所对应的时间为该大气污染物的半衰期 t_d，将其代入式(3-76)，有

$$f_c = \exp[-0.693x/(ut_d)] \tag{3-77}$$

对于城市尺度，SO_2 的 $t_d \approx 4$ h；长距离输送 SO_2 的 t_d 典型值为 4 d。

13. 烟气抬升公式

(1)有风时，中性和不稳定条件，建议按下式计算烟气抬升高度 ΔH(m)

1) 当烟气热释放率 Q_h 大于或等于 2100 kJ/s，且烟气温度与环境温度的差值 ΔT 大于或等于 35 K 时，ΔH 采用下式计算

$$\Delta H = n_0 Q_h^{n_1} H^{n_2} u^{-1} \tag{3-78}$$

$$Q_h = 0.35 P_a Q_v \Delta T / T_s \tag{3-79}$$

式中 n_0 为地表状况系数，见表 3-9；n_1 为烟气热释放率指数，见表 3-9；n_2 为烟囱高度指数，见表 3-9；Q_h 为烟气热释放率，kJ/s；H 为烟囱距地面几何高度，m，超过 240 m 时，

表 3-9　n_0，n_1，n_2 选取

Q_h(kJ/s)	地表状况（平原）	n_0	n_1	n_2
$Q_h \geqslant 21000$	农村或城市远郊区	1.427	1/3	2/3
	城市及近郊区	1.303	1/3	2/3
$2100 \leqslant Q_h < 21000$ 且 $\Delta T \geqslant 35$ K	农村或城市远郊区	0.332	3/5	2/5
	城市及近郊区	0.292	3/5	2/5

取 $H=240$ m；P_a 为大气压力，hPa，如无实测值，可取邻近气象台（站）的季或年平均值；Q_v 为实际排烟率，m³/s；ΔT 为烟气出口温度与环境温度差，$\Delta T = T_s - T_a$；T_s 为烟气出口温度，K；T_a 为环境大气温度，K，如无实测值，可取邻近气象台（站）的季或年平均值；u 为烟囱出口处平均风速，m/s。

2）当 1700 kJ/s$<Q_h<$2100 kJ/s 时

$$\Delta H = \Delta H_1 + (\Delta H_2 - \Delta H_1)(Q_h - 1700)/400 \tag{3-80}$$

$$\Delta H_1 = 2(1.5V_sD + 0.01Q_h)/u - 0.048(Q_h - 1700)/u \tag{3-81}$$

式中 V_s 为烟囱出口处烟气排出速度，m/s；D 为烟囱出口直径，m；其他符号同前。

3）当 $Q_h \leqslant$1700 kJ/s 或者 $\Delta T<$35 K 时

$$\Delta H = 1(1.5V_sD + 0.01Q_h)/u \tag{3-82}$$

(2)有风时，稳定条件，建议按下式计算烟气抬升高度 ΔH(m)

$$\Delta H = Q_h^{1/3}(\mathrm{d}T_a/\mathrm{d}z + 0.0098)^{-1/3}u^{-1/3} \tag{3-83}$$

式中 $\mathrm{d}T/\mathrm{d}z$ 为烟囱几何高度以上的大气温度梯度，K/m；其他符号同前。

(3)静风和小风（$u_{10}<$1.5 m/s）时，建议按下式计算烟气抬升高度（m）

$$\Delta H = 5.50Q_h^{1/4}(\mathrm{d}T_a/\mathrm{d}z + 0.0098)^{-3/8} \tag{3-84}$$

但 $\mathrm{d}T/\mathrm{d}z$ 取值不宜小于 0.01 K/m。当 $-0.0098<(\mathrm{d}T/\mathrm{d}z)<0.01$ K/m 时，取 $(\mathrm{d}T/\mathrm{d}z)=0.01$ K/m；当 $\mathrm{d}T/\mathrm{d}z \leqslant -0.0098$ K/m 时，ΔH 按(1)中有关公式计算，但公式中计算风速 u 所用的 u_{10} 一律取 1.5 m/s。

第六节　大气稳定度及扩散参数

一、大气稳定度分类方法

帕斯奎尔（Pasquill）根据地面风速（u_{10}）、日照量和云量把大气稳定度分为 5 类，即强不稳定、不稳定、弱不稳定、中性、较稳定和稳定，并分别以 A，B，C，D，E 和 F 表示（简记 P.S）。下面介绍的是中国现有法规中推荐的修订帕斯奎尔分类法。应用时，首先取得 u_{10}、云量等常规气象资料，然后按式(3-85)、式(3-86)、表 3-10 及表 3-11

确定大气稳定度类别。

表 3-10 太阳辐射等级数

云量,1/10	太阳辐射等级数				
总云量/低云量	夜间	$h_0<15°$	$15°<h_0\leqslant35°$	$35°<h_0\leqslant65°$	$h_0>65°$
≤4/≤4	−2	−1	+1	+2	+3
5~7/≤4	−1	0	+1	+2	+3
≥8/≤4	−1	0	0	+1	+1
≥5/5~7	0	0	0	0	+1
≥8/≥8	0	0	0	0	0

表 3-11 大气稳定度的等级

地面风速(m/s)	太阳辐射等级数					
	+3	+2	+1	0	−1	−2
≤1.9	A	A~B	B	D	E	F
2~2.9	A~B	B	C	D	E	F
3~4.9	B	B~C	C	D	D	E
5~5.9	C	C~D	D	D	D	D
≥6	D	D	D	D	D	D

注:地面风速(m/s)是指距离地面 10 m 高度处 10 min 平均风速。

太阳高度角 h_0 使用下式计算

$$h_0 = \arcsin[\sin\varphi\sin\sigma + \cos\varphi\cos\sigma\cos(15t+\lambda-300)] \tag{3-85}$$

式中 h_0 为太阳高度角,deg;φ 为当地纬度,deg;λ 为当地经度,deg;t 为进行观测时的北京时间;σ 为太阳倾角,deg,可按下式计算

$$\sigma = [0.006918 - 0.39912\cos\theta_0 + 0.070257\sin\theta_0 - 0.006758\cos2\theta_0 + 0.000907\sin2\theta_0 - 0.002697\cos3\theta_0 + 0.001480\sin3\theta_0]180/\pi \tag{3-86}$$

式中 θ_0 为 $360d_n/365$,deg;d_n 为一年中日期序数,0,1,2,…,364。

二、扩散参数经验公式

1. P-G 扩散参数

由吉福德(Gifford)给出的按 P. S 分类的横向和垂直向扩散参数 σ_y,σ_z 随下风距离的变化曲线(简称 P-G 扩散参数)一直在广泛地应用着。此曲线主要适用于较平坦的地形(粗糙度 $z_0\leqslant1$ cm)和低架源;否则,需经修正后方可应用。

(1) 0.5 h 取样时间

1) 平原地区农村及城市远郊区的扩散参数选取方法如下:A,B,C 级稳定度直接由表 3-12 和表 3-13 查算,D,E,F 级稳定度则需向不稳定方向提半级后由表 3-12 和表 3-13 查算。

2）工业区或城区中的点源，其扩散参数选取方法如下：A，B 级不提级，D，E，F 级向不稳定方向提一级，再按表 3-12 和表 3-13 查算。

表 3-12　横向扩散参数幂函数表达式数据(取样时间 0.5 h)

扩散参数	稳定度等级(P. S)	α_1	γ_1	下风距离(m)
$\sigma_y=\gamma_1 x^{\alpha_1}$	A	0.901074	0.425809	0～1000
		0.850934	0.602052	>1000
	B	0.914370	0.281846	0～1000
		0.865014	0.396353	>1000
	B－C	0.919325	0.2929500	0～1000
		0.815086	0.314238	>1000
	C	0.92427	0.177154	0～1000
		0.885157	0.232123	>1000
	C－D	0.926849	0.143940	0～1000
		0.888723	0.189396	>1000
	D	0.929418	0.110726	0～1000
		0.888723	0.146669	>1000
	D－E	0.925118	0.0985631	0～1000
		0.892794	0.124308	>1000
	E	0.920818	0.0864001	0～1000
		0.896864	0.101947	>1000
	F	0.929418	0.0553634	0～1000
		0.888723	0.0733348	>1000

表 3-13　垂直扩散参数幂函数表达式数据(取样时间 0.5 h)

扩散参数	稳定度等级(P. S)	α_2	γ_2	下风距离(m)
$\sigma_y=\gamma_2 x^{\alpha_2}$	A	1.12154	0.0799904	0～300
		1.52360	0.00854771	300～500
		2.10881	0.000211545	>500
	B	0.964435	0.127190	0～500
		1.09355	0.0570251	>500
	B－C	0.841015	0.11482	0～500
		1.00770	0.0757182	>500
	C	0.917595	0.106803	0
	C－D	0.838628	0.126152	0～2000
		0.756410	0.235667	2000～10000
		0.815575	0.136659	>10000
	D	0.826212	0.104634	0～2000
		0.632023	0.400167	2000～10000
		0.55360	0.810763	>10000

续表

扩散参数	稳定度等级(P.S)	α_2	γ_2	下风距离(m)
$\sigma_y=\gamma_2 x^{\alpha_2}$	D—E	0.776864	0.111771	0～2000
		0.572347	0.528992	2000～10000
		0.499149	1.03810	>10000
	E	0.788370	0.0927529	0～2000
		0.565188	0.433384	2000～10000
		0.414743	1.73241	>10000
	F	0.784400	0.0620765	0～2000
		0.525969	0.370015	2000～10000
		0.322659	2.40691	>10000

3) 丘陵山区的农村或城市，其扩散参数选取方法同工业区。

(2) 大于0.5 h取样时间 垂直方向扩散参数不变，横向扩散参数及稀释系数满足下式

$$\sigma_{y\tau_2}=\sigma_{y\tau_1}\left(\frac{\tau_2}{\tau_1}\right)^q \tag{3-87}$$

或 σ_y 的回归指数 α_1 不变，回归系数 γ_1 满足下式

$$\gamma_1\tau_2=\gamma_1\tau_1\left(\frac{\tau_2}{\tau_1}\right)^q \tag{3-88}$$

式中 $\sigma_{y\tau_2}$，$\sigma_{y\tau_1}$ 为对应取样时间为 τ_1，τ_2 时的横向扩散系数，m；q 为时间稀释指数，由表3-14确定；$\gamma_{1\tau_2}$，$\gamma_{1\tau_1}$ 为对应取样时间为 τ_1，τ_2 时的横向扩散参数回归系数。

在应用表3-14计算≥0.5 h的 $\sigma_{y\tau_2}$，$\gamma_{1\tau_2}$ 时，应先根据0.5 h取样时间值计算时间为0.5 h的 σ_y 或 γ_1，再以其作为 $\sigma_{y\tau_1}$ 或 $\gamma_{1\tau_1}$，计算 $\sigma_{y\tau_2}$ 或 $\gamma_{1\tau_2}$。

表3-14　时间稀释指数 *q*

适用时间范围(h)	q
$1\leqslant\tau<100$	0.3
$0.5\leqslant\tau<1$	0.2

2. 布里格斯(Briggs)公式

布里格斯根据几种扩散曲线，给出一组适用于高架源的公式(表3-15)。

表 3-15　σ_y 和 σ_z 的布里格斯近似公式

帕斯奎尔类别	σ_y(m)	σ_z(m)
	开阔乡间条件	
A	$0.22x(1+0.001x)^{-1/2}$	$0.20x$
B	$0.16x(1+0.001x)^{-1/2}$	$0.12x$
C	$0.11x(1+0.001x)^{-1/2}$	$0.08x(1+0.0002x)^{-1/2}$
D	$0.08x(1+0.001x)^{-1/2}$	$0.06x(1+0.0015x)^{-1/2}$
E	$0.06x(1+0.001x)^{-1/2}$	$0.08x(1+0.0003x)^{-1}$
F	$0.04x(1+0.001x)^{-1/2}$	$0.016x(1+0.0003x)^{-1}$
	城市条件	
A—B	$0.32x(1-0.0004x)^{-1/2}$	$0.14x(1+0.001x)^{1/2}$
C	$0.22x(1+0.0004x)^{-1/2}$	$0.20x$
D	$0.16x(1+0.0004x)^{-1/2}$	$0.14x(1+0.001x)^{-1/2}$
E—F	$0.11x(1+0.0004x)^{-1/2}$	$0.08x(1+0.0015x)^{-1/2}$

3. 国际影响评价学会(IAIA)公式

IAIA 根据有关的实验数据导出了一组适用于高架源、大粗糙度($z_0\approx 1$ m)的 σ_y 和 σ_z 的公式(表 3-16)。

表 3-16　σ_y 和 σ_z 的 IAIA 公式($\sigma_y=P_yX^{q_y}$；$\sigma_z=P_zX^{q_z}$)

释放高度	弥散系数	扩散范畴					
		A	B	C	D	E	F
50 m	P_y	1.503	0.876	0.659	0.640	0.801	1.294
	q_y	0.833	0.823	0.807	0.784	0.754	0.718
	P_z	0.151	0.127	0.165	0.215	0.264	0.241
	q_z	1.219	1.108	0.996	0.885	0.774	0.662
100 m	P_y	0.170	0.324	0.466	0.504	0.411	0.253
	q_y	1.296	1.025	0.866	0.818	0.882	1.057
	P_z	0.051	0.070	0.137	0.265	0.487	0.717
	q_z	1.317	1.151	0.985	0.818	0.652	0.486
180 m	P_y	0.671	0.415	0.232	0.208	0.345	0.671
	q_y	0.903	0.903	0.903	0.903	0.903	0.903
	P_z	0.0245	0.0330	0.104	0.307	0.546	0.484
	q_z	0.50	1.32	0.997	0.734	0.557	0.500

4. 小风扩散系数

小风和静风(1.5 m/s＞u_{10}＞0.5 m/s)0.5 h 取样时间的扩散系数可按表 3-17

选取，大于 0.5 h 可参照式(3-87)或式(3-88)换算。

表 3-17 小风(0.5 m/s≤u_{10}≤1.5 m/s)和静风(u_{10}<0.5 m/s)扩散参数的系数 γ_{01}，γ_{02}

($\sigma_x=\sigma_y=\gamma_{01}T,\sigma_z=\gamma_{02}T$)

稳定度(P. S)	γ_{01}		γ_{02}	
	u_{10}<0.5 m/s	1.5 m/s>u_{10}≥0.5 m/s	u_{10}<0.5 m/s	1.5 m/s>u_{10}≥0.5 m/s
A	0.93	0.76	1.57	1.57
B	0.76	0.56	0.47	0.47
C	0.55	0.35	0.21	0.21
D	0.47	0.27	0.12	0.12
E	0.44	0.24	0.07	0.07
F	0.44	0.24	0.05	0.05

第七节 大气环境的影响评价

一、评价参数

1. 环境目标值

环境目标值主要指环境质量标准，也包含环境质量标准中未规定的项目，采用其他方法确定的相当于标准的值。环境目标值是环境评价的基准参数。

1) 如果在评价区内或地理条件基本一致，且距待评价项目的主排气筒距离(L_b)不大于 50 km 范围内布置了污染因子的监测网，并具有符合规定的监测资料，则首先计算各测点累积频率为 50%和 93.3%的 1 小时或日平均浓度值。

2) 将上述结果分别标记在对数正态概率坐标纸上并连成直线，再沿这条直线的延长线查出各测点对应于质量标准(小时或日均值)的累积频率[图 3-12(a)]。

3) 将各测点对应于质量标准的累积频率和该测点的长期平均浓度，在对数正态概率坐标纸上做散点图，并对这些点进行线性回归[图 3-12(b)]。

4) 将上述回归直线沿横轴向低浓度方向平移至最边缘的一个散点上，再根据平移后的直线查出对应积累频率为 98%的长期平均浓度，这一浓度值即待求的该污染因子长期平均浓度目标值[图 3-12(b)]。

5) 如无法获得 1)中所述的监测资料，根据 HJ/T2.2-93 的建议，1 小时、日、月、季(或期)、年平均值可按 1，0.33，0.20，0.14，0.12 的比例关系换算。

2. 评价指数

评价指数 I_i 的定义如下

$$I_i=C_i/C_{0i} \tag{3-89}$$

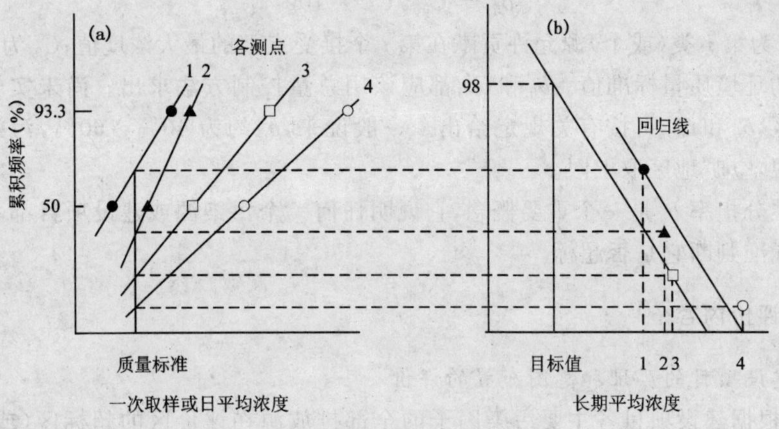

图 3-12　长期浓度目标值的确定方法

式中 C_i 为某种污染因子不同取样时间的浓度预测值；C_{0i} 为环境质量标准值（i 为污染因子的序号）。

$I_i \geqslant 1$ 为超标，否则为未超标。也可采用类似于 I_i 的其他形式的评价指数。

根据预测结果，绘制各污染因子的等浓度值曲线，指明其超标区或 I_i 最大值区（未超标时）的位置和面积、I_i 的变化范围和平均值、及超标区的功能特点。

一次取样浓度超标时，应估计其季（期）或年的超标小时数或频率值。季（期）、年按其平均浓度值是否超标计算。

3. 污染分担率

污染分担率 K_{ij} 的定义如下

$$K_{ij} = C_{ij}/C_i \times 100\% \tag{3-90}$$

式中 C_i 为 i 类污染因子在同某接受点上所产生的地面浓度；C_{ij} 为 i 类污染因子的第 j 类（或个）源在同一接受点上所产生的地面浓度。给出各计算点（包括关心点）的 K_{ij} 值以及超标区、各功能区和全评价区的 K_{ij} 的平均值，如果只分析一类污染因子，可用下标 j 代表接受点序号。

另一种经过加权的污染分担率 P_{ij} 的定义如下

$$P_{ij} = C_{ij}^2 / \sum C_{ij}^2 \times 100\% \tag{3-91}$$

式中 C_{ij} 为第 j 类（或个）源贡献在第 i 个接受点上的浓度值；Σ 为全部源对第 i 个接受点的贡献加和。

对现有污染源，利用经过加权的污染分担率削减，比利用 K_{ij} 合理，可以避免不管贡献大小按同一比率削减。

4. 标准分担率 b_{ij} 和允许排放量 Q_{0j}

只分析一类污染因子时，标准分担率的定义如下：

$$b_{ij} = C_{0ij} / C_{0i} \times 100\% \tag{3-92}$$

式中 C_{0ij} 为第 j 类(或个)源允许贡献在第 i 个接受点上的最大浓度值;C_{0i} 为第 i 个接受点上的环境质量标准值。b_{ij} 和 Q_{0j} 都应该用总量控制方法求出。尚未实施总量控制的地区,b_{ij} 和 Q_{0j} 可按有关规定给出。一般说来,b_{ij} 约为 40%～60%,污染源密集区取下限,空旷地区取上限。

标准分担率 b_{ij} 是一个重要概念,它说明任何一个污染源或建设项目都不能直接用质量标准判断它是否超标。

二、评价内容

1. 建设项目的厂址和总图布置的评价

(1)根据建设项目各主要污染因子的全部排放源在评价区的超标区(或 I_t 值的最大区域)中或关心点上的污染分担率 K_{ij}(或 P_{ij})同时结合评价区的环境特点、工业生产现状和发展规划,以及环境质量水平和可能的改造措施等因素,从大气的角度,对厂址选择是否合理,提出评价和建议。

(2)根据建设项目各类(如点、面源;各分厂、车间等)和各个(点源)污染源在评价区(主要指超标区和关心点)、以及本项目的厂区、办公区、职工生活区的污染分担率,同时结合环境、经济等其他因素,对总图布置从大气的角度提出评价和建议。

(3)如果在该评价区内有几种厂址选择的方案或总图布置方案,则应给出各种方案的预测结果(包括浓度分布图和污染分担率),再结合环境、经济等方面的各种因素,全面权衡利弊,从大气的角度,提出最佳选择方案的建议。

2. 污染源评价

(1)根据各污染因子和各类(或个)污染源在超标区或关心点上的 I_t 及 K_{ij}(或 P_{ij})确定主要污染因子和主要污染源,以及各污染因子和污染源对污染贡献大小的次序。

(2)对主要污染物或主要污染源的原设计方案(源高、源强、工艺流程、综合利用措施和治理技术等),从大气的角度,提出评价和建议。

3. 分析超标时的气象条件

分析超标时气象条件(或不利气象条件)的目的,主要是为了配合对厂址、总图布置以及污染源的评价,以便分析和判断厂址及污染源的布局是否合理。而对于那些出现频率不高的不利气象条件(例如小于全年小时数的 5%),则应考虑在环保对策中采取相应的措施。

根据预测或专门进行的观测结果,分析出现超标时的气象条件。例如,静风,大气不稳定状态,日出和日落前后的熏烟和辐射逆温的形成,海岸线熏烟,下沉逆温,复杂地形条件引起的局地环流(海陆风、山谷风、热岛环流等),背风涡,下洗以及山沟内河湾地区造成的气流阻塞现象等。给出其中的主要影响因素以及这些因素的出现时间、强度、周期和频率。

对于扩建项目，如已有污染因子的监测数据，可结合同步观测的气象资料时的气象条件。

4. 环境经济损益分析

在完整的大气环境影响报告书中应包括工程的环境经济损益分析这一部分。环境经济损益分析是以定量的货币形式表达工程对环境资源的损害、环境污染所造成的损失及保护环境设施的社会经济效益。需要指出的是，这种方法至今仍不成熟。因为很多环境影响不可能用货币表示，例如，环境恶化与改善对人们健康和心理的影响。即使可用货币表示的环境影响，本身也有极大的不确定性。

环境费用包括两大部分：① 内部费用，是指建设项目为防治污染而安装的防治设备的投资，例如消声器、防尘器等；② 外部费用，是指建设项目排放污染物造成对自然资源及环境质量的损害费用，包括社会的(例如因污染而致害的赔偿费)、经济的(例如因污染致使农作物减产)、自然的(例如因污染造成生态破坏)三个方面。

环境收益的确定要比环境费用的确定复杂些，大致可分为货币收益和非货币收益两种：① 货币收益，指可以用市场价格直接估算的部分。这里又可分为直接收益(例如回收物的收益)和间接收益(例如沸腾锅炉炉渣可作水泥原料，降低水泥生产成本)；② 非货币收益，是指市场规律失效的部分。例如，太原钢铁公司的矿渣山经治理后变成供人们游览的公园而带来的收益。

5. 环境保护对策

制定环境保护对策的目的在于减轻建设项目对大气环境质量的不良影响，并力求环境效益、社会效益、经济效益达到统一。所提建议应尽量做到具体、可行，以便对建设项目的环境工程设计和环境管理起到指导作用。环境保护对策一般包括污染物削减措施建议和环保管理措施建议两部分。具体建议如下：① 改变原燃料结构；② 改进生产工艺；③ 对重点污染源加强环保治理(应提出具体治理方案)；④ 加强能源、资源的综合利用：⑤ 重点污染源的合理烟囱高度选择；⑥ 无组织排放的控制途径；⑦ 减少非正常排放等事故发生的措施；⑧ 区域污染物排放的总量控制；⑨ 当地土地的合理利用或调整；⑩ 厂区及评价区的绿化，必要时可提出防护林带的设置方案；⑪ 环境监测大纲的建议，包括监测项目、监测布点方案、监测制度的确定、监测资料的统计分析要点等；⑫ 关于环境管理机构的设置及生产管理制度的建议。

三、大气环境质量影响评价结论

根据评价或分析结果，结合调查中的各项资料、全面分析建设项目最终选择的设计方案(一种或几种)对评价区大气环境质量的影响，并给出这一影响的综合性估计和评价结论。如果大气环境影响评价作为分册单独成册，则应编写分册结论。否则，一、二级评价项目应编写大气的小结；三级评价项目可酌情省略小结，可以直接在报告书的结论部分叙述与大气环境影响评价有关的问题。结论与小结的内容基本相同，但小结内容可以从简。

结论或小结内容应包括：① 大气环境现状概要，建设项目工程分析概要；② 建设项目对大气环境影响预测、评价的主要结果及环保措施建议；③建设项目对大气环境影响的结论。其中前两点是对已论述内容的概括，第③点则是结论或小结的重点。在第③点中应给出建设项目在各生产阶段能否满足预定的大气环境质量要求的结论。

下面两种情况应作出可以满足大气环境质量要求的结论：① 建设项目在实施过程中的不同生产阶段除很小范围以外，大气环境质量均能达到预定要求；② 在建设项目实施过程的某个阶段，非主要的个别大气污染物参数在较大范围内不能达到预定的标准要求，但采取一定的环保措施后可以满足要求。

下面的两种情况应作出不能满足大气环境质量要求的结论：① 大气环境现状已经超标；② 污染削减量过大以至于削减措施在技术、经济上明显不合理。

建设项目在个别情况下虽然不能满足预定的环保要求，但其影响不大而且发生的机会不多，应根据具体情况作出分析。有些情况不易作出明确的结论，如建设项目大气环境的某些方面起了恶化作用的同时又改善了其他某些方面，对于这种情况应说明其对大气环境的正、负影响及其程度和评价者的意见。

需要在评价过程中确定建设项目与大气环境有关部分的方案比较时，应在结论或小结中确定推荐方案，并说明其理由。

四、大气环境专题报告书编写的要求

环境影响报告书是评价工作最终成果，应全面、概括地反映环境影响评价的全部工作（参见第二章第三节）。根据建设项目的行业类别和评价等级，大气部分可作为总报告书的一章，或另外再单独编写大气专题报告分册。不论是作为总报告书的一章，还是作为分册，应注意以下几个方面。

1. 内容清楚

大气部分的内容比较庞杂，编写时要层次清楚，前后呼应，防止各部分各说各的，互不联系；论点要明确，所提建议应具体，且易于操作。

2. 项目概况和背景资料

首先要说明项目概况和有关的背景资料，使阅读者一开始对该建设项目的性质、环境和主要问题有一初步了解。这一部分主要应包括以下内容：① 评价区的范围以及区内和界外周边地区的地理地形、自然环境和社会环境；其中有的内容是必须提供

的，例如，标明经纬度、等高线和水域的地形图，因为，它们也是预测和评价时不可缺少的原始资料。② 建设项目的位置、行业类别、生产规模、厂区面积和布局、主要大气污染因子及主排气筒的初步设计高度。③ 评价工作的级别，确定的质量空气标准或标准目标值。④ 空气质量现状的调查结果，说明资料来源，给出监测站(点)的布置图，注明采样所用的仪器、设备和分析方法(常规监测站、点的例行监测结果除外)以及数据的统计方法，给出各种主要大气污染因子在监测期间(年或季)的浓度范围、一小时最高值、浓度日变化及季节变化规律、年或季的日均浓度值、一小时和日均浓度值的超标率和超标范围，如资料充分，尽可能给出一小时和日均浓度值的年或季累积频率。

3. 基础资料

通过调查所得到的基础资料是预测和评价的依据，它的可靠性如何，将直接影响评价的结论。为了便于对报告书进行审查，下述的一些关键性基础资料和数据必须写明或列出。

(1) 污染源资料。①给出生产工艺流程，燃料的成分，燃料、原料的产地以及运输和储存方式；②对污染源进行分类。对建设项目的点源应列表给出：污染源名称，坐标位置，年排放量、各季的每小时排放量和每日的连续排放时段，烟囱高度，单位时间排烟量及烟囱出口处的烟气温度等。对于面源，应按标有坐标位置的网格图，列表给出：污染源名称，网格编号，年排放量、各季的每小时排放量和每日的连续排放时段及排放高度等。对于评价区内的其他污染源和界外地区须调查的高架点源也应尽可能按上述要求给出。

说明各类污染源资料的来源，对某些重点污染源是否进行了核实，如已核实，采用何种手段及可能应用的仪器。

(2) 污染气象资料。除作为背景条件在自然环境中应列出的气候资料外，污染气象资料应包含下述内容：①给出观测站(点)的布置图，列表说明观测项目、各项的观测目的、所用的仪器设备和观测方法以及数据的统计分析方法；②给出大气稳定度的分类方法、各类稳定度的扩散参数以及风随高度的变化关系，说明选择的依据；③用表格列出年和各季的风向、风速、稳定度联合频率，说明资料的来源、可靠性、对评价区的代表性；④以③为基础，给出年和各季的风玫瑰图，年和各季的平均风速、风向、风速或稳定度的年变化和日变化规律；⑤以③为基础，给出各类稳定度的平均风速；⑥给出各类稳定度的大气边界层(或混合层)高度，说明确定依据；⑦尽可能给出贴地逆温层(距地面第一层)的生消规律、持续时间、厚度和强度，距地面 1.5 km 以下可能出现的其他逆温层的底高、厚度、强度以及持续时间等，说明这些资料的得出依据；⑧给出复杂地形条件下的气象观测或实验结果。

4. 预测和评价

(1) 预测项目首先应包括主要大气污染因子的一小时最大浓度值、日均值、年(季)均值。其次，应包括非正常排放和可能出现的不利气象条件一小时浓度值。不利气象条件指辐射熏烟、海岸线熏烟等。在计算日均值和年(季)均值时，还应计入出现频率较高的海岸线熏烟浓度。说明日均值的计算方法。

(2) 列出上述预测项目的预测模式，说明选择这些模式的依据。对于不属于国家颁布的法规中推荐的模式或尚未被广泛应用的模式，应附有验证资料。

(3) 用等浓度图和文字说明的方式，给出各项预测结果。

(4) 按评价内容逐条给出评价结果。评价的主要依据是预测结果，对于一些难以用模式预测的问题，例如，山谷风、城市热岛效应、气流越过山体时(或障碍物)的背风波或背风涡以及下洗等，应根据观测或实验结果，采用资料分析方法进行评价。

(5) 评述环境经济损益分析及环境保护对策建议。

(6) 作出大气环境质量影响评价结论(或小结)。

第四章　地表水水环境影响评价

第一节　水体污染和自净

一、水体污染

水体是水集中的场所，又称为水域。按水体所处的位置可把它分为三类：地面水水体、地下水水体、海洋。这三种水体中的水可以相互转化，它通过水在自然界的大循环和小循环实现。三种水体是水在自然界的大循环中的三个环节。

水体污染主要是由于人类活动排放的污染物进入河流、湖泊、海洋或地下水等水体，使水和水体底泥的物理、化学性质或生物群落组成发生变化，从而降低了水体的使用价值，这种现象称为水体污染。

1. 水体污染源

向水体排放或释放污染物的来源或场所称为水体污染源。从不同的角度可将水体污染源分为不同的类型。按造成水体污染的自然属性分类可分为自然污染源和人为污染源。按受污染水体的种类分类可分为：地面水污染源、地下水污染源、海洋污染源。按污染源排放污染物（或能量）种类分类分为物理（热污染源、放射性污染源）污染源、化学（无机物、有机物）污染源、生物污染源（如医院）。按污染源几何形状特征分类可分为点污染源（城市污水排放口，工矿企业污水排放口）、线污染源（雨水的地表径流）、面污染源。按污水产生的部门分类可分为：生活污水、工业污水、农业退水、大气降水。污染源的种类不同，使水体的污染程度不同，污染物在水体中迁移转化规律也不同。

2. 水体污染物和类型

水体污染主要由人为污染造成的。污染物的种类繁多，包括无机和有机有毒物质、耗氧有机物、石油类、放射性物质、热污染以及病原微生物等。下面将就几类主要的水体污染物分别加以说明。

(1)病原体污染物

生活污水、畜禽饲养场污水以及制革、洗毛、屠宰业和医院等排出的废水，常含有各种病原体，如病毒、病菌、寄生虫。水体受到病原体的污染会传播疾病，如血吸虫病、霍乱、伤寒、痢疾、病毒性肝炎等。历史上流行的瘟疫，如1848年和1854年英国两次霍乱流行，死亡万余人；1892年德国汉堡霍乱流行，死亡750余人，均是水污染引起的。

受病原体污染后的水体，微生物激增，其中许多是致病菌、病虫卵和病毒，它们往往与其他细菌和大肠杆菌共存，所以通常规定用细菌总数和大肠杆菌指数及菌值数为病原体污染的直接指标。病原体污染的特点是：①数量大；②分布广；③存活时间较长；④繁殖速度快；⑤易产生抗药性，很难绝灭；⑥传统的二级生化污水处理及加氯消毒后，某些病原微生物、病毒仍能大量存活。常见的混凝、沉淀、过滤、消毒处理能够去除水中99%以上病毒，如出水浊度大于0.5度时，仍会伴随病毒的穿透。病原体污染物可通过多种途径进入水体，一旦条件适合，就会引起人体疾病。

(2)耗氧污染物

在生活污水、食品加工和造纸等工业废水中，含有碳水化合物、蛋白质、油脂、木质素等有机物质。这些物质以悬浮或溶解状态存在于污水中，可通过微生物的生物化学作用而分解。在其分解过程中需要消耗氧气，因而被称为耗氧污染物。这种污染物可造成水中溶解氧减少，影响鱼类和其他水生生物的生长。水中溶解氧耗尽后，有机物进行厌氧分解，产生硫化氢、氨和硫醇等难闻气味，使水质进一步恶化。水体中有机物成分非常复杂，耗氧有机物浓度常用单位体积水中耗氧物质生化分解过程中所消耗的氧量表示，即以生化需氧量(BOD)表示。一般用20℃时，5 d生化需氧量(BOD_5)表示。

(3)植物营养物

植物营养物主要指氮、磷等能刺激藻类及水草生长、干扰水质净化，使BOD_5升高的物质。水体中营养物质过量所造成的“富营养化”对于湖泊及流动缓慢的水体所造成的危害已成为水源保护的严重问题。

富营养化(eutrophication)是指在人类活动的影响下，生物所需的氮、磷等营养物质大量进入湖泊、河口、海湾等缓流水体，引起藻类及其他浮游生物迅速繁殖，水体溶解氧量下降，水质恶化，鱼类及其他生物大量死亡的现象。在自然条件下，湖泊也会从贫营养状态过渡到富营养状态，沉积物不断增多，先变为沼泽，后变为陆地。这种自然过程非常缓慢，常需几千年甚至上万年。而人为排放含营养物质的工业废水和生活污水所引起的水体富营养化现象，可以在短期内出现。

植物营养物质的来源广、数量大，有生活污水(有机质、洗涤剂)、农业(化肥、农家肥)、工业废水、垃圾等。每人每天带进污水中的氮约50g。生活污水中的磷主要来源于洗涤废水，而施入农田的化肥有50%～80%流入江河、湖海和地下水体中。天然水体中磷和氮(特别是磷)的含量在一定程度上是浮游生物生长的控制因素。当大量氮、磷植物营养物质排入水体后,促使某些生物(如藻类)急剧繁殖生长,生长周期变短。藻类及其他浮游生物死亡后被需氧生物分解,不断消耗水中的溶解氧,或被厌氧微生物所分解,不断产生硫化氢等气体,使水质恶化,造成鱼类和其他水生生物的大量死亡。藻类及其他浮游生物残体在腐烂过程中,又把生物所需的氮、磷等营养物质释放到水中,供新的一代藻类等生物利用。因此,水体富营养化后,即使切断外界营养物质的来源,也很难自净和恢复到正常水平。水体富营养化严重时,湖泊可被某些繁生植物及其残骸淤塞,成为沼泽甚至干地。局部海区可变成"死海",或出现"赤潮"现象。

常用氮、磷含量,生产率(O_2)及叶绿素一α作为水体富营养化程度的指标。防治富营养化,必须控制进入水体的氮、磷含量。

(4)有毒污染物

有毒污染物指的是进入生物体后累积到一定数量能使体液和组织发生生化和生理功能的变化,引起暂时或持久的病理状态,甚至危及生命的物质。如重金属和难分解的有机污染物等。污染物的毒性与摄入机体内的数量有密切关系。同一污染物的毒性也与它的存在形态有密切关系。价态或形态不同,其毒性可以有很大的差异。如 Cr(Ⅵ)的毒性比 Cr(Ⅲ)大;As(Ⅲ)的毒性比 As(Ⅴ)大;甲基汞的毒性比无机汞大。另外污染物的毒性还与若干综合效应有密切关系。从传统毒理学来看,有毒污染物对生物的综合效应有三种:①相加作用,即两种以上毒物共存时,其总效果大致是各成分效果之和。②协同作用,即两种以上毒物共存时,一种成分能促进另一种成分毒性急剧增加。如铜、锌共存时,其毒性为它们单独存在时的 8 倍。③拮抗作用,两种以上的毒物共存时,其毒性可以抵消一部分或大部分。如锌可以抑制镉的毒性;又如在一定条件下硒对汞能产生拮抗作用。总之,除考虑有毒污染物的含量外,还须考虑它的存在形态和综合效应,这样才能全面深入地了解污染物对水质及人体健康的影响。

有毒污染物主要有以下几类:①重金属。如汞、镉、铬、铅、钒、钴、钡等,其中汞、镉、铅危害较大;砷、硒和铍的毒性也较大。重金属在自然界中一般不易消失,它们能通过食物链而被富集;这类物质除直接作用于人体引起疾病外,某些金属还可能促进慢性病的发展。②无机阴离子,主要是 NO_2^-、F^-、CN^- 离子。NO_2^- 是致癌物质。剧毒物质氰化物主要来自工业废水排放。③有机农药、多氯联苯。目前世界上有机农药大约 6000 种,常用的大约有 200 多种。农药喷在农田中,经淋溶等作用进入水体,产生污染作用。有机农药可分为有机磷农药和有机氯农药。有机磷农药的毒性虽大,但一般容易降解,积累性不强,因而对生态系统的影响不明显;而绝大多数的有机氯农药,毒性大,几乎不降解,积累性甚高,对生态系统有显著影响。多氯联苯(PCB)

是联苯分子中一部分氢或全部氢被氯取代后所形成的各种异构体混合物的总称。多氯联苯剧毒，脂溶性大，易被生物吸收，化学性质十分稳定，难以和酸、碱、氧化剂等作用，有高度耐热性，在1000～1400℃高温下才能完全分解，因而在水体和生物中很难降解。④致癌物质。致癌物质大体分为三类：稠环芳香烃(PAHs)，如3,4-苯并芘等；杂环化合物，如黄曲霉素等；芳香胺类，如甲、乙苯胺，联苯胺等。⑤一般有机物质。如酚类化合物就有2000多种，最常见的是苯酚，均为高毒性物质；腈类化合物也有毒性，其中丙烯腈的环境影响最为瞩目。

(5)石油类污染物

石油污染是水体污染的重要类型之一，特别在河口、近海水域更为突出。排入海洋的石油估计每年高达数百万吨至上千万吨，约占世界石油总产量的5‰。石油污染物主要来自工业排放，清洗石油运输船只的船舱、机件及发生意外事故、海上采油等均可造成石油污染。而油船事故属于爆炸性的集中污染源，危害是毁灭性的。

石油是烷烃、烯烃和芳香烃的混合物，进入水体后的危害是多方面的。如在水上形成油膜，能阻碍水体复氧作用，油类黏附在鱼鳃上，可使鱼窒息；黏附在藻类、浮游生物上，可使它们死亡。油类会抑制水鸟产卵和孵化，严重时使鸟类大量死亡。石油污染还能使水产品质量降低。

(6)放射性污染物

放射性污染是放射性物质进入水体后造成的。放射性污染物主要来源于核动力工厂排出的冷却水，向海洋投弃的放射性废物，核爆炸降落到水体的散落物，核动力船舶事故泄漏的核燃料；开采、提炼和使用放射性物质时，如果处理不当，也会造成放射性污染。水体中的放射性污染物可以附着在生物体表面，也可以进入生物体蓄积起来，还可通过食物链对人产生内照射。

水中主要的天然放射性元素有^{40}K、^{238}U、^{286}Ra、^{210}Po、^{14}C、氚等。目前，在世界任何海区几乎都能测出^{90}Sr、^{137}Cs。

(7)酸、碱、盐无机污染物

各种酸、碱、盐等无机物进入水体(酸、碱中和生成盐，它们与水体中某些矿物相互作用产生某些盐类)，使淡水资源的矿化度提高，影响各种用水水质。盐污染主要来自生活污水和工矿废水以及某些工业废渣。另外，由于酸雨规模日益扩大，造成土壤酸化、地下水矿化度增高。

水体中无机盐增加能提高水的渗透压，对淡水生物、植物生长产生不良影响。在盐碱化地区，地面水、地下水中的盐将对土壤质量产生更大影响。

(8)热污染

热污染是一种能量污染，它是工矿企业向水体排放高温废水造成的。一些热电厂及各种工业过程中的冷却水，若不采取措施，直接排放到水体中，均可使水温升高，水中化学反应、生化反应的速度随之加快，使某些有毒物质（如氰化物、重金属离子等）的毒性提高，溶解氧减少，影响鱼类的生存和繁殖，加速某些细菌的繁殖，助长水草丛生，厌气发酵，恶臭。鱼类生长都有一个最佳的水温区间。水温过高或过低都不适合鱼类生长，甚至会导致死亡。不同鱼类对水温的适应性也是不同的。如热带鱼适于15～32℃，温带鱼适于10～22℃，寒带鱼适于2～10℃的范围。又如鳟鱼虽在24℃的水中生活，但其繁殖温度则要低于14℃。一般水生生物能够生活的水温上限是33～35℃。

除了上述八类污染物以外，洗涤剂等表面活性剂对水环境的主要危害在于使水产生泡沫，阻止了空气与水接触而降低溶解氧，同时由于有机物的生化降解耗用水中溶解氧而导致水体缺氧。高浓度表面活性剂对微生物有明显毒性。

水体污染的例子很多，如京杭大运河（杭州段）两岸有许多工厂，每天均有大量废水排入运河，使水体中固体悬浮物、有机物、重金属（Zn，Cd，Pb，Cu等）及酚、氰化物等含量大大超过地面水标准，有的超过几十倍，使水体处于厌氧的还原状态，乌黑发臭，鱼虾绝迹，不能用于生活、农业等用水；水体自净能力差，若不治理，并控制污染源，水体污染还会进一步扩大。

水环境中的污染物，总体上可划分为无机污染物和有机污染物两大类。在水环境化学中较为重要的，研究得较多的污染物是重金属和有机物。我国水污染化学研究始于1970年代，从重金属、耗氧有机物、DDT、六六六等农药污染开始，目前研究的重点已转向有机污染物，特别是难降解有机物，因其在环境中的存留期长，容易沿食物链（网）传递积累（富集），威胁生物生长和人体健康，因而日益受到人们重视。本章着重介绍重金属和有机污染物在水体中迁移转化的环境化学行为。

二、污染物进入水体后的运动过程

污染物进入水体后立即发生各种运动。下面以海洋为例作一简介，其他水体的情况，可以类推。污染物排入水体后的运动过程如图4-1所示。

图中过程1、2是污染物在海水中通过稀释、扩散、生物活动等引起污染物空间位置的移动。影响该过程的主要因素是海区的水文条件，其中包括潮汐、海流、海水平流和涡流等多种变量。

图中过程3是污染物在海洋中的转化过程，包括化学、物理化学、水化学和生物化学的作用。通过转化过程，污染物的浓度，尤其是形态将发生变化，从而影响到污染物在海洋中的分布、迁移、停留、富集以及它们的毒性、底质的二次污染等。这是水污染化学中重要的研究课题。

图中过程4是污染物在海水中的停留过程。该过程涉及污染物危害持续时间的长短问题，它决定于海水的交换和更新以及水中胶体、悬浮物的沉积速率。污染物在

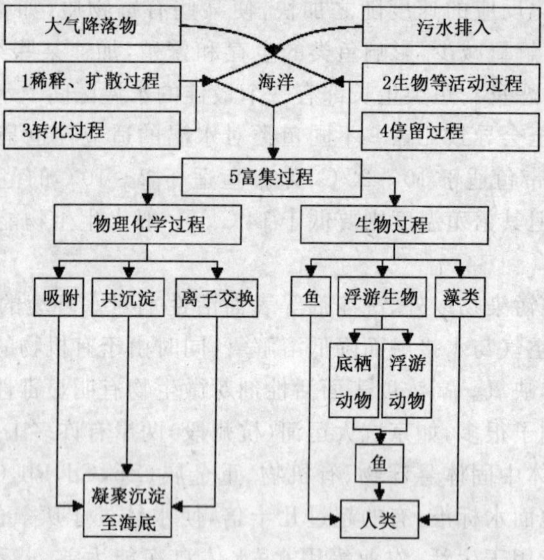

图 4-1 污染物排入水体后的运动过程

海水中停留时间 τ 可用下式计算

$$\tau_i = \frac{A_i}{\mathrm{d}A_i/\mathrm{d}t}$$

式中 A_i 为排入水体污染物 i 的总量，$\mathrm{d}A_i/\mathrm{d}t$ 为污染物 i 在海洋中的沉积速率。一般情况下，污染物在海水中的活性越大，停留时间就越短。

图中过程 5 为污染物在海洋中的富集过程，它主要取决于吸附等物理化学的富集沉降以及食物链的选择性吸收，其结果是污染物脱离海水，使后者得到净化，同时将在不同程度上有害于生物，并将增加底质中污染物的积累，有可能引起海水的二次污染。

三、水体自净

水体自净从广义上是指受污染的水体由于物理、化学、生物等方面的作用，使污染物浓度逐渐降低，经一段时间后恢复到受污染前的状态；狭义的是指水体中微生物氧化分解有机污染物而使水质净化的作用。

影响水体净化过程的因素很多，主要有河流、湖泊、海洋等水体的地形和水文条件，水中微生物的种类和数量，水温和复氧状况，污染物的性质和浓度等。水体自净机理包括沉淀、稀释、混合等物理过程，氧化还原、分解化合、吸附凝聚等化学和物理化学过程以及生物化学过程。各种过程可同时发生、相互影响。因此，水体的自净可以分为物理自净、化学自净和生物自净三类。

1. 物理自净

物理净化即河道的混合稀释作用，这种作用只能降低水中污染物的浓度，但不能减少其总量。河道的混合稀释作用主要是由河道流速的推动，加上存在一定的浓度差，使得悬浮物、胶体和溶解性污染物等从高浓度向低浓度运动的扩散作用所形成。通常污水排入河道后，首先从排入口流入向附近扩散，一直到污染物在水深方向均匀混合为止。这就是垂向混合阶段。垂向混合过程与污水流速、密度、排污口形式有关。污水一方面在垂向上与河水混合，另一方面逐渐在横方向与河水混合。同时，沉淀也是物理净化作用之一。污染物质中有着极为微小的悬浮颗粒。这些污水随着污水排入河道后，由于流速降低，使得一些悬浮物和虫卵沉降到河底。

2. 化学自净

污染物进入水体后，经络合、氧化还原、沉淀反应等而得到净化。如在一定条件下水中难溶性硫化物可以氧化为易溶性的硫酸盐。

3. 生物自净

在生物的作用下，污染物的数量减少，浓度下降，毒性减轻，直至消失。例如，悬浮和溶解在水体中的有机污染物，在需氧微生物作用下，氧化分解为简单、稳定的无机物，如二氧化碳、水、硝酸盐和磷酸盐等，使水体得到净化。一般说来，物理和生物化学过程在水体自净中占主要地位。对有机物来说，生物自净作用是最重要的。水体自净作用可以在同一介质中进行，也可在不同介质之间进行。例如，河水自净过程大致如下：当污水进入河流之后，首先是混合稀释、扩散，以及反应生成的沉淀物质和吸附有污染物的固体沉入水底，使水中污染物浓度下降；水的最终净化主要靠微生物的作用。微生物把污染物质作为营养源，通过生物化学过程，把复杂化合物变成简单化合物，最终产物是二氧化碳、水等无机物。此外，各类水生生物摄取较大的固体食物或其他生物，包括细菌、植物，这在河水自净中也起着重要作用。藻类和其他绿色植物的光合作用，也有助于水的净化。

水体自净作用是有限的，当人类直接或间接排放的污染物大量进入水体，而超过它的自净作用时，就会造成水体污染。原则上，进入水体的污染物最终都能被净化，但由于环境差异，污染物的性质及污染程度不同，净化的难易和净化的速度也不同。了解污染物的性质与含量以及它们在水体中的存在形式、化学行为，对于研究水体的自净能力、采取措施防止和克服污染所造成的危害具有重大的意义。

第二节　水环境现状调查与监测

掌握评价范围内水体污染源、水文、水质和水体功能利用等方面的环境背景情况，为地面水环境现状调查和预测评价提供基础资料，以资料收集为主，现场调查为辅，开展水环境现状调查。

一、调查范围

水环境调查范围包括受建设项目影响显著的地面水区域。在此区域内进行的调查，能够说明地面水环境的基本状况，并能够充分满足环境影响预测的要求。具体有以下两点需要说明：

(1)在确定某具体建设开发项目的地面水环境现状调查范围时，应尽量按照将来污染物排放后可能的达标范围，并考虑评价等级的高低后决定。

(2)当下游附近有敏感区(如水源地、自然保护区等)时，调查范围应考虑延长到敏感区上游边界以满足预测敏感区所感受影响的需要。

二、调查时间

(1)根据当地水文资料初步确定河流、湖泊、水库的丰水期、平水期、枯水期，同时确定最能代表着三个时期的季节或月份。遇气候异常年份，要根据流量实际变化情况确定，对有水库调节的河流，要注意水库放水或不放水时的水量变化。

(2)评价等级不同，对调查时间的要求亦有所不同。

(3)当被调查的范围内面源污染严重，丰水期水质劣于枯水期，一、二级评级的各类水域调查必须调查丰水期，若时间允许，三级评价也应调查丰水期。

(4)冰封期较长的水域，且作为生活饮用水、食品加工用水的水源或渔业用水时，应调查冰封期的水质、水文情况。

三、水文调查和水文测量

(1)河流根据评价等级与河流的规模决定工作内容，其中主要有：丰水期、平水期、枯水期的划分；河流平直及弯曲；横断面、纵断面(坡度)、水位、水深、河宽、流量、流速及其分布、水温、糙率及泥沙含量等；丰水期有无分流漫滩，枯水期有无浅滩、沙洲和断流；北方河流还应了解结冰、封冰、解冻等现象。如采用数学模式预测时，其具体调查内容应根据评级等级及河流规模按照模式及参数的需要决定，河网地区应调查各河段流向、流速、流量的关系，了解它们的变化特点。

(2)感潮河口根据评价等级及河流的规模决定工作内容，其中除与河流相同的内容外，还有感潮河段的范围，涨潮、落潮及平潮时的水位、水深、流向、流速及其分布；横断面、水面坡度的河潮间隙、潮差和历时等。如采用数学模式预测时，其具体调查内容已根据评价等级及河流规模按照模式及参数的需要决定。

(3)湖泊、水库根据评级等级、湖泊和水库的规模决定工作内容，其中主要有：湖泊、水库的面积和形状,应附有平面图;丰水期、平水期、枯水期的划分;流入、流出的水量;停留的时间;水量的调度和储量;水深;水温分层情况及水流状况等。如采用数学模式预测时,其具体调查内容可根据评价等级及湖泊、水库的规模按照水质模式参数的需要决定。

(4)降雨调查。需要预测建设项目的面源污染时,应调查历年的降雨资料,并根据预测的需要对资料进行统计分析。

四、污染源调查

凡对环境质量可以造成影响的物质和能量的输入,统称污染源;输入的物质和能量,称为污染物或污染因子。影响地面水环境质量的污染物按排放方式可分为点源和面源,按污染性质可分为持久性污染物、非持久性污染物、水体酸碱度(pH 值)和热效应四类。

污染源调查以搜集资料为主,只有在十分必要时才补充现场调查和现场测试,例如在评价改、扩建项目时,对项目改、扩建前的污染源应详细了解,常需现场调查或测试。

(1) 点源调查

1)调查的原则。点源调查的繁简程度可根据评价等级及建设项目的关系而略有不同。如评价等级高且现有污染源与建设项目距离较近时应详细调查,例如,其排水口位于建设项目排水与受纳河流的混合过程段范围内,并对预测计算有影响的情况。

2)调查的内容。有些调查内容可以列成表格,根据评价工作的需要选择下述全部或部分内容进行调查。

①点源的排放特点。主要包括排列形式,分散还是集中排放;排放口的平面位置及排放方向;排放口在断面上的位置。

②排放数据。根据现有实测数据,统计报表以及各厂矿的工艺路线等选定的主要水质参数,调查现有的排放量、排放速度、排放浓度及变化情况等方面的数据。

③用排水状况。主要调查取水量、用水量、循环水量、排水总量等。

④废水、污水处理状况。主要调查各排污单位废污水的处理设备、处理效率、处理水量及事故状况等。

(2) 非点源调查

1)调查的原则。非点源调查基本上采用搜集资料的方法,一般不进行实测。

2)非点源调查内容。根据评价工作需要,选择下述全部或部分内容进行调查。

①工业类非点源污染源。原料、燃料、废料、废弃物的堆放位置、堆放面积、堆放形式、堆放点的地面铺装及其保洁程度、堆放物的遮盖方式等;排放方式、排放去向与处理情况,说明非点源污染物是否是有组织的汇集,集中后直接排放还是处理排放

等；根据实测数据统计报表以及根据引起非点源污染的原料、燃料、废料、废弃物的成分及物理、化学、生物化学性质选定调查的主要水质参数，并调查有关排放季节、排放时期、排放浓度及其变化等方面的数据。

②其他非点源污染源。对于山林、草原、农地非点污染源，应调查有机肥、化肥、农药的施用量，以及流失率、流失规律，不同季节的流失量等。对于城市非点源污染源，应调查雨水径流特点、初期城市暴雨径流的污染物数量。

(3) 污染源采样分析方法

按照《污水综合排放标准》(GB 8978－1996)的规定执行。

(4) 污染源资料的整理与分析

对资料进行检查，找出矛盾和错误之处，并予以更正。查漏补缺。将这些资料按污染物排入地表水的顺序及水质因子的种类列成表格，找出评价水体的主要污染源和主要污染物。

五、选择水质调查参数

需要调查的水质因子有两类：一类是常规水质因子，它能反映受纳水体的水质一般状况；另一类是特殊水质因子，它能代表建设项目将来排水的水质特征。

(1)常规水质因子。以 GB 3838－2002 中所列的 pH 值、溶解氧、高锰酸盐指数或化学耗氧量、五日生化需氧量、总氮或氨氮、酚、氰化物、砷、汞、铬(六价)、总磷及水温为基础，根据水域类别、评价等级及污染源状况适当增减。

(2)特殊水质因子。根据建设项目特点、水域类别及评价等级以及建设项目所属行业的特征水质参数进行选择，可以适当删减。

(3)其他方面的因子。被调查水域的环境质量要求较高，且评价等级为一、二级，应考虑调查水生生物和底质。

水生生物方面主要调查浮游动植物、藻类、底栖无脊椎动物的种类和数量，水生生物群落结构等。

底质方面主要调查与建设项目排污水质有关的易积累的污染物。

六、河流水质采样

1.取样断面的布设

在调查范围的两端、调查范围内重点保护水域及重点保护对象及附近的水域、水文特征突然变化处、水质急剧变化处、重点水工构筑物等附近、水文站附近等应布设取样断面。还应适当考虑拟进行水质预测的地点。

在建设项目拟建排污口上游 500 m 处应设置一个取样断面。

2. 取样断面上取样点的布设

(1)断面上取样垂线的确定。垂线设置主要依据为河宽,当河流断面形状为矩形或相近于矩形时,可按以下方法布设取样垂线。

小河:在取样断面的主流线上设一条取样垂线。

大河、中河:河宽小于 50 m 者,在取样断面上各距岸边 1/3 水面宽处,设一条取样垂线,共设 2 条取样垂线;河宽大于 50 m 者,在取样断面上的主流线上及距两岸不小于 5 m,并有明显水流的地方各设一条取样垂线,即共设三条取样垂线。

(2)垂线上取样点的确定。垂线上取样点设置的主要依据为水深,在一条垂线上,水深大于 5 m,在水面下 0.5 m 处及在距河底 0.5 m 处,各取样 1 个;水深为 1~5 m 时,只在水面下 0.5 m 处取 1 个样;水深不足 1 m 时,取样点距水面不应小于 0.3 m,对于三级评价的小河,只在一条垂线上一个点取一个样,一般情况下取样点应在水面下 0.5 m 处,距河底也不应小于 0.3 m。

3. 取样方式

一级评价:每个取样点的水样均应分析,不取混合样。二级评价:需要预测混合过程段水质的场合,每次应将该段内各取样断面中每条垂线上的水样混合成一个水样。其他情况每个取样断面每次只取一个混合水样。

4. 河流取样次数

(1)在所规定的不同规模河流、不同评价等级的调查时期中,每个水期调查一次,每次调查 3~4 天,至少有一天对所有已选定的水质因子取样分析,其他天数根据预测需要,配合水文测量对拟预测的水质因子取样。

(2)在不预测水温时,只在采样时测水温;在预测水温时,要测日水温的变化情况,一般可以采用每隔 6 h 测一次的方法并分析计算日平均水温。

(3)一般情况,每天每个水质因子只取一个样,在水质变化很大时,应采用每间隔一定时间采样一次的方法。

七、河口水质的取样

1. 取样断面布设原则

当排污口拟建于河口感潮段内时,其上游需设置取样断面的数目与位置,应根据感潮段内的实际情况决定,其下游取样断面的布设原则与河流相同。

取样断面上取样点的布设和采样方式同前述的河流部分。

2. 取样断面上取样点的布设

(1)在所规定的不同规模河口、不同等级的调查时期中,每期调查一次,每次调查 2 天,一次在大潮期,一次在小潮期;每个潮期的调查,均应分别采集同一天的高、低潮水样;各监测面的采样,尽可能同步进行。两天调查中,要对应选定的所有水质参数取样。

(2)在不预测水温时，只在采样时测水温；在预测水温时，要测日平均水温，一般可以采用每隔 4～6 h 测一次的方法求平均水温。

八、湖泊、水库水质取样

1. 取样位置的布设原则、方法和数目

在湖泊、水库中布设取样位置时，应尽量覆盖推荐的整个调查范围，并且能切实反映湖泊、水库的水质、水文特点。可采用以建设项目的排放口为中心，向周围辐射的布设采样位置，每个采样位置的间隔可参考下列数字。

(1)大、中型湖泊水库。当建设项目污水排放量小于 50000 m^3/d 时：一级评价：每1～2.5 km^2 布设一个取样位置；二级评价：每 1.5～3.5 km^2 布设一个取样位置；三级评价：每 2～4 km^2 布设一个取样位置。

当建设项目污水排放量大于 50000 m^3/d 时：一级评价：每 3～6 km^2 布设一个取样位置；二级评价、三级评价：每 4～7 km^2 布设一个取样位置。

(2)小型湖泊水库。当建设项目污水排放量小于 50000 m^3/d 时：一级评价：每 0.5～1.5 km^2 布设一个取样位置；二、三级评价：每 1～2 km^2 布设一个取样位置。

当建设项目污水排放量大于 50000 m^3/d 时：各级评价：每 0.5～1.5 km^2 布设一个取样位置。

2. 取样位置上取样点的布设

大、中型湖泊、水库，当平均水深小于 10 m，取样点设在水面下 0.5 m 处，但此点距底不应小于 0.5 m。当平均水深大于等于 10 m 时，首先要根据现有资料查明此湖泊(水库)有无温度分层现象，如无资料可供利用，应先测水温。在取样位置水面以下 0.5 m处测水温，以下每隔 2 m 水深测一个水温值，如发现两点间温度变化比较大时，应在这两点间酌量加测几点的水温，目的是找到斜温层。找到斜温层后，在水面下0.5 m及斜温层以下、距底 0.5 m 以上处各取 1 个水样。

小型湖泊、水库，当平均水深小于 10 m，在水面下 0.5 m 处并距底不小于 0.5 m 处设 1 个取样点。当平均水深大于等于 10 m 时，在水面下 0.5 m 处和水深 10 m 并距底不小于 0.5 m 各设一取样点。

3. 取样方式

对于小型湖泊、水库，水深小于 10 m 时，每个取样位置取一个水样；如水深大于等于 10 m 时，则一般只取一个混合样，在上下层水质差别较大时，可不进行混合。大、中型湖泊、水库，各取样位置上不同深度的水样均不混合。

4. 湖泊、水库取样次数

(1)在所规定的不同规模湖泊(水库)、不同评价等级的调查时期中，每期调查一次，每次调查3～4天，至少有一天对所有已选定的水质参数取样分析，其他天数根据预测需要，配合水文测量对拟预测的水质参数取样。

(2)表层溶解氧和水温每隔6 h测一次，并在调查期内适当检测藻类。

九、水质调查取样需注意的特殊情况

(1)对设有闸坝受人工控制的河流，其流动状况，在排洪时期为河流流动；用水时期，如用水量大则类似河流，用水量小则类似狭长形水库；在蓄水期也类似狭长形水库。这种河流的取样断面、取样位置、取样点的布设及水质调查的取样次数等可参考前述河流、水库部分的取样原则酌情处理。

(2)在我国的一些河网地区，河水流向、流量经常变化，水流状态复杂，特别是受潮汐影响的河网，情况更为复杂。遇到这类河流，应根据各河段的长度比例布设水质取样、水文测量断面。至于水质监测项目、取样次数、断面上取样垂线的布设可参考前述河流、河口的有关内容。调查时应注意水质、流向、流量时间的变化。

十、水样的采集、保存和分析

(1)河流、湖泊、水库水样保存、分析的原则与方法按GB 3838－2002。标准中未说明者暂先采用《水和废水监测分析方法》。

(2)河口水样保存、分析的原则与方法依水样的盐度而不同。对水样盐度＜3％者，采用河流、湖泊、水库的原则与方法；水样盐度≥3％者，按海湾原则与方法执行。

十一、现有水质资料的搜集、整理

现有水质资料主要从事当地水质监测部门搜集。搜集的对象是有关水质监测报表、环境质量报告书及建于附近的建设项目的环境影响评价报告书等技术文件中的水质资料。按照时间、地点和分析项目排列整理，收集所需资料，并尽量找出其中的各水质参数间的关系及水质变化趋势，同时与收集到的同期的水文资料一起，分析地面水治理环境各类污染物的净化能力。

第三节　水环境现状评价方法

水污染指数评价法是环境质量现状评价的经典方法，一般分为两类：单污染指数评价法和综合污染指数评价法。

一、单污染指数评价法

用一个参数作为评价指标，可直接了解水质状况与评价标准的关系，其表达式为

$$S_{ij}=\frac{C_{ij}}{C_{si}} \tag{4-1}$$

式中 S_{ij} 是水质评价参数在第 j 点上的污染指数；C_{ij} 是水质评价参数 i 在第 j 点上的监测浓度，mg/L；C_{si} 是水质评价参数 i 的评价标准，mg/L。由于溶解氧(DO)和 pH 值与其他水质参数的性质不同，需采用不同的指数单元形式。

1. 溶解氧(DO)的标准指数

$$S_{DO_j}=\frac{|DO_f-DO_j|}{DO_f-DO_s},DO_j\geqslant DO_s \tag{4-2}$$

$$S_{DO_j}=10-9\frac{DO_j}{DO_s},DO_j<DO_s,DO_f=468/(31.6+t) \tag{4-3}$$

式中 DO_f 为饱和溶解氧的浓度，mg/L；DO_s 为溶解氧的评价标准，mg/L；DO_j 为 j 点的溶解氧浓度，mg/L；t 为水温，℃。

2. pH 值的标准指数

$$S_{pH_j}=\frac{7.0-pH_j}{7.0-pH_{sd}},pH_j\leqslant 7.0 \tag{4-4}$$

$$S_{pH_j}=\frac{pH_j-7.0}{pH_{su}-7.0},pH_j>7.0 \tag{4-5}$$

式中 pH_j 为河流上游或湖(库)、海的 pH 值；pH_{sd} 为地表水水质标准中规定的 pH 下限值；pH_{su} 为地表水水质标准中规定的 pH 上限值。

若某水质评价参数的污染指数 $S_{ij}>1$，表明该水质评价参数在 j 点上超过了规定的水质标准，已不能满足使用要求。水污染指数评价法能客观的反映水体的污染程度，可清晰地判断出主要污染物、主要污染时段和主要污染区域，能较完整地提供监测水域地时空污染变化，反映污染历史。

二、综合污染指数评价法

选择多项评价参数进行水质综合评价。

1. 内梅罗污染指数

内梅罗(Nemerow)建议的水污染指数计算公式如下

$$PI_j=\sqrt{\frac{\left(\max\frac{C_i}{S_{ij}}\right)^2+\left(\frac{1}{n}\sum_{i=1}^{n}\frac{C_i}{S_{ij}}\right)^2}{2}} \tag{4-6}$$

式中 PI_j 为 j 种用途水的水污染指数，mg/L；S_{ij} 为水质评价参数(污染物)i 的 j 种用

途水的水质评价标准,mg/L;C_i 为水质评价参数 i 的实测浓度,mg/L;N 为水质评价参数的项目数。

水污染指数的评价参数可选择14项,包括温度、颜色、透明度、pH值、大肠杆菌数、总溶解固体、悬浮固体、总氮、碱度、氯、铁、锰、硫酸盐、溶解氧,并将水的用途分为3类。

(1)人类接触使用的(PI_1),包括饮用、游泳、制造饮料;

(2)间接接触使用(PI_2),包括养鱼、工业食品制备、农业用途等;

(3)不接触使用的(PI_3),包括工业冷却用水、公共娱乐及航运等。

为了表明各种用途用水的总水质指数,可以根据 PI_1,PI_2,PI_3 求和计算 PI 值,这里需要先确定水体的利用不同用途的权重系数,分别以 W_1,W_2,W_3 表示,因此,总水质污染指数用下式计算

$$PI = W_1 PI_1 + W_2 PI_2 + W_3 PI_3$$

式中 PI 为水质污染指数;W_1,W_2,W_3 为各种用途用水的权重系数。

2. 有机污染综合评价指数

有机污染综合评价值 A

$$A = \frac{BOD_i}{BOD_0} + \frac{COD_i}{COD_0} + \frac{(\mathrm{NH_4-N})_i}{(\mathrm{NH_4-N})_0} - \frac{DO_i}{DO_0} \tag{4-7}$$

式中 A 为有机污染综合指数;BOD_i、BOD_0 分别为 BOD 的实测值和评价标准值,mg/L;COD_i、COD_0 分别为 COD 的实测值和评价标准值,mg/L;$(\mathrm{NH_4-N})_i$、$(\mathrm{NH_4-N})_0$ 分别为 $\mathrm{NH_4-N}$ 的实测值和评价标准值,mg/L;DO_i、DO_0 分别为 DO 的实测值和评价标准值,mg/L;

该指数根据有机污染为主的情况,评价参数只选了代表有机污染状况的4项,其中溶解氧项前面的负号表示它对水质的影响与上三项污染物相反(溶解氧不能理解为污染物质)。

有机污染综合评价指数A可以综合地评价水质受到有机物污染地情况,实践证明,该指数在受到有机污染严重地河段是适用的,但各项标准值的规定要根据当地具体情况酌情确定,不可盲目选取。

3. 罗斯水质指数

水质指数可以选用任何平均评价参数的指标来计算,但评价参数数量过多,会使水质指数的使用变得复杂,英国人罗斯(Ross)在总结以前的水质指数的基础上,提出了一种较为简单的水质指数计算方法。

在常规监测的12个参数中选取4个参数作为河流水质指数的评价参数,分别是 BOD、$\mathrm{NH_4-N}$、DO 和悬浮固体,并对4个参数分别给予不同的权重系数(见表4-1)。

表 4-1　不同参数的权重系数

参数	*BOD*	NH_4-N	*DO*	悬浮固体	权重系数合计
权重系数	3	3	2	2	10

在计算水质参数时，先根据各参数的实测浓度值查表(见表 4-2)，得出各参数的分级值，再按下式计算

$$WQI=\frac{\sum 分级值}{\sum 权重值}$$

式中 *WQI* 为罗斯水质指数。

表 4-2　各参数的分级值

悬浮固体		*BOD*		NH_4-N		*DO*		悬浮固体	
浓度(mg/L)	分级	浓度(mg/L)	分级	浓度(mg/L)	分级	饱和度(%)	分级	浓度(mg/L)	分级
0～10	20	0～2	30	0～0.2	30	90～105	10	＞9	10
10～20	18	2～4	27	0.2～0.5	24	80～90		8～9	8
20～40	14	4～6	24	0.5～1.0	18	105～120	8	6～8	6
40～80	10	6～10	18	1.0～2.0	12	60～80		4～6	4
80～150	6	10～15	12	1.0～5.0	6	＞120	6	1～4	2
150～300	2	15～25	6	5.0～10.0	3	40～60	4	0～1	0
＞300	0	25～50	3	＞10.0	0	10～40	2		
		＞50	0			0～10	0		

罗斯计算法要求值用整数表示，小数点以后的数值全部进位。将河流水质分为 11 个等级(水质指数 0～10)。河流水质指数为 0 表示水质最差，类似腐败的原始污水；对天然纯净状态的水，规定水质指数为 10。具体分级情况如表 4-3。

表 4-3　水质状况分级

WQI 值	10	8	6	3	0
水质状况	纯净	轻度污染	污染	严重污染	水质类似腐败的原始污水

第四节　水环境影响预测方法

一、预测方法简介

预测地表水水质的方法，大致可以分为三大类：数学模拟法，物理模型法和类比

分析法。

1. 数学模拟法

此方法是利用表达水体净化机制的数学方程预测建设项目引起的水体水质变化。该方法能给出定量的预测结果，在许多水域有成功应用水质模型的范例。一般情况此法比较简单，应首先考虑。但这种方法需一定的计算条件和输入必要的参数，而且污染物在水中的净化机制，很多方面尚难用数学模式表达。

2. 物理模型法

此方法是依据相似理论，在一定比例缩小的环境模型上进行水质模拟实验，以预测由建设项目引起的水体水质变化。此方法能反映出比较复杂的水环境特点，且定量化程度较高，再现性好。但需要有相应的试验条件和较多的基础数据，且制作模型要耗费大量的人力、物力和时间。在无法利用数学模式法预测，而评价级别较高，对预测结果有求较严时，应改选用此法。但污染物在水中的化学、生物净化过程难于在实验中模拟。

3. 类比分析法

调查与建设项目性质相似，且其纳污水体的规模、流态、水质也相似的工程。根据调查结果，分析预估建设项目的水环境影响。此种预测属于定性或半定量性质。已建的相似工程有可能找到，但此工程与拟建项目有相似的水环境状况则不易找到。所以类比调查法所得结果比较粗略，一般多在评价工作级别较低，且评价时间较短，无法取得足够的参数、数据时，用类比求得数学模式中所需的若干参数、数据。

二、预测条件的确定

1. 筛选拟预测的水质参数

对建设项目的初步工程分析，可知此项目排入水体的污染源与污染物情况。结合水环境影响评价的级别，工程与水环境两者的特点，即可从将要排入水体的污染物中筛选水质参数。

2. 拟预测的排污情况

废水排放分为正常排放和不正常排放两种情况进行预测。两种排放均需确定污染物排放源以及排放位置和排放方式。

3. 预测的设计水文条件

在水环境影响预测时应考虑水体自净能力不同的多个阶段。对于内陆水体，自净能力最小的时段一般为枯水期，个别水域由于面源污染严重也可能出现在丰水期，对于北方河流，冰封期的自净能力很小，情况特殊。在进行预测时需要确定拟预测时段的设计水文条件，如河流 10 年一遇连续 7 天枯水流量，河流多年平均枯水期流量等。

4. 水质模型参数和边界条件(或初始条件)

在利用水质模型进行水质预测时,需要根据建模、验模的工作程序确定水质模型参数的数值。确定水质模型参数的方法有实验测定法、经验公式估算法、模型实定法、现场实测法等。对于稳态模型,需要确定预测计算的水动力、水质边界条件;对于动态模型或模拟瞬时排放、有限时段等排放,还需要确定初始条件。

第五节　水质模型

一、水质数学模型

水质数学模型(简称水质模型)是水体中污染物随空间和时间迁移转化规律的描述,是一个用于描述物质在水环境中的混合、迁移过程的数学方程,即描述水体中污染物与时间、空间的定量关系。污染物质在水体中的运动变化包括平流输移、分散作用输移、反应衰减、底泥与水体之间的相互作用、复氧等。综合描述上述水质运动变化的最基本方程为对流扩散方程。BOD 和 DO 是两个重要的水质指标,它们具有耦合关系,大多数水质模型以描述 BOD 和 DO 为中心。

水质模型通常涉及解基本方程的技术,而其结果的可靠性不会超过所使用的方程的可靠性。它的求解一般采用有限差分法或有限元法等数值计算方法。水质模型的正确建立依赖于对污染物在河流中迁移转化过程的认识以及定量表达这些过程的能力。

二、水质数学模型发展过程

水质模型的形成和发展已经历了半个多世纪,大致可分为以下几个发展阶段:

1. 1925－1960 年为水质模型发展的第一阶段(基础阶段)。在这一阶段中,水质模型的研究处于最初时期,Streeter 和 Phelps 共同研究并提出了第一个水质模型,后来科学家在其基础上成功地运用 BOD-DO 模型于水质预测等方面。

2. 1960－1965 年,在 S-P 模型的基础上有了新的发展,将其用于比较复杂的系统。引进了空间变量、物理的、动力学系数。温度作为状态变量也引入到一维河流和水库模型,水库(湖泊)模型同时考虑了空气河水表面的热交换。水力学方程、平流扩散方程作为水质迁移过程的基本描述而被用于水质模型。第一个简单的模型(一维的稳态模型)开始在水质管理中应用。

3. 1965－1970 年是第三阶段。不连续的一维模型扩展到包括其他来源和丢失源,其他来源和丢失源包括氮化物耗氧(NOD)、光合作用、藻类的呼吸以及城建、再悬浮等。一维的网络系统被用于描述两维的垂直混合体系。计算机的成功应用使水质数学模型的研究有了突破性的发展。

4. 1970—1975 年,水质数学模型已发展到变成相互作用的线性化体系。生态水质模型的研究处于初级阶段,特别是发展了初级生产率的动力学研究,其他较高水平的模型亦相继应用。有限元模型用于两维体系,有限差分技术亦应用于水质模型的计算,更高维数的模型不断地研发,关键问题是在进行水质模型研究中需要足够的数据。

5. 在最近 20 年中,科学家的注意力逐渐地移到改善模型的可靠性和评价能力的研究。随着改进的二维、三维河流、河口和湖泊(水库)模型的发展,水力学和水质间的耦合越来越引起科学研究工作者的重视。

水生生态系统的复杂性是许多生物问题的一个重要课题。水质模型的研究由单一组分的模型向较综合的模型发展,在该阶段中,水库、湖泊的富营养化模型研究已取得了可喜的进步。目前,包括各种变量的更综合的水质模型正在研究中,三维的和二维的水质模型仍处于发展阶段。

三、常用的几种水质模型

从使用管理的角度来说,水质模型可分为:河流、河口(受潮汐影响)模型,湖泊、水库模型,海湾模型等。一般河流和河口模型比较成熟,湖、海模型比较复杂,可靠性小。下面几节介绍几种应用广泛的水质模型。

第六节　河流和河口水质模型

一、正常设计条件下河流稀释混合方程

1. 点源,河水、污水稀释混合方程

对于点源,河水和污水的稀释混合方程为

$$c=\frac{c_pQ_p+c_hQ_h}{Q_p+Q_h} \tag{4-8}$$

式中 c 为完全混合的水质浓度,mg/L;Q_p 为上游来水设计水量,m^3/s;c_p 为设计水质浓度,mg/L;Q_h 为污水设计浓度,m^3/s;c_h 为设计排放浓度,mg/L。

2. 非点源方程

对于沿程有非点源(面源)分布入流时,可按下式计算河段污染物的浓度

$$c=\frac{c_pQ_p+c_hQ_h}{Q}+\frac{W_s}{86.4Q} \tag{4-9}$$

$$Q = Q_p + Q_h + \frac{Q_s}{x_s} \cdot x \tag{4-10}$$

式中 W_s 为沿程河段内($x=0$ 到 $x=x_s$)非点源汇入的污染物总负荷量,kg/d;Q 为下游 x 距离处河段流量,m^3/s;x_s 为控制河段总长度,km;x 为沿程距离,km。

3. 考虑吸附态和溶解态污染指标耦合模型

上述方程既适合于溶解态、颗粒态的指标,又适合于河流中的总浓度,但是要将溶解态和吸附态的污染指标耦合考虑,应加入分配系数的概念。

分配系数 K_p 的物理意义是在平衡状态下,某种物质在固液两相相间的分配比例

$$K_p = \frac{X}{c} \tag{4-11}$$

式中 c 为溶解态浓度,mg/L;X 为单位质量固体颗粒吸附的污染物质量,mg/kg;K_p 为分配系数,L/mg。

对需区分溶解态浓度的污染物,可用下式计算

$$c = \frac{c_T}{1 + K_p + SS \times 10^{-6}} \tag{4-12}$$

式中 c 为溶解态浓度,mg/L;c_T 为总浓度,mg/L;SS 为悬浮固体浓度,mg/L;K_p 为分配系数,L/mg。

二、河流的一维稳态水质模式

当污染物在河流横向方向上达到完全混合后,描述污染物的输移、转化的微分方程为

$$\frac{\partial(Ac)}{\partial T} + \frac{\partial(Qc)}{\partial x} = \frac{\partial}{\partial x}\left(D_L A \frac{\partial c}{\partial x}\right) + A(S_L + S_B) + AS_K \tag{4-13}$$

式中 A 为河流横断面面积;Q 为河流流量;c 为水质组分浓度;D_L 为综合的纵向离散系数;S_L 为直接的点源或非点源强度;S_B 为上游区域进入的源强;S_K 为动力学转化率,正为源,负为汇。

设定条件:稳态$\left(\frac{\partial}{\partial t}=0\right)$,忽略纵向离散作用,一阶动力学反应速率 K,河流无侧旁入流,河流横断面面积为常数,上游来流量 Q_u,上游来流水质浓度 c_u,污染源排放流量 Q_e,污染物排放浓度 c_e,则(5-13)式的解为

$$C = c_0 \exp(-Kx/86\,400u) \tag{4-14}$$

$$c_0 = (c_u \cdot Q_u + c_e \cdot Q_e)/(Q_u + Q_e)$$

式中 K 为一阶动力学反应速度,1/d;u 为河流流速,m/s;x 为沿河流方向距离,m;C 为下游距污染源(排放口)为 x 处的水质浓度,mg/L。

三、Streeter-Phelps 模式

该模型由斯特里特(H. Streeter)和菲尔普斯(E. Phelps)于 1925 年提出,并且后来由菲尔普斯在 1944 年总结和公布的。它是研究河流溶解氧(DO)与 BOD 关系的最早的、最简单的耦合模型,也是研究各种修正模型和复杂模型的基础,至今仍得到广泛应用。

其主要假设是:河流为一维恒定流,污染物在河流横断面上完全混合;DO 浓度仅取决于 BOD 反应与复氧过程,而且把 BOD 降解假定为一级反应,反应速率常数是定常的;水中 DO 的减少只是由 BOD 降解引起的,而且与 BOD 降解有相同的速率;氧亏的净变化仅是水中有机物耗氧和通过液一气界面的大气复氧的函数,复氧的速度与氧亏成正比(所谓氧亏是可能达到的饱和溶解氧浓度 C_s 与实际的溶解氧浓度 C 之间的差值)。

Streeter-Phelps 模式的方程为

$$\begin{cases} c = c_0 \exp\left(-K_1 \dfrac{x}{86400u}\right) \\ D = \dfrac{K_1 c_0}{K_2 - K_1}\left[\exp\left(-K_1 \dfrac{x}{86400u}\right) - \exp\left(-K_2 \dfrac{x}{86400u}\right)\right] \\ \quad + D_0 \exp\left(-K_2 \dfrac{x}{86400u}\right) \end{cases} \tag{4-15}$$

其中

$$c_0 = (c_p Q_p + c_h Q_h)/(Q_p + Q_h)$$
$$D_0 = (D_p Q_p + D_h Q_h)/(Q_p + Q_h)$$

式中 D 为亏氧量 $DO_f - DO$,mg/L;D_0 为计算初始断面亏氧量,mg/L;D_p 为上游来水中溶解氧亏值,mg/L;D_h 为污水中溶解氧亏值,mg/L;u 为河流断面平均流速,m/s;x 为沿程距离,m;c 为沿程浓度,mg/L;DO 为溶解氧浓度,mg/L;DO_f 为饱和溶解氧浓度,mg/L;K_1 为耗氧系数,1/d;K_2 为复氧系数,1/d。

沿河水流动方向的溶解氧分布为一悬索型曲线,通常称为氧垂曲线,如图 4-2 所示。氧垂曲线的最低点 C 称为临界氧亏点,临界氧亏点的亏氧量称为最大亏氧值。在临界氧亏点左侧,耗氧大于复氧,水中的溶解氧逐渐减少;污染物浓度因生物净化作用而逐渐减少。达到临界氧亏点时,耗氧和复氧平衡;临界点右侧,耗氧量因污染物浓度减少而减少,复氧量相对增加,水中溶解氧增多,水质逐渐恢复。如排入的耗氧污染物过多将溶解氧耗尽,则有机物受到厌氧菌的还原作用生成甲烷气体,同时水体存在的硫酸根离子将由于硫酸还原菌的作用而成为硫化氢,引起河水发臭,水质严重恶化。临界氧亏点 x_c 的位置为

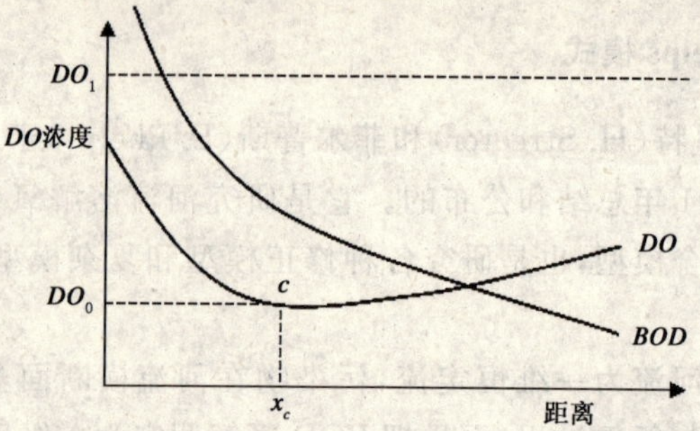

图 4-2　氧垂曲线

$$x_c = -\frac{86400u}{K_2 - K_1}\ln\left[\frac{K_2}{K_1}\left(1 - \frac{D_0}{c_0}\cdot\frac{K_2 - K_1}{K_1}\right)\right] \tag{4-16}$$

四、QUAL-Ⅱ综合水质模型

该模型由美国国家环保局于 1973 年开发，1976 年 3 月又经过修订。它是一个具有多种用途的河流水质模型，能按照使用者的要求，以各种组合方式描述以下 15 种水质参数（或称为水质变量）：溶解氧；生化需氧量；水温；藻类-叶绿素 a；有机氮；氨氮；亚硝酸氮；硝酸氮；有机磷；可溶性磷；大肠杆菌；任选的一种可降解物质；三种任选的不可降解物质。

该模型假设：在河流里物质的主要迁移方式是平移和弥散，而且认为这种迁移只发生在河流或水道的纵轴方向上，所以该模型是一个一维的模型。这个模型可以描述同时有多个排放口并有支流流入和取水流出的河流系统。其基本方程是一个平移-弥散质量迁移方程，考虑了对流扩散和分散，把流量视为恒定，为

$$\frac{\partial C}{\partial t} = \frac{\partial\left(\partial A\,\dfrac{\partial C}{\partial x}\right)}{A\,\partial x} - \frac{\partial(QC)}{A\,\partial x} + \frac{S_{in}}{A} + \frac{S_{out}}{A} \tag{4-17}$$

式中 A 为河流过水断面面积，m^2；C 为污染物浓度，mg/L；Q 为河流流量，m^3/s；S_{in} 为体系内部水质变量 C 的来源和漏源（如化学反应等），kg/(s · m)；S_{out} 为体系外部的来源和漏源（如支流的影响等），kg/(s · m)。

五、河口 BOD-DO 有限段模型

如果一个复杂的生态模型能应用于河口，当然再好不过了，然而在许多情况下，用一个简单的模型就足以解决治理方面的问题，那就没有必要有意使问题复杂化。例如一个简单的 BOD-DO 河口模型就曾应用于美国 Delaware 河口，结果证明效果良好。这个模型描述了河口中的 BOD 和氧亏的平均值受潮汐影响的情况，并且把潮

汐的作用包括在模型方程中的弥散项，这种类型的模型称为有限段模型。

由质量守恒关系可得到关于 BOD 以及氧亏平衡方程

$$\frac{\mathrm{d}(V_iL_j)}{\mathrm{d}t}=Q_{1-1,i}(\alpha_{i-1,i}+\beta_{i-1,i}L_i)-Q_{1,i-1}(\alpha_{i,j+1}L_i+\beta_{i,j+1}L_{i+1})+$$
$$D'_{i-1}(L_{i-1}-L_i)+D'_{i,j+1}(L_{i+1}-L_i)-V_iK_{1,i}L_i+W_{1,i} \tag{4-18}$$

其中 $D'=\frac{DA}{\Delta x}$；$K_{1,i}$ 为第 i 段的 BOD 反应速率；$W_{1,i}$ 为第 i 段的 BOD 来源；

$$\frac{\mathrm{d}(V_iD_{c,j})}{\mathrm{d}t}=Q_{i-1,i}(\alpha_{i-1,j}D_{c,i-1}+\beta_{i-1,i}D_{c,i})-Q_{i,j+1}(\alpha_{i,i+1}D_{c,j}+\beta_{i,j+1}D_{c,j+1})+$$
$$D'(D_{c,j-1}-D_{c,i})+D'_{i,j+1}(D_{c,j+1}-D_{c,j})-V_iK_{2,i}D_{c,j}-V_iK_{2,i}D_{c,i}+$$
$$V_1K_{1,i}+V_iK_{1,i}L_i+W_{2,i} \tag{4-19}$$

式中 $D_{c,i}$ 为第 i 段氧亏；$K_{2,i}$ 为第 i 段的复氧系数；$W_{2,i}$ 为第 i 段的单位时间氧亏排放量。

根据上述两方程，可以建立两种用于环境管理的模型：在最不利条件下的稳态模型（最不利条件一般指低流量、高水温的条件下）；非稳态模型。

六、河流二维水质模式

1. 二维水质方程

(1)顺直均匀河流。

描述污染物的二维对流扩散的基本方程为

$$\bar{u}\frac{\partial C}{\partial x}=M_x\frac{\partial^2 C}{\partial x^2}+M_y\frac{\partial^2 C}{\partial y^2}S_K \tag{4-20}$$

若忽略 $M_x\frac{\partial^2 C}{\partial x^2}$ 项的作用，此时上式简化为

$$\bar{u}\frac{\partial C}{\partial x}=M_y\frac{\partial^2 C}{\partial y^2}+K_c \tag{4-21}$$

式中 K 为常数；C 为污染物浓度；横向混合系数 M_y 与河流平均水深和摩阻流速 u_* 等因素有关，实用上可近似用下式估算

$$M_y=\alpha\bar{h}u_* \tag{4-22}$$

式中 $\bar{h}$ 为平均水深；α 为横向混合无量纲常数（0.6±50%）；u_* 为 $\sqrt{g\bar{h}J}$，通常约为平均流速的 1%数量级；g 为重力加速度；J 为河流比降；$\bar{u}$ 为横断面平均流速。

(2)用累积流量坐标表示的二维水质方程。

累积流量的定义为

$$q_c(y)=\int_0^y M_yhu\,\mathrm{d}y \tag{4-23}$$

式中 q_c 为距一岸的横向距离为 y 时的累积流量；M_y 为河流横断面的形状系数；H 为当地水深；u 为当地垂向平均流速；y 为横向坐标。

$y=0$ 时，$q_c(0)=0$；$y=B$（河宽）时，$q_c(B)=Q$（河流总流量）；$q_c(y)$ 沿横向 y 方向的典型分布如图 4-3 所示。

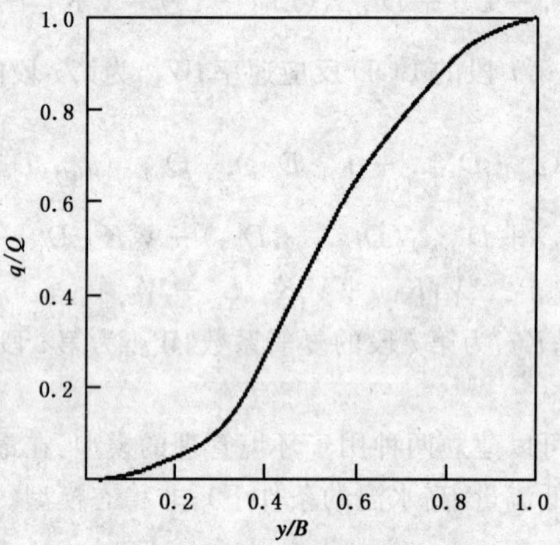

图 4-3　累积流量的横向分布

引入累积流量坐标 $q_c(y)$，代替直角坐标，相应的水质方程为

$$\frac{\partial c}{\partial x}=\frac{\partial}{\partial q_c}\left(M_c\frac{\partial c}{\partial q_c}\right)-Kc\cdot\frac{m_x}{\bar{u}} \tag{4-24}$$

式中 $M_c=m_x\cdot h\cdot\bar{u}\cdot M_y$，称为横向混合因子；$Kc$ 为常数；m_x 为横断纵向形状参数，$m_x\approx1$；$\bar{u}$ 为横断面上的平均流速。

设 M_c 为常数，并用 $K/\bar{u}$ 近似代替 $K\cdot m_x/\bar{u}$，则式(4-24)成为

$$\frac{\partial c}{\partial x}=M_c\frac{\partial^2 c}{\partial q_c^2}-Kc\cdot\bar{u} \tag{4-25}$$

2.连续点源的河流二维水质模式

设定条件：河宽为 B，在离岸边距离为 y_s 处有一连续点源，源强为 $c_e\cdot Q_e$，水质组分 c 的一级动力学反应系数为 K。

二维水质方程式的解析解为

$$c/c_\alpha=\exp\left(-\frac{K_x}{u}\right)(4\pi\varphi)^{-1/2}\cdot$$
$$\left\{\sum_{n=-\infty}^{+\infty}\left[\exp\left(-\frac{(2n+p_s-p)^2}{4\varphi}\right)+\exp\left(-\frac{(2n+p_s+p)^2}{4\varphi}\right)\right]\right\} \tag{4-26}$$

式中 K_x 为动力学反应系数；φ 为 $(M_c\cdot x/Q^2)(=\beta\cdot x/B,\beta=M_c\cdot B/Q_2)$；$p$ 为 q_c/Q；p_s 为 q_{cs}/Q（相应于 y_s）；c/c_α 为 $c_e\cdot Q_e/Q$；Q 为河流总流量；u 为平均流速；n 为河

岸的反射次数。

在岸边排放，即 $y_s=0$ $(p_s=0)$；(4-26)式为

$$c/c_a=\exp\left(-\frac{K_x}{u}\right)(\pi\varphi)^{-1/2}\cdot\sum_{n=-\infty}^{+\infty}\exp\left(-\frac{(p-2n)^2}{4\varphi}\right) \tag{4-27}$$

在大多数的情况下，可以忽略河岸的影响，即 $n=0$，此时方程简化为

$$c/c_a=\exp\left(-\frac{K_x}{u}\right)(\pi\varphi)^{-1/2}\cdot\exp\left(-\frac{p^2}{4\varphi}\right) \tag{4-28}$$

岸边的浓度为

$$c(\varphi,0)=c_a/\sqrt{\pi\varphi}\cdot\exp\left(-\frac{K_x}{u}\right) \tag{4-29}$$

3. 瞬时点源的河流二维水质模式

设定条件：河流为顺直均匀的一维河流，流量为 Q，横断面面积为 A，断面平均流速为 $u=Q/A$，瞬时源源强为 M，一阶动力学反应速率为 K，水质组分 c 的水质方程为

$$\frac{\partial c}{\partial t}+u\frac{\partial c}{\partial x}=D_L\frac{\partial^2 c}{\partial x^2}-K_c \tag{4-30}$$

初始条件和边界条件为

$$\begin{cases}c(x,0)=0\\c(0,t)=c_0\delta(t)\\c(\infty,t)=0\end{cases}$$

式中 $c_0=M/Q$

$$\delta(t)=\begin{cases}1 & t=0\\0 & t\neq 0\end{cases}$$

利用 $\delta(t)$ 函数的特性和拉氏变换，得到式(4-30)的解

$$c(x,t)=\frac{c_0}{(4\pi D_L/u^2)}\exp\left(-\frac{K_x}{u}\right)\exp\left(-\frac{(x-ut)^2}{4D_Lt}\right) \tag{4-31}$$

七、潮汐河口水质模型

在潮汐河流中，最重要的质量输移机理通常是水平面的输移。虽然存在垂向输移，但与水平输移相比较是较小的。因此，在浅水或受风和波浪影响较大的水体，在描述水动力学特性和水质组分的输移时，通常忽略垂向输移，将潮汐河流系统看作二维系统来处理。在很多情况下，横向输移也是可以忽略的，此时，可以用一维模型来描述纵向水动力学特性和水质组分的输移。

1. 潮汐河流一维水质预测模式

(1)一维的潮汐河流水质方程

假定在垂向和横向方向上的混合输移是可以忽略的,即水质组分在纵向上的混合输移是最重要的,此时,水质方程简化为一维方程

$$\frac{\partial(Ac)}{\partial t}=-\frac{\partial(Qc)}{\partial x}+\frac{\partial}{\partial x}\left(E_x\cdot A\frac{\partial c}{\partial x}\right)+A(S_L+S_B)+AS_K \tag{4-32}$$

相应的,以质量守恒形式表示的方程为

$$\frac{\partial M}{\partial t}=-uc+E_xA\frac{\partial c}{\partial x}\pm S \tag{4-33}$$

在潮汐河流中,最常用的是一维的水质方程。甚至在不完全满足一维条件的潮汐河流中,一维模型也用来描述水质组分的纵向分布及比较不同污染负荷的水质状况。

(2)一维潮平均的水质方程

在潮汐河流中,水质组分浓度 $c=c\ (x,t)$ 随潮流运动而变化,当排放的污染负荷稳定时,水质浓度的变化也具有一定的规律。此时,潮平均的浓度值是描述水质状况的一个重要参数。

对(4-32)式进行潮周平均

$$\frac{\partial(\bar{A}\,\bar{c})}{\partial T}=-\frac{\partial(\bar{A}\,\bar{U}_f\bar{c})}{\partial x}+\frac{\partial}{\partial x}\left((\bar{A}\,\bar{E}_x)\frac{\partial\bar{c}}{\partial x}\right)+\bar{A}(\bar{S}_L+\bar{S}_B)+\bar{A}\,\bar{S}_x \tag{4-34}$$

式中 T 为潮汐周期时间;U_f 为潮平均净流量;上标"－"表示潮平均值。

此时的 E_x 与(4-32)式中的 E_x 瞬时值有所不同,$\bar{E}_x$ 为潮平均等效纵向离散系数,与通常的潮平均值也不同。

当 $\partial(\bar{A}\,\bar{c})/\partial T=0$ 时,为潮平均稳态方程。

(3)一维潮平均方程的解析解

对于均匀的潮汐河流及水质组分为一级动力学反应的情形,潮平均稳态方程为

$$\bar{U}_f\frac{\partial\bar{c}}{\partial x}=\bar{E}_x\frac{\partial\bar{c}}{\partial x}-K\bar{c} \tag{4-35}$$

解的形式为

$$\bar{c}/\bar{c}_0=\exp(J\cdot x) \tag{4-36}$$

$$J=\frac{\bar{U}_f}{2\bar{E}_x}(1\pm(1+4K\bar{E}_x/\bar{U}_f^2)^{1/2})$$

$$\bar{c}_0=\left(\frac{c_eQ_e}{Q_f}\right)/(1+4K\bar{E}_x/\bar{U}_f^2)^{1/2}$$

式中 Q_f 为潮平均净流量。

$K\bar{E}_x/\bar{U}_f^2$ 通常称为欧康那 O'Connor 数,用 n 表示。在内陆河流,$n\approx0\sim0.05$,在潮汐河流中,一般地,$n\approx1.0$ 或更大。对于非保守性物质,完全混合的稀释度与 n 值有关;若 $n=0.75$,则

$$c_0 = \frac{1}{2}\left(\frac{c_e \cdot Q_e}{Q_f}\right)$$

在潮汐河流中，由潮区界向下至河口，纵向离散系数 $\bar{E}$ 是逐渐增大的，一般地，欧康那数也增大。

2. 潮汐河口二维水质预测模式

描述潮汐河口的二维水质方程为

$$\frac{\partial c}{\partial t} = -u\frac{\partial c}{\partial x} - v\frac{\partial c}{\partial y} + \frac{\partial}{\partial x}\left(E_x(t)\frac{\partial c}{\partial x}\right) + \frac{\partial}{\partial y}\left(E_y(t)\frac{\partial c}{\partial y}\right) + S_L + S_B + S_K \tag{4-37}$$

式中 c 为水质组分的浓度；u，v 为垂向平均的纵向、横向流速；E_x，E_y 为纵向、横向扩散系数；S_L 为直接的点源或非点源强；S_B 为由边界输入的源强；S_K 为动力学转化率，正为源，负为汇；x，y 为直角坐标系；t 为时间。

从潮汐河口水质模型的实用数值解考虑，(4-37)式可以写成质量守恒的形式

$$\frac{\partial M}{\partial t} = -uc - vc + E_x\frac{\partial c}{\partial x} + E_y\frac{\partial c}{\partial y} \pm S \tag{4-38}$$

式中 M 为单位体积的水质组分的质量；S 为水质组分的源和汇。

不论是采用(4-37)式还是(4-38)式来预测潮汐河口的水质变化，都需要求解潮汐河口动力学模拟获取流场(u，v，t)状况。一般采用有限差分法、有限元法、有限体积法等数值求解方法来模拟预测流场和浓度场的分布与变化。

第七节　湖泊水质模型

一、湖泊、水库的盒模型

以年为时间尺度来研究湖泊、水库的富营养化过程中，往往可以把湖泊看作一个完全混合反应器，这样盒模型的基本方程为

$$\frac{V\mathrm{d}c}{\mathrm{d}t} = Qc_E - Qc + S_c + \gamma(c)V \tag{4-39}$$

式中 V 为湖泊中水的体积，m^3；Q 为平衡时流入和流出湖泊的流量，m^3/a；c_E 为流入湖泊的水量中水质组分浓度，g/m^3；c 为湖泊中水质组分浓度，g/m^3；S_c 为如非点源一类的外部源或汇，m^3；$\gamma(c)$为水质组分在湖泊中的反应速率。

如果反应器中只有反应过程，无外部源或汇，则 $S_c=0$，故上式变为

$$\frac{V\mathrm{d}c}{\mathrm{d}t} = Qc_E - Qc + \gamma(c)V \tag{4-40}$$

当所考虑的水质组分在反应器内的反应符合一级反应动力学，而且是衰减反应时，则

$$\gamma(c) = -Kc$$

(4-40)式变为

$$\frac{V\mathrm{d}c}{\mathrm{d}t} = Qc_E - Qc - KcV \tag{4-41}$$

式中 K 是一级反应速率常数(1/t)。当反应器处于稳定状态时，$\mathrm{d}c/\mathrm{d}t=0$，(4-41)式变为

$$c = c_E\left(\frac{1}{1+Kt}\right) \tag{4-42}$$

式中 t 为停留时间，$t=V/Q$。

二、湖泊(水库)的富营养化模型

由于湖泊类似于静水环境，进入湖泊的含氮和含磷营养物在其中不断积累，容易使湖水水质发生富营养化，特别是由于人类大量使用化肥与家庭洗涤剂，造成氮和磷一类营养物质大量流入水体，加速了湖泊水质的富营养化过程。

描述富营养化过程的模型有很多，湖泊(水库)中早期经典的营养盐负荷预测模型有 Vollenweider 模型和 Dillon 模型等，现今应用广泛的是 Bara-Arnett 模型。

1. Bara-Arnett 模型

Bara-Arnett 模型是较为全面、详细的一个模型，在该模型中，湖泊或水库被分成若干段，然后又把每一段在深度方向上分成若干层。这样在每一段里就可以用一个一维(深度方向)模型来描述水质的分布，而从整个湖泊、水库来看，仍然相当于用一个二维的模型来描述。该模型共包括 12 个水质参数：藻类；浮游动物；有机磷；无机磷；有机氮；氨氮；亚硝酸盐氮；硝酸盐氮；碳物质生化需氧量(BOD_c)；溶解氧(DO)；总溶解固体；悬浮物。上述的每一个水质参数都可以用下面的迁移方程来描述

$$\frac{\partial C}{\partial t} + (K_0 - R_s)\frac{\partial C}{\partial Z} = \frac{1}{A}\cdot\frac{\partial}{\partial Z}\left(AD_z\frac{\partial C}{\partial Z}\right) + \frac{S}{A} + \frac{1}{A}(g_{in}C_{in} - g_{out}C_{out}) \tag{4-43}$$

式中 A 为河流过水断面面积，m^2；C 为水质参数浓度，mg/L；K_0 为常数；R_s 为沉降速率，m/s；g_{in} 为入流量，m^3/s；g_{out} 为出流量，m^3/s；C_{in} 为入流断面水质参数浓度；C_{out} 为出流断面水质参数浓度；Z 为浮游动物浓度，以浮游动物的生物量计，用所含碳的量表示，mgC/L；

在(4-43)式中，左边的 $-R_s\dfrac{\partial C}{\partial Z}$ 用于描述某一水质参数的沉降率，而不再包括在内部漏源项 S 中，内部漏源项则可以看成是对时间的全微分，即 $\dfrac{S}{A}=\dfrac{\mathrm{d}C}{\mathrm{d}t}$，而对于每一个水质参数，其 $\dfrac{\mathrm{d}C}{\mathrm{d}t}$ 的形式是不同的。

2. Vollenweider 模型

Vollenweider 最早提出磷负荷与水体中藻类生物量存在一定关系，1976 年提出营养物质负荷模型

$$[p]=\frac{L_p}{Q(1+\sqrt{T_R})} \tag{4-44}$$

式中$[p]$为磷的年平均浓度，mg/m^3；L_P 为年总磷负荷/水面面积，$mg/(a\cdot m^2)$；Q 为年入流水量/水面面积，$m^3/(a\cdot m^2)$；T_R 为容积/年出流水量，$m^3/(a\cdot m^3)$。

3. Dillon 负荷模型

Dillon 和 Rigler 收集了南安大略 18 个湖的数据，提出适合估算春季对流时期磷的湖内平均浓度的磷负荷模型

$$[p]=\frac{L_p\cdot T_R(1-\varphi)}{\bar{\partial}} \tag{4-45}$$

$$\varphi=1-\frac{q_{\text{out}}[p]_{\text{out}}}{\sum_{i=1}^{N}Q_i[p]_{\text{in}}}$$

式中$[p]$为春季对流时期磷平均浓度，mg/L；φ 为磷的滞留系数；q_{out} 为湖泊出流水量，m^3/a；$[p]_{\text{out}}$ 为出流磷浓度，mg/L；N 为入流源数目；Q_i 为由源 i 的入湖水量，m^3/a；$[p]_{\text{in}}$ 为入流磷浓度，mg/L；$\bar{\partial}$ 为 $\bar{V}/A$，平均深度，m。

三、干旱区湖泊水质预测模型

污染物质进入湖泊后，不断地沿着流速方向进行平流输送，同时又不断地向四周低浓度方向扩散，并伴随发生一系列地物理、化学和生物作用，使污染物质浓度逐步降低，湖水地这一自净现象是污染物质在湖泊内运动、分布和浓度发生变化地主要原因，对于干旱地区地浅水湖泊，由于气候干燥，日照强烈，风多力强，年蒸发量远远大于降水量，从而使水体中盐类提前沉积，因此，在连续性方程中必须考虑湖水蒸发盐类提前沉积这一重要因素的影响，根据湖水流动时地受力情况，二维湖水运动方程和连续性方程为

$$\begin{cases}\dfrac{\partial u}{\partial t}+u\dfrac{\partial u}{\partial x}+v\dfrac{\partial u}{\partial y}-fv=-g\dfrac{\partial \zeta}{\partial x}+\dfrac{1}{\rho H}(\tau_x^a-\tau_x^b)\\[2ex]\dfrac{\partial v}{\partial t}+u\dfrac{\partial v}{\partial x}+v\dfrac{\partial v}{\partial y}-fu=-g\dfrac{\partial \zeta}{\partial y}+\dfrac{1}{\rho H}(\tau_y^a-\tau_y^b)\\[2ex]\dfrac{\partial \zeta}{\partial t}+\dfrac{\partial[(\zeta+h)u]}{\partial x}+\dfrac{\partial[(\zeta+h)v]}{\partial y}+\alpha(\zeta+h)=0\end{cases} \tag{4-46}$$

式中 ζ 为波动水面到平均水面距离；h 为水深；u，v 分别为 x，y 方向上流速，f 是科氏系数，g 是重力加速度，α 为蒸发系数，以及

$$\tau_x^a = \rho_a r_a \omega^2 \cos\beta, \tau_y^a = \rho_a r_a \omega^2 \sin\beta$$

$$\tau_x^b = \frac{\rho g}{c^2}\sqrt{u^2+v^2}\cdot u, \tau_y^b = \frac{\rho g}{c^2}\sqrt{u^2+v^2}v$$

式中 ρ_a,ρ 分别为空气和水的密度,ω 是湖面上空 10 m 处的风速,β 为风向与 x 轴夹角,$C=\frac{1}{n}(\zeta+h)^{\frac{1}{6}}$ 为湖水的谢才系数,n 为湖底糙度。

流场确定后,便可建立湖中污染物浓度分布的水质方程

$$\frac{\partial K}{\partial t} = E_x\frac{\partial^2 K}{\partial x^2} + E_y\frac{\partial^2 K}{\partial y^2} - u\frac{\partial K}{\partial x} - v\frac{\partial K}{\partial y} - pK \tag{4-47}$$

式中 K 为湖水污染物浓度;E_x,E_y 分别是在湖水在 x,y 方向的紊动扩散系数;p 为污染物的分解速率系数。

第八节　水质模型的标定

一、水质模型的标定与检验的概念

水质模型的标定与检验,实际上是实测的水质数据与模型计算的水质分布的比较。这些“比较”所包含的内容和条件如下:

(1) 各实测水质数据系列与根据其相应条件(例如污染负荷、流量、水温等)计算的水质数据(所有重要的水质组分)的比较;

(2) 对于所有的水质数据系列和取得某一数据系列的所有河段,均应使用相同的负荷组分、速率系数和输移系统;

(3) 负荷、源、汇、反应速率和输移在时间上和空间位置上应该是长期不变的;除非系统的变量是与所定义的过程相互相联系的,或者是直接能测量的(例如流量、水温等);

(4) 要有两个或是更多的相似条件下的计算水质浓度和实测水质浓度的比较。

(5) 必须在将来的计算中在使用的时间和空间尺度上进行比较。

最后一条的含义是,稳态、准稳态和动态模型的计算水质必须与对应的实测水质数据进行比较。例如,动态模型必须相应于动态数据来确定和验证,即,在 $t=0$ 的数据用于模型的初始条件,在 $t=t_1$,$t_1=t_2$,…$t=t_n$ 进行计算值和实测值的比较。

二、水质模型的标定

利用选择的水质模型,对于各实测水质数据相对应的污染负荷、流量和水温条件进行水质计算,调整反应速率和第Ⅱ类污染负荷的数值,使计算值与实测值相符,并

得到一组一致性的模型参数。

在水质模型的标定中，计算值与实测值的比较常用统计特性分析来进行。常用的三个方法是：平均值的比较、回归分析、相对误差。

(1) 平均值的比较：在多组相应的污染负荷、输移(流量、扩散)和水温条件下，实测数据的平均值与计算平均值的比较。可以使用"学生"概率密度函数进行平均值比较；

(2) 回归分析：计算值与实测值之间的回归方程为

$$X = aC + E \tag{4-48}$$

式中 C 为计算值；X 为实测值；E 为 X 的误差。在这里，假定计算值是已知的并具有确定性，而 E 是 X 的测量误差。

(3)相对误差：相对误差的计算公式为

$$e = \frac{|X - C|}{X} \tag{4-49}$$

式中 e 为相对误差；X 为实测值；C 为计算值。

相对误差可以在空间上或时间上聚合，并可计算误差的累积频率。

三、水质模型的检验

模型的检验是利用与标定模型所用的数据无关的污染负荷、流量和水温资料进行水质计算，验证模型的结果与现场实测的数据是否较好地符合。

同样，要求使用上述统计特性参数来进行实测数据和计算结果之间的比较。

检验模型与标定模型所用到的实测资料是无关的。在许多情况下，要求在标定模型后进行模型检验所需要的现场实测和数据收集工作。

在模型检验中要求考虑水质参数(速率)的灵敏度分析。灵敏度分析主要是检验水质参数的适用条件。

在灵敏度分析中，给予对水质计算结果较敏感的系数值一个微小扰动，对相应于各组实测水质的污染负荷、流量、水温条件进行水质计算。比较计算值与实测值。

如果计算值与实测值之间有相对均匀的偏离，通常说明在模型标定时确定这些系数适用于较大范围的污染负荷、流量和水温条件下的水质计算。

如果计算值有很明显的变化或是没有变化，则需要再进行多组测量，对在多种水温和污染负荷条件下的实测值和计算值的比较，以确定合适的系数值。

一般在模型检验时，不要调整反应速率和第Ⅱ类污染源数值，如果需要调整这些参数，则应该重新进行模型的标定工作。

第九节　水质模型的应用

一、河流水质模型的选择

从理论上考虑，水质模型应该包括在所模拟的河流水体中对水质组分起重要作用的现象和过程；以实用性和经济性考虑，最好是选择使用简便、通用，又能满足所研究的特定水质问题的模型。

在选择模型时，必须考虑以下几个重要技术问题：

(1) 水质模型的空间维数；

(2) 水质模型所描述(或所使用的)的时间尺度；

(3) 污染负荷、源和汇；

(4) 模拟预测的河段范围；

(5) 流动及混合输移；

(6) 水质模型中的变量和动力学结构。

1. 水质模型的空间维数

大多数河流的水质预测评价采用一维稳态模型，对于大中型河流中的废水排放，横向浓度梯度(变化)较明显，需要采用二维模型进行预测评价。

在河流水质预测评价中，一般不采用三维模型。

如果污染物进入水域后，在一定范围内经过平流输移、纵向离散和横向混合后达到充分混合，或者根据水质管理的精度要求允许不考虑混合过程而假定在排污口横面瞬时完成均匀混合，即假定水体在某一断面处或某一区域之外实现均匀混合，则可采用水质模型进行预测评价。

在 HJ/T2.3－93 中给出了判定河流中达到横向均匀混合的计算公式。当需要评价的河段长度大于下式计算结果时，可采用一维模型；而需要评价的河段长度小于该公式计算结果时，应采用二维模型

$$L = \frac{(0.48B - 0.6a)Bu^*}{(0.058H + 0.0065B)\sqrt{gHI}} \tag{4-50}$$

式中 L 为混合过程段长度；B 为河流宽度；a 为排放距岸边的距离；u^* 为河流断面平均流速；H 为平均水深；g 为重力加速度；I 为河流坡度。

此时不考虑混合距离的重金属污染物、部分有毒物质等其他保守物质的下游浓度预测与允许纳污量的估算。

有机降解性物质的降解项可忽略时，可采用零维模型。

对于有机降解性物质，当需要考虑降解时，可采用零维模拟分段模型，但计算精度和实用性较差，最好采用一维模型求解。

2. 水质模型的时间尺度

在水质预测中使用的时间尺度，按逐渐增加水质模型复杂性的顺序列出如下：

(1) 稳态；

(2) 准稳态；

(3) 动态。

在稳态预测中，只预测计算水质的浓度空间分布。当采用一定时段内平均的污染负荷、河流流量等作为定常条件时，预测得到的水质浓度分布是该时段的真实水质浓度的平均值。

如在建设项目环评中采用一侧的污染源强、多年平均枯水期月平均流量进行预测，得到的是相应于多年平均枯水期月平均流量条件下的水质浓度值。

准稳态的预测通常是在稳态的基础上考虑部分随时间变化的因素。

准稳态可以有以下几种状态：

(1) 定常污染负荷－变化的河流流量；

(2) 变化的污染负荷－定常河流流量；

(3) 定常污染负荷－定常河流流量－变化的其他环境参数。

在建设项目环评中常需要考虑的准稳态是“变化的污染负荷－定常河流流量”状况，如在设计河流水文条件、污染物事故排放的水质影响预测。

在动态预测中，河流流量、污染物负荷和温度等均随时间变化，预测计算得到的水质浓度随时间和空间变化。

3. 污染负荷、源和汇

一般而言，影响河流水质状况的污染负荷、源和汇包括下列各项：

(1) 来自城市污水处理厂的点源；

(2) 来自工矿企业(直接排入水体)的点源；

(3) 来自城市地下水道系统的城市径流；

(4) 非点源；

(5) 河流上游或支流带入的污染物(包括氧亏)；

(6) 河床内的源和汇(污染物沉积、再悬浮、泥底耗氧、藻类产氧和耗氧等)。

4. 模拟预测的河段范围

在 HJ/T2.3－93 中，按污水排放量和河流规模确定了营养的预测范围。

从技术上考虑，对于预计可能受到明显影响的重要水域应划入预测范围；在预测溶解氧时，预测的范围应包括溶解氧气区域。在预测的河段范围内，水文特征突然变化和水质突然变化处的上、下游、重要水工建筑物附近、水文站附近、例行水质检测断面均是模拟预测的关心点。

5. 流动及混合输移

进行水质预测要求河流流量平衡。因此,需要考虑较重要的支流和污染源的流量。在某些情况下,还需要考虑地下水排泄和地表水下渗补给对河流流量的影响。

除了与水质数据相对应的流量(包括设计流量)外,还需要有相应流量下的河流横断面面积、水深和流速等。

有关河道地形、水文、水力学的数据收集包括:

(1) 各河段长度;

(2) 河道宽度,过水断面面积随水深的变化关系;

(3) 河床底坡;

(4) 水力半径随水深的变化;

(5) 河床糙率系数;

(6) 水深随流量的变化。

对于单项流量而言,在利用稳态模型进行预测时,纵向离散作用与对流输移作用相比很小,在模型中不考虑纵向离散的影响;但利用稳态模型进行瞬时源或有限时段源的影响时,需要考虑纵向离散系数。

6. 模型中的变量动力学结构

按照污染物在水环境中的输移、衰减的特点,一般利用水性质模型进行预测评价的污染物可以分为四类:

(1) 持久性有机污染物(在水环境中难降解、毒性大、宜长期积累的有毒物质);

(2) 非持久性污染物;

(3) 酸和碱(以 pH 值表征);

(4) 废热(以温度表征)。

对于非持久性污染物,一般采用一阶反应动力学来反映衰减规律。

对于持久性污染物,但在沉降作用明显的河段,一般可以近似地采用非持久性污染物质相应的预测模式。

在进行河流溶解氧预测时,需要根据具体情况选择确定河流溶解氧模型结构即包括的溶解氧模型变量。

7. 常用的河流水质模式选择

常用的河流水质模式及其选择见表 4-4。

表 4-4　常用的河流水质模式及其选择

河流及污染物特征	适用的水质模式
持久性污染物(连续排放)	
完全混合河段	河流完全混合模式
(1)	河流二维稳态混合模式(直角坐标系)
(2)	河流二维稳态累计流量模式(累计流量坐标系)
沉降作用明显的河段	河流一维稳态模式,沉降作用近似为$\frac{dc}{dt}=-K_3c$(K_3 为沉降速率)
非持久性污染物(连续排放)	
完全混合河段	河流一维稳态模式,一级动力学方程$\frac{dc}{dt}=-K_1c$
(1)	河流二维稳态混合衰减模式(直角坐标系)
(2)	河流二维稳态累计流量衰减模式(累计流量坐标系)
沉降作用明显的河段	河流一维稳态模式,考虑沉降作用的反应方程式近似为:$\frac{dc}{dt}=-(K_1+K_3)c$　(K_1 为降解速率,K_3 为沉降速率)
溶解氧	河流一维 DO-BOD 耦分模式(如 S-P 模式)
瞬时源(或有限时段源)	
中小河流	河流一维稳态模式(流量定常一污染负荷变化)
大型河流	河流二维稳态模式

二、河流水质模型参数的确定方法

河流水质模型参数的确定方法包括:

(1)公式计算和经验估值;

(2)室内模拟试验测定;

(3)现场实测;

(4)水质数学模型率定。

1. 单参数测定方法

(1)耗氧系数 K_1 的单独估值方法。

①试验室测定法

$$K_1 = K'_1 + (0.11 + 54)u/H \tag{4-51}$$

试验数据的处理建议采用最小二乘法或作图法。

②两点法

$$K_1 = \frac{86400u}{\Delta x}\ln\frac{C_A}{C_B} \tag{4-52}$$

③多点法($m\geqslant3$)

$$K_1 = 86400u\left(m\sum_{i=1}^{m} x_i \ln c_i - \sum_{i=1}^{m}\ln c_i \sum_{i=1}^{m} x_i\right)/\left(\left(\sum_{i=1}^{m} x_i\right)^2 - m\sum_{i=1}^{m} x_i^2\right) \quad (4\text{-}53)$$

④Kol 法

$$K_1 = \frac{86400u}{\Delta x}\ln\frac{\exp(-K_2\Delta x/u)(DO_2 - DO_1) - DO_3 + DO_2}{\exp(-K_2\Delta x/u)(DO_3 - DO_2) - DO_4 + DO_3} \quad (4\text{-}54)$$

(2)复氧系数 K_2 的单独估值方法——经验公式法。

①欧康那—道宾斯(O′Connor-Dobbins,简称欧—道)公式

$$K_{2(20℃)} = 294\frac{(D_m u)^{1/2}}{H^{3/2}}, C_z = 17 \quad (4\text{-}55)$$

$$K_{2(20℃)} = 824\frac{D_m^{0.5} I^{0.25}}{H^{1.25}}, C_z < 17 \quad (4\text{-}56)$$

$$C_z = \frac{1}{n}H^{1/6}$$

$$D_m = 1.774\times 10^{-4}\times 1.037^{(T-20)}$$

②欧文斯等(Owens, *et al.*)经验式

$$K_{2(20℃)} = 5.34\frac{u^{0.67}}{H^{1.85}}, 0.1 \leqslant H \leqslant 0.6\ \text{m}, u \leqslant 1.5\ \text{m/s} \quad (4\text{-}57)$$

③丘吉尔(Churchill)经验式

$$K_{2(20℃)} = 5.03\frac{u^{0.696}}{H^{1.673}}, 0.6 \leqslant H \leqslant 8\ \text{m}, 0.6 \leqslant u \leqslant 1.8\ \text{m/s} \quad (4\text{-}58)$$

(3)K_1,K_2 的温度校正法

$$K_{1或2(T)} = K_{1或2(20℃)}\cdot\theta^{(T-20)} \quad (4\text{-}59)$$

温度常数 θ 的取值范围:

对 K_1,θ=1.02—1.06,一般取 1.047;

对 K_2,θ=1.015—1.047,一般取 1.024。

(4)混合系数的经验公式单独估算法。

①泰勒法求横向混合参数 M_y(适用于河流)

$$M_y = (0.058H + 0.0065B)(gHI)^{1/2} \qquad B/H \leqslant 100 \quad (4\text{-}60)$$

②费希尔法求纵向离散系数(适用于河流)

$$D_L = 0.011u^2B^2/hu^* \quad (4\text{-}61)$$

(5)混合系数的示踪试验测定法

示踪试验法是向水体中投放示踪物质,追踪测定其浓度变化,据以计算所需要的各环境水力参数的方法。示踪物质有无机盐类(NaCl,LiCl)、荧光染料(如工业碱性玫瑰红)和放射性同位素等,示踪物质的选择应满足如下要求:

① 具有在水体中不沉降、不降解、不产生化学反应的特性;

② 测定简单准确；

③ 对环境无害。

示踪剂的投放分别有瞬时投放、有限时间段投放和连续恒定投放。连续恒定投放时，其投放时间（从投放到开始取样的时间）应大于 $1.5x_m/u$（x_m 为投放点到最远取样点的距离）。瞬时投放具有示踪物质用量少，作业时间短，投放简单，数据整理容易等优点。

数据整理建议采用拟合曲线法。

示踪试验可以求出 M_x、M_y。

2. 多参数优化法

多参数优化法是根据实测的水文、水质数据，利用优化方法同时确定多个环境水力学参数的方法。此方法也可以只确定一个参数。利用多参数优化法确定的环境水力参数是局部最优解，当要确定的参数较多时，优化的结果可能与其物理意义差别较大。为了提高解的合理性，可采取如下措施：

(1) 根据经验限制各环境水力参数的取值范围，确定初值；

(2) 降低维数，可用其他方法确定的参数尽量用其他方法确定。

多参数优化法所需要的数据，因被估值的环境水力学参数及采用的数学模式不同而异，一般需要如下几个方面的数据：

①各测点的位置、各排放口的位置，河流分段的断面位置；

②水文方面：u，Q_h，H，B，I，$u_{\max}$；

③水质方面：拟预测水质参数在各测点的浓度以及数学模式中所涉及的参数；

④各测点的取样时间；

⑤各排放口的排放量；

⑥支流的流量及其水质。

3. 沉降系数 K_3 和综合削减系数的 K 的估值方法

①K_3 和 K 的估值可以采用单参数或多参数估值方法；

②利用两点法确定 K_1+K_3 或 K；

③利用多点法确定 K_1+K_3 或 K；

④利用多参数优化法确定 K_3、K。

第五章　海洋环境影响评价

第一节　海洋环境现状调查

一、海域自然环境概况调查

海域自然环境概括调查的主要内容有：地理位置；地质地貌特征及沉积物类型；气象特征，如气温、风向和风速、降水量及其空间分布等；水温特征，以及潮位、潮流、波浪等；海洋自然资源调查，如渔业资源、油气资源、矿产资源和景观资源等。

沿岸社会环境概况调查，包括：城镇的规模、性质、行政区划及人口；社会经济状况；城市总体发展规划；海域功能区划；环境保护目标等。

二、污染源调查

污染源调查内容包括：

(1) 入海点源。入海点源包括：入海河流、混合排放口、直排口和市政下水排海口等。调查入海点源位置、入海水量、污染物的种类和数量等。

(2) 面污染源。乡镇农村的工业废水、生活污水、农田化肥、农药、生长剂等随地表径流的污染物入海量。

(3) 养殖污染源。滩涂养殖、浅海养殖、网箱养鱼的过剩饵料、排泄物、碎屑等污染物入海量。

(4) 海上污染源。海上船舶、石油平台、海洋倾废等产生的污染物入海量。

污染源评价包括：

(1) 评价海域陆岸点污染源、直接排海的污染物种类和数量，点污染源包括河口、混合排污口、工厂直排口、市政下水排海口等。

(2) 调查海上资源开发及船舶活动的污染物入海量。

(3) 调查养殖废水中的污染物入海量。

(4) 评价海域主要污染源和主要污染因子的认定。

三、海洋环境调查

1. 现状调查评价范围

确定调查海域的范围时，通常需要考虑下述两个方面的要求。

(1) 现状评价的范围。向海距离由海图 0 cm 等深线处延 1～2 km。底形坡度较小的海域取下限，坡度较大的取上限。在此范围，污染物经过稀释、扩散、迁移，一般均有可能达标。顺岸距离一般应不小于一个潮周期内水质点可能达到的最大水平距离。距离大小需视该项目所在地的潮汐类型、潮流强弱等因素确定。

(2) 影响评价的范围。水质模型是在计算潮流场的基础上建立的。潮流模型的计算域一般较大，如对于海湾常将整个海湾作为计算域，对于开阔海域的计算范围，要求不同水界位相调和常数的差别要足够大，否则难以建立潮流模型。

2. 调查断面和站位设置

(1)三级评价的调查断面和站位设置。现状调查断面和站位设置，原则上应覆盖污染物排入后的达标范围。断面方向大体上应与海岸垂直，在拟建排污口和范围内的主要排污口应设主断面，在主断面的外侧设辅助断面，一般可设 3～5 个断面，每个断面设置 3～5 个测站。调查项目的站位设置尽可能一致。

(2)一、二级评价的调查断面和站位设置。为了建立水质模型，除三级评价范围内的调查断面和站位外，计算域内主要排污口应有测站，以便建立污染源输入和水质之间的响应关系。同时，应设置较为均匀的覆盖整个计算域的水质测站，测站数目以能反映计算域内浓度分布的趋势为宜，以便检测和调整已经建立的水质模型。

3. 调查时期

调查时期，一、二级评价应调查一个年度内枯、丰、平三个水期或一年中的冬、夏两季。三级评价可选择评价期内最不利于污染物扩散、稀释的潮时进行调查。

4. 海洋生物调查

海洋生物调查的目的在于通过对海洋生物的调查，了解调查海区敏感类、关键类及经济类生物，海洋生态环境现状及其变化情况，从而为建立生态学模型和预测污染物入海后对海洋环境可能产生的影响程度和范围提供基础数据。

调查方法首先应收集已有调查资料，经过筛选充分利用。若现有资料不足时，可根据评价工作等级并按评价大纲审定的项目进行补充实测。

采样分析及测定方法统一采用《全国海岸带和海涂资源综合调查简明规范》。

海洋生物调查的内容，通常包括下列诸项。

(1)微生物

海洋中的微生物既是水生动物幼体的饵料，又是入海污染物的分解者，它们在海洋生态系统中有重要的地位，对于海水净化起着积极的作用。因此，在环境影响评价中常用细菌菌数的消失状况作为评价水质的一项指标。

调查项目一般是测定水样中的总异养菌，以及大肠杆菌的菌数群。如果生活污水直接排入海湾或港口水域时，则应对水样和食用海生生物增加测定弧菌菌群。若有石油污染应对水样和沉积物增加烃类氧化菌菌群的测定。

测定方法：

总异养菌和大肠杆菌菌数群可参照上述统一的简明规范进行测定。对于烃类氧化菌群的测定应选用以原油或柴油为唯一碳源的无机盐油培养基稀释法（MPN法）；弧菌群测定则选用 TCBS 培养基稀释法。

(2)浮游植物

浮游植物是海洋生物食物链的基础，其种群数量和组成变化经常会引起食物链路线改变，并导致生态系统变化。如果大量排放城市生活污水和温排水，某些浮游植物会爆发式地增殖形成赤潮，对渔业和人群产生危害。所以，浮游植物是不可缺少的调查内容，通常是以种类、生物量和初级生产力作为测定重点。

(3)浮游动物

所有海洋动物的卵、幼体以及浮游动物几乎都是调查的范围。但是，从实用性出发，测定项目应该以浮游动物的种类、生物量为主，如水母、糠虾、毛鳄动物等则可单独列表进行统计。

(4)底栖动物

底栖动物通常是指生活在水域底部和不能长时间在水中游泳的各种生物。底栖动物按其个体大小通常分为大型（不能通过 1 mm 网目）底栖生物和小型（通过 1 mm 网目但不能通过 0.062 mm 网目）底栖生物及微型底栖生物。

测定项目，大型底栖生物主要是测定其种类和生物量，小型底栖生物则只测种类，同时还要测定线虫和桡足类的比率。

(5)游泳生物

这类生物是指具有发达的运动器官和游泳能力的海洋生物，其中包括大多数鱼类、海兽、海蛇以及无脊椎的乌贼、鱿鱼、大型虾类等。

调查项目主要是生物种类、类群组成、数量分布以及经济生物的生物学特征，如年龄组成、个体大小、生殖规律和摄食方式。

(6)生物体内的污染物含量测定

测定生物体内指定的污染物含量是评价海洋环境现状的一项重要内容。对于海域功能要求较高的项目，此项是必须做的内容。

(7)生物浓缩系数(CF)值的测定

浓缩系数是指相同重量的生物体（或某一组织）内的污染物含量与其生活水体的污染物含量之比。在海洋环境影响评价中常用此系数去评价海域环境容量和水质污染状况。

浓缩系数的测定方法有两种：一种是直接从评价海域采集生物样及其生活水样，经预处理后，再分别测定生物体内和环境水中的污染物含量，然后按下式计算出 CF 值。

$$CF=\frac{C_i}{C_{wi}}$$

式中 C_i 为生物体内某一污染物的含量；C_{wi} 为环境水中的污染物浓度。

另一种方法则从评价海域采集生物样品，置于已知污染物浓度的海水中，在室内进行累积试验。当生物体内的污染物浓度达到动态平衡时，再分别测出生物体内和环境水中的污染物含量，最后按上式求出 CF 值。这种方法也可用于污染影响预测时的模拟试验。

5. 水质及底质调查

水质参数有两类：一类是常规水质参数；另一类则是建设项目特征水质参数。在一般情况下，区域评价选取常规水质参数，单项工程环评则选取特征水质参数。

常规水质参数以《海水水质标准》中所列项目为基础，并根据海域类别、评价工作等级选定。工矿企业的特征水质参数可根据工程特征项目筛选出重点因子。

底质监测项目应符合《海水水质标准》的规定。

海水水质采样层次，采样频率、底质采样、保存及分析方法均应遵守国家海洋局新颁布《海质污染调查规定》中的有关规定。

6. 潮间带调查

潮间带是陆海结合部环境质量变化的敏感带，对于海域环境影响评价具有重要意义。其调查内容包括：生物的定性、定量调查（潮间带生物是一类特殊的底栖生物，调查项目以生物种类、生物量、生物密度为主）；底质调查；间隙水水质调查；低潮水水质调查。

第二节　海洋环境现状评价

海洋环境现状评价的基本内容应能综合反映评价海域的环境现状：主要评价项目，在一般情况下应包括下述内容。如果评价工作等级要求较高，可以根据实际情况对其中的内容适当加深。

一、评价参数的选择与确定

海洋环境质量的评价参数，前节已经述及，常规水质和底质参数应从《海水水质标准》中选择，特征水质参数应根据建设项目的排污特征而定。鉴于海水中氮、磷、溶解氧和化学耗氧量含量高低是反映海域有机物污染程度和营养水平的标志。重金属元素因入海后的地球化学行为河口环境条件的制约，它们在弱碱性环境中，靠强电解质作用，常与悬浮颗粒物产生絮凝、吸附和沉降而迅速向海底转移，所以沉积物中的重金属含量应成为客观反映海域重金属污染程度的介质。油类通常是漂浮于海水的表面，对海水质量影响较大，因此，海洋环境质量的评价参数应以 N、P、DO、COD 为表征水体有机污染和营养水平的基本参数，油类则作为单独的评价因子。底质中的重金属评价参数，一般是以 Cu、Pb、Zn、Mn、Hg、Cd、As、Cr、Ni 为主。

二、评价标准

原则上应按纳污海域功能选择相应的海水水质标准作为评价标准。

评价标准应在编报评价大纲前经报有关环保部门确定。环境影响评价标准应与环境质量现状评价标准一致。

三、评价方法

对于水质和底质评价，应采用标准指数（P_i 法），按评价因子逐项计算出指数值后，再根据指数值的大小评价其污染水平。评价模式如下

$$P_i=\frac{C_i}{C_{ni}}$$

式中 C_i 为污染因子实测值；C_{ni} 为评价标准值。

pH、DO 的评价模式分别为：

$$\mathrm{pH}: P_i=\frac{C_i-7.0}{L_{\max,\min}-7.0}$$

$$\mathrm{DO}: P_i=\frac{C_{im}-C_i}{C_{im}-C_{ni}}$$

式中 $L_{\max,\min}$ 为 pH 最大或最小标准值；C_{im} 为饱和溶解氧浓度。

对于评价海域的生态环境，可根据生物体内污染物含量测定及污染物对该海区敏感类、关键类和经济类生物的影响估算值评价其污染水平，并计算环境容量现状。

四、现状评价的主要内容

根据污染现状调查资料，按评价因子逐项绘制浓度分布图，并评价其污染水平，以及各排污单位的排污分担率。

根据海洋资源调查数据绘制重点海产资源及保护目标的分布图，并综述该评价海域的经济开发现状和生产水平以及发展目标。

说明现存主要环境问题。

第三节　海洋环境影响预测方法

当前，海洋环境不容乐观，局部海域或海湾由于海域流体动力过程和生物化学过程不同，水体的纳污和自净能力差别很大。因此，海洋环境影响预测的任务就是通过海域物理和化学自净能力的研究，掌握污染物排入海湾或沿岸水域后的输送规律，探明污染物在水体中的浓度分布及变化，对海区海洋生态环境可能造成的影响。在保护海洋生态环境和生态系统稳定性的前提下，为建设项目优化选址、排污口设置、确定最大排放强度和数量提供科学依据。

一、资料筛选与整理

资料包括：污染源调查资料；水质监测资料；海洋生物调查资料；工程分析资料；海域自然环境概况调查资料；海域功能规划资料。

二、预测方法

1. 模拟实验法

(1)数值模拟：流体动力学数值模式、平流—扩散输送模式、拉格朗日余流模式。

(2)环境模型实验：数值模拟和环境模型实验法是近年来通过环境流体动力学研究才建立起来的用于复杂海域或评价工作等级较高的影响预测。该方法重视海域流体运动和污染物浓度分布，同时，也可用于大型海洋工程对海域形态造成的变化、泥沙运动和生态系统改变，以及排污口和排污量的改变对海域水质的影响。

2. 近似估算法

近似估算法，相对来说程序较简单，可用于环境评价工作等级不高的海域。

三、海洋环境影响预测常用的水质数值模型

1. 悬沙输入物预测模型

(1)泥沙运动方程。鉴于工程海区水深较浅的特点，泥沙运动可采用二维扩散方程

$$\frac{\partial C}{\partial t}+u\frac{\partial C}{\partial x}+v\frac{\partial C}{\partial y}=\frac{1}{(h+\xi)}+\frac{\partial}{\partial x}\left[(h+\xi)D_x\frac{\partial C}{\partial x}\right]+\frac{1}{(h+\xi)}+\frac{\partial}{\partial y}\left[(h+\xi)D_y\frac{\partial C}{\partial y}\right]+S-E+S_*$$

式中 C 为深度平均含沙量；D_x，D_y 为 x，y 方向的扩散系数；S 为海底泥沙侵蚀率；E 为泥沙沉降淤积率；S_* 为泥沙溢出率。

淤积率采用下式计算

$$\begin{cases} E = W_f C(1 - \tau/\tau_d) & \tau \leqslant \tau_d \\ E = 0 \quad \tau > \tau_d \end{cases}$$

式中 W_f 为泥沙沉降速率；τ 为底部切应力；τ_d 为淤积临界切应力。

海底侵蚀率采用下式计算

$$\begin{cases} S = M(\tau/\tau_e - 1) & \tau \geqslant \tau_e \\ S = 0 \quad \tau > \tau_e \end{cases}$$

式中 M 为侵蚀率系数；τ_e 为侵蚀临界切应力。

在适当的边界和初始条件下，采用的数值解法最好与流体力学模型的计算方法一致。

(2)泥沙模型的参数选择。包括：①悬浮泥沙溢出量。②疏浚区或吹填区水平和垂向沉积物类型及中值粒径分布。

2. 温排水预测模型

建在滨海的热电厂一般利用海水作冷却水，海水通过冷却系统后携带大量热量排入海中，对于热电厂的温排水预测主要解决以下两个问题：

①冷却水的取水口和排水口的配置问题。尽量避免排出的温水对取水口造成大的影响形成短路，而影响热机效率。

②温排水对海域的影响程度和范围。温排水的预测主要借助于物理模型和数值模型，在此介绍温排水预测的数值模型。

(1)海上调查

除为建立潮流模型而进行的潮位、潮流观测外，调查还包括：海区冬季、夏季的密度层结；海区冬季、夏季的水温分布。

(2)温排水数值模型

温排水在海中的对流扩散规律与COD等一般污染物类似，但有不同点，温排水温度比海水高，热水总是会浮到冷水上面，如果浅海中潮流混合比较强烈，温排水入海后不久就和水体垂直混合均匀，如果垂直混合不是很强烈时，则温排水只影响到水体的表层，这时需用复杂的三维模型来描述，根据美、法科学家对温排水预测的研究结果，用修正后的二维模型预测温排水的影响分布，同样可得到合理的结果，这时温排水只影响到浅表层 2～4 m，这个影响深度将根据温度层结情况和水流情况而定。采用浅表深度平均的二维温度对流—扩散方程

$$\frac{\mathrm{d}HT}{\mathrm{d}t}=\frac{\partial}{\partial x}\left(D_xH\frac{\partial T}{\partial x}\right)+\frac{\partial}{\partial y}\left(D_yH\frac{\partial T}{\partial y}\right)-\frac{RT}{C_PP}+Q$$

式中 T 为温排水温升；H 为温排水影响程度；R 为海区综合散热系数；C_P 为等压热容；P 为压力；Q 为热源。

方程解法与 COD 对流扩散方程类似，预测结果为海水本底温度的升高值。

(3)表面散热系数

温排水携带的热量除了被潮流带走一部分，另一部分通过与大气的热交换释放到大气中，这个热交换的强度由 R(表面综合散热指数)表示。R 一般与水温、水面风速等有关，可取 0.7～1.5 之间，现在比较通用的公式为 Gunnerberg 公式，见下式

$$R=2.2\times10^{-7}(T_w+273.15)^3+(0.0015+0.00112U_2)\times\left\{(2501.7-2.366T_w)\frac{25509}{(T_w+239.7)^2}\times10^{\frac{7.56T_w}{T_w+239.7}}+1621\right\}$$

式中 U_2 为水面以上 2 m 处的风速；T_w 为各个网格节点的计算温度加上环境水温。

3. 溢油预报数值模型

溢油通常是指油轮、平台输油管道等在非正常事故下发生的大量原油注入海域，原油量大，在短时间内注入完成。

溢油在海面上的变化是极其复杂的，其中主要有物理过程、化学过程和生物过程等，同时与当地海区气象条件，海水运动有直接的关系。

(1)溢油动力学过程

1)扩展过程。对实际溢油事件的观测发现，在溢油的最初数十小时内，扩展过程占支配地位，这种支配地位随时间而逐渐变弱，扩展过程主要受惯性力、重力、黏性力和表面张力控制，扩展过程可分为三个阶段：惯性—重力阶段；重力—黏性阶段；黏性—表面张力阶段。

扩展过程的一个明显特征是它的各向异性，如在主风向上，油膜被拉长，在油膜的迎风面上形成堆积等。

2)漂移过程。漂移过程是油膜在外界动力场(如风应力、油水界面切应力等)驱动下的整体运动，其运动速度由三部分组成，即潮流、风海流、风浪余流，前二者不会因油膜存在而发生大的变化。

(2)二维单点溢油预报模型

目前国内外广为流行的三维溢油预报模型，适用于离岸较远，深度较大，或有明显层化结构的海域。但预报时间长，需要有相当熟练的专业人员才能胜任。无法满足海湾或近岸海域的溢油预报对快速和可操作性的要求。同时，海湾或近岸海域由于深度较浅，潮混合较强，垂直混合较充分，因此可以采用二维模型。在上述背景下，提出了一种二维单站溢油预报方法。

1)海上风场预报。为预测海上溢油路径和油膜扩展速率，必须先预报海上风速和风向，以求出风应力作用引起的油膜中心运动速度

$$\bar{v}=c_0\bar{v}_0$$

式中 $\bar{v}_0$ 为海面的风速矢量；c_0 为经验系数，值在 0.02～0.05 之间。

为了预报海上风场，人们通常利用气象学界常用的统计预报方法，使用尽可能多的风场资料进行相关分析，拟合对应的相关公式，根据陆地气象台站的预报值对所研究海区进行海上风场预报。如有可能，也可直接采用现场海上观测的风速、风向数据。

2)潮流预报。根据水界一个月的潮位观测资料，进行调和分析，求出 M_2、S_2、K_1、O_1（M_2、S_2 为其中两个半日分潮的代表符号；K_1、O_1 为其中两个全日分潮的代表符号）四大分潮的潮汐调和常数，建立研究海域 M_2、S_2、K_1、O_1 分潮潮流模型，求得四大分潮在各计算网格点上的潮流调和常数，以及各网格点上各分潮的潮汐余流，同时计算预报日期的天文变量，最后依据潮流调和常数以及潮流余流对各点实施潮流预报。

3)单点溢油预报。海上发生溢油，除油膜向四周发生扩延外，还受海水一起流动的携带作用和受海面风应力的推动作用，其结果是油膜一面在风应力和潮流共同作用下向前漂移，一面同时向四周扩展。

设油膜中心的漂移速度为 $\bar{v}$，则

$$\bar{v}=\bar{v}_T+\alpha\bar{v}_w$$

式中 $\bar{v}_T$ 为预报流速矢量；$\bar{v}_w$ 为预报风矢量；α 为经验系数。则油膜中心的运动轨迹为

$$\bar{S}=\bar{S}_0+\int_{t_0}^{t_0+\Delta t}\bar{v}\mathrm{d}t$$

式中 $\bar{S}_0$ 为溢油初始位置；t_0 为初始时间；$\bar{S}$ 为 Δt 时间后的油膜中心位置。

4)二维单点溢油预报特点

①单点溢油预报所需机时很短，一般情况下，在微机上只需运行几分钟即可预报油膜中心的运动轨迹。

②单点溢油预报的可操作性强，只需要事先将研究海域潮流调和常数算出，给出海上与沿海气象台站的风速相关公式，潮流和风力的预报工作便可在微机上实现。即使是非专业人员，也可根据计算机的提示输入相应量来预报油膜中心的运动轨迹，为指挥人员制定海上应急措施提供重要依据。

(3)三维溢油预报模型

1)三维瞬时流场预报

①瞬时水位预报。通过对水位实测资料进行调和分析得到调和常数，但为了预报水位，必须对调和常数加以订正，引进分潮天文变量。

一般情况下要预报水位，需六个分潮：M_2、S_2、O_1、K_1、MS_4、M_4（M_2、S_2 为其中两个半日分潮的代表符号；K_1、O_1 为其中两个全日分潮的代表符号；MS_4、M_4 为其中两个浅水分潮的代表符号）预报的水位为

$$\xi(t)=\sum_{c=1}^{6}D_cH_c\cos(\sigma_ct+d_c-g_c)$$

式中 D_c，d_c 为各分潮的天文变量（$c=1,\cdots,6$）

②瞬时流场预报。三维潮波运动方程组为

$$\frac{\partial u}{\partial t}+\frac{\partial(uu)}{\partial x}+\frac{\partial(uv)}{\partial y}+\frac{\partial(uw)}{\partial z}-fv+\frac{1}{\rho}\frac{\partial p}{\partial x}-\frac{1}{\rho}\left(\frac{\partial\tau_{xx}}{\partial x}+\frac{\partial\tau_{xy}}{\partial y}+\frac{\partial\tau_{xz}}{\partial z}\right)=0$$

$$\frac{\partial v}{\partial t}+\frac{\partial(vu)}{\partial x}+\frac{\partial(vv)}{\partial y}+\frac{\partial(vw)}{\partial z}+fv+\frac{1}{\rho}\frac{\partial p}{\partial y}-\frac{1}{\rho}\left(\frac{\partial\tau_{yx}}{\partial x}+\frac{\partial\tau_{yy}}{\partial y}+\frac{\partial\tau_{yz}}{\partial z}\right)=0$$

$$\frac{\partial p}{\partial z}-\rho g=0$$

$$\frac{\partial u}{\partial x}+\frac{\partial v}{\partial y}+\frac{\partial w}{\partial z}=0$$

$$\frac{\partial s}{\partial t}+\frac{\partial(us)}{\partial x}+\frac{\partial(vs)}{\partial y}+\frac{\partial(ws)}{\partial z}-\frac{\partial}{\partial x}\left(D_x\frac{\partial s}{\partial x}\right)-\frac{\partial}{\partial y}\left(D_y\frac{\partial s}{\partial y}\right)-\frac{\partial}{\partial z}\left(E_m\frac{\partial s}{\partial z}\right)=0$$

$$\frac{\partial T}{\partial t}+\frac{\partial(uT)}{\partial x}+\frac{\partial(vT)}{\partial y}+\frac{\partial(wT)}{\partial z}-\frac{\partial}{\partial x}\left(D_x\frac{\partial T}{\partial x}\right)-\frac{\partial}{\partial y}\left(D_y\frac{\partial T}{\partial y}\right)$$
$$-\frac{\partial}{\partial z}\left(E_m\frac{\partial s}{\partial z}\right)=0$$

$$\frac{\partial e}{\partial t}+\frac{\partial(ue)}{\partial x}+\frac{\partial(ve)}{\partial y}+\frac{\partial(we)}{\partial z}-\frac{\partial}{\partial x}\left(D_x\frac{\partial e}{\partial x}\right)-\frac{\partial}{\partial y}\left(D_y\frac{\partial e}{\partial y}\right)$$
$$-\frac{\partial}{\partial z}\left(E_e\frac{\partial e}{\partial z}\right)-D_e-S_e=0$$

$$\rho=f(s,T)$$

式中 u,v,w 分别为对应于 x,y,z 方向的流速分量；f 为科氏参数；t 为时间；P 为压力；s 为盐度；T 为温度；ρ 为密度；e 为次网格湍流能量密度；E_m 为质量垂直交换系数；E_e 为能量垂直交换系数；$\tau_{xx},\tau_{xy},\tau_{xz},\tau_{yx},\tau_{yy},\tau_{yz}$ 为应力矢量分量；D_x、D_y 为热量、质量的水平交换系数；D_e 为湍流耗散项；S_e 为湍流源项。

根据边界条件：

在海面：$Z=\xi,w=\frac{\partial\xi}{\partial t}+u\frac{\partial\xi}{\partial x}+v\frac{\partial\xi}{\partial y},P=P_a,(\tau_{xz},\tau_{yz})=(\tau_x^s,\tau_y^s)$

在海底：$Z=-h,w+u\frac{\partial h}{\partial x}+v\frac{\partial h}{\partial y}=0,(\tau_{xz},\tau_{yz})=(\tau_x^b,\tau_y^b)$

在岸界：$\bar{v}_n=0$

在水界：$\xi=\xi'$

由水界输入的瞬时预报水位通过 ADI 方法求解上述方程即可得到瞬时流场。

2)海上瞬时风场预报

本方法采用在中央气象台发布的 12－24 小时研究海域天气预报基础上，采用 C. F. Mass 等提出的一个既包括地形的动力影响，又考虑海陆热力差异，一层 σ 坐标中尺度风场诊断模式来计算瞬时海上风场。计算步骤为：根据中央气象台发布研究海区某月某日的天气预报，把该区未来 48 小时和 72 小时的风向、风级、气温及当月的海温，输入计算机，立即能得到所需计算区域上的风速分量。

3)三维溢油预报。我们知道，溢油的油层运动只与表层流和风速矢量有关，油膜中心漂移速度 $\bar{v}$ 为

$$\bar{v} = \bar{v}_s + \alpha\bar{v}_w$$

式中 $\bar{v}_s$ 为表层流速矢量；$\bar{v}_W$ 为风速矢量；α 为风因子。

则油膜中心初始位置为 $\bar{S}_0$，经过 Δt 时间后，新的位置 $\bar{S}$ 为

$$\bar{S} = \bar{S}_0 + \int_{t_0}^{t_0+\Delta t} \bar{v}\mathrm{d}t,$$

由此可预报油膜中心运动轨迹。

4)三维溢油预报模型的特点

①由于计算轨迹时采用表层潮流速度，它比二维模型更符合实际，且海上瞬时风场预报较精确，因此预报精度高于二维单点预报模型。

②由于三维计算量较大，无法在微机上完成，并且需要有相当熟练的专业人员才能胜任。

第四节　海洋环境影响评价的污染防治措施与建议

当建设项目排放海洋的污染物经过预测和评价证明对海水水质构成污染影响时，应从以下诸方面入手提出污染防治措施。

(1)针对工程排污特征，对有毒有害废水按一水多用的原则，首先从工程上寻求进一步压缩排污量的技术措施和建议。

(2)若工程排污量已经压缩到最低限度仍不能满足环境要求时，应再从整体上统筹提出陆上已有排污单位的排污削减再分配建议，使项目既能实现建设规划，又使已有排污单位从总体上实现以新代老。

(3)根据合理利用海域自净能力的原则，提出污染物总量控制指标建议，同时排污口附近海域合理划定混合排污区。

(4)根据海域评价结果，针对排污口初选位置提出是否符合海水交换最活跃、余

流速度较大又远离保护目标要求的建议。

(5)针对排污安排提出最佳排污方式和时段建议。

(6)对于海岸工程构筑物,如确认对海域动力条件产生影响,不利于污染物扩散输运时,则应考虑重新设计构筑物结构、布局,或重新选址。

(7)指出在港池、航道疏浚或吹填造陆过程中悬沙影响的防治措施和建议。

(8)从管理角度提出应该坚持做到的环保工作建议。

第六章　土壤环境影响评价

第一节　土壤特征和影响土壤环境质量的因素

一、土壤的特征

土壤是自然界赋予人类的宝贵资源，是环境的重要组成部分，也是地球陆地表面具有肥力、能生长植物的疏松表层。它是由岩石风化而成的矿物质、动植物残体腐解产生的有机质以及水分、空气等组成，呈不完全连续的状态存在于陆地表面。可以说，土壤是万物生长的重要基础，也是人类生存、发展、工作和生活的重要场所。它有如下特点：①土壤环境是一个开放系统，土壤和水、大气、生物等环境要素之间以及土壤内部系统之间都不断进行着物质与能量的交换，这是土壤环境发展、并随外界条件改变而发生演变的主要原因。土壤具有吸水和储备各种物质的能力，但土壤的纳污和自净能力是有一定限度的，当进入土壤的污染物超过其临界值时，土壤不仅会向环境输出污染物，使其他环境要素受到污染，而且土壤的组成、结构及功能均会发生变化，最终可导致土壤资源的枯竭与破坏；②土壤具有生产植物产品的功能。这些植物产品的数量和质量主要由土壤环境质量来决定，而土壤环境通过植物影响人们的生活与身体健康。

二、影响土壤环境质量的因素

土壤环境质量是指土壤环境适宜人类健康的程度。影响土壤环境质量的因素有建设项目的类型、污染物的性质、污染源的特征与排放强度、污染途径以及土壤类型、特性和区域地理环境特征等。

不同的建设项目，排放的污染物类型不同。有色金属冶炼或矿山，主要污染物为重金属和酸性物质；化学工业或油田，主要污染物是矿物油和其他有机污染物；以煤为能源的火电厂，主要污染物为粉煤灰等固体废物。不同的污染因子，性质不同，对环境的危害也不同。不同的污染源，污染类型不同，对环境的影响范围也不同；工业污染源以点源污染为主，污染特征为污染区域小，影响范围窄，而以农业和交通为主的污染源，主要为面源污染和线源污染，具有污染面大，影响范围宽的特点。污染源的排放强度与污染程度和污染范围有关。污染物通过大气与水的传输，扩散速度快，对土壤的污染地域宽，而垃圾和污泥等固体废物进入土壤后，污染的范围相对较小。土壤所处的区域地理环境条件决定了土壤的类型、性质和土壤演化，从而影响污染物进入土壤的速度、浓度和范围，继而影响土壤被污染的程度。特别是由于人类对土地的不合理利用和过度开发，将引起土壤系统的严重退化。农业生产中的不合理的耕作方式和过度施肥，不仅不能增加土壤的肥力，反而会引起土壤的退化。例如平原区的过度灌溉，引起地下水位上升，发生土壤沼泽化，在地下水矿化度较高地区，则引起土壤的次生盐渍化；草原的过度放牧，牧草被破坏，引起土壤沙化；丘陵、山区的过度垦殖，林地破坏，则导致土壤的严重侵蚀，造成水土流失；开发区的建设，工矿企业的发展，在占用大量的土地，减少土壤资源的同时，也破坏了成土因素之间的平衡，导致土壤退化和破坏。

对土壤环境质量的影响造成土壤不同形式的定性和定量的变化，主要包括土壤的侵蚀和污染。要提高土壤环境质量和使用价值，必须系统全面地进行土壤环境质量的现状评价与影响评价。开发行动或建设项目的土壤环境影响评价是从预防性环境保护目的出发，通过监测调查，识别各种污染和破坏因素对土壤可能产生的影响，预测影响的范围、程度及变化趋势，提出避免、消除和减轻土壤侵蚀与污染的对策，为制定环境管理政策和综合防治污染提供科学决策和依据。

第二节　土壤环境影响识别

一、土壤环境影响的类型

土壤作为人类生存环境中不可分割的组成部分，必然会受到人类活动的影响。不同活动对土壤产生的影响也不同。按照对土壤影响的方式与性质及对土壤环境影响的结果，土壤环境影响可分为以下几种类型。

1. 按影响方式分类

按影响方式，土壤环境影响分为直接影响和间接影响。直接影响是指影响因子产生后直接作用于被影响的对象，直接显示出因果关系。如土壤侵蚀、土壤沙化、土壤污灌等对土壤的影响，对于土壤环境对象而言均为直接影响。间接影响是指影响因子产生后需要通过中间转化过程才能作用于被影响的对象。如土壤的沼泽化、盐渍化是经过地下水或地表水的浸泡作用或矿物盐的浸渍作用后产生的对土壤环境的影响。

2. 按影响的性质分类

按影响的性质，土壤分环境影响为可逆影响、不可逆影响、积累性影响和协同影响。可逆影响是指施加影响的活动停止以后，土壤可迅速或逐渐恢复到原来的状态，如经过恢复植被和生物化学作用对有机物的降解等，土壤可逐步消除沙化、沼泽化、盐渍化和有机物污染而恢复到原来的状况；不可逆影响是指施加影响的活动停止后，土壤不能或很难恢复到原来的状态。如严重的土壤侵蚀很难恢复原来的土层和土壤剖面。土壤重金属污染和难降解有机物污染具有持久性、难降解的特点，易被土壤黏土矿物和有机物吸附，难以从土壤中淋溶、迁移，因此，重金属和难降解有机物污染的土壤一般难以恢复；积累性污染是指排放到土壤中的某些污染物，需要经过长期的作用，其危害性直到积累的浓度超过其临界值时才能表现出来，如土壤重金属污染对作物的污染就是积累性影响；协同影响是指两种以上的污染物同时作用于土壤时所产生的影响大于每一种污染物单独影响的总和。

3. 按影响的结果分类

按影响的结果，土壤环境影响分为土壤污染型和土壤退化破坏型两种。土壤污染型影响是指人类活动排出的有毒有害污染物对土壤环境产生的化学性、物理性和生物性的污染危害，如工业生产排放的重金属元素对土壤的污染和化工生产释放的有机污染物对土壤的危害等均属这种类型；土壤退化破坏型影响是指由人类活动本身的特性对土壤环境条件的改变而导致的土壤退化、破坏。如矿石开采将改变矿区的水文、地质及地貌条件，破坏植被，从而引起矿区的土壤侵蚀、水土流失，甚至造成地面塌陷等。水利工程建设、交通工程建设和森林开采等均属于这种类型的影响。

二、土壤环境影响的识别

1. 对土壤环境有重大影响的人类行动

土壤系统是在成千上万年的地球演变过程中形成的，它受自然与人类的双重影响，特别是近百年来人类的影响是巨大的。

(1) 全球气候变暖和人工改变局地小气候。如人工降雨、农田灌溉补水和排水等对土壤的影响是有利的；而气温升高、使土壤过分曝晒和风蚀影响加大则是不利的。

(2) 改变植被和生物分布状况。如合理控制土地上动植物种群，松土犁田增加土壤中的氧，施加粪便和各种有机肥，休耕和有控制烧田去除有害的昆虫和杂草等的影响是有利的；过度放牧和种植减少土壤有机物含量，施用化学农药杀虫、除草，用含有害污染物的废水灌溉则产生不利影响。

(3) 改变地形。如土地平整并重铺植被，营造梯田，在裸土上覆盖或铺砌植被等是有利的；湿地排水和开矿及地下水过量开采引起地面沉降和加速土壤侵蚀，以及开山、挖地生产建筑材料则是不利的。

(4) 改变成土母质。如在土壤中加入水产和食品加工厂的贝壳粉、动物骨骸，清水冲洗盐渍土等是有利的；将含有害元素矿石和碱性粉煤灰混入土壤，农业收割带走的矿物营养超过了补给量等则有不利影响。

(5) 改变土壤自然演化的时间。如通过水流的沉积作用将上游的肥沃母质带到下游，对下游土壤是有利的；过度放牧和种植作物会快速移走成土母质中的矿物营养，造成土壤退化，将土壤埋于固体废物之下则其影响很不利。

在考虑土壤影响时，必须与地区的地质信息联系起来。

2. 各种建设项目对土壤环境的影响

多种建设项目会对土壤和地质环境造成破坏性影响，而这些影响又反过来影响项目功能的正常发挥，主要影响如下：

(1) 地下水过量开采，油或天然气资源开采或者是露天或地下采掘等活动，都会造成当地的地面沉降。

(2) 大型工程施工需要大量的建筑材料，供应这些材料的地区由于砂、石开采会引起地表水的水力条件和土壤侵蚀样式的改变。

(3) 在工程施工区域一般会引发或提高当地土壤侵蚀程度。为了防止或减少侵蚀，需要采取建泥沙沉淀池、种植速生的树种和植被等措施，沉淀池内的淤泥应返回原来的土地上。

(4) 在一些地貌特别的地区，土方过量或不适当开挖，会引起滑坡、塌方。例如有人在陡坡的台地上建造厂房极易造成滑坡。

(5) 在地震不稳定性和地震频发地区建核电厂、化工厂、废物处理设施和大型的油品与溶剂贮槽，可能会在地震时造成大面积的土壤污染灾害。在这些项目选址、建设和运行阶段，必须考虑其影响大小。

(6) 露天采矿时，表土被剥离并被移至别处，在矿山服务期满后应恢复原来的地形，否则会造成大面积水土流失和风蚀。

(7) 沿海岸线建防波堤以控制岸线侵蚀和漂移，会改变沿岸土壤环境条件。

(8) 与军事训练相关的项目。例如在坦克驾驶训练时会造成土壤过度压实，不利植被恢复，然后会使土壤遭受侵蚀和排水样式变坏。

(9) 可能产生局地酸雨的项目。例如，燃烧高含硫煤的发电厂，会对土壤的化学组分造成影响，并对地下水资源造成潜在影响。

(10) 把选址地土壤和地貌作为选址条件的项目，如城市废物和污泥填埋场，河、港的疏浚淤泥堆放场等项目，会造成场地及周围土壤及地下水污染。

(11) 沿海岸区域开发的项目可能增加海岸线侵蚀，也可能因海岸线侵蚀影响项目本身。这类项目如海边空地开发及与此相关联的后续发展，与港口和船舶锚地设施相关的项目，以及与港口和码头发展有关的项目。

(12) 单一蓄洪或多目标拦蓄水资源（蓄洪、供水、发电等）等项目的建设和运行期，对土壤和地质环境会造成两大影响：泥沙沉积，蓄水后库区底下的地下水层、土壤和地貌等将发生变化。

(13) 在合同承包或租用的土地上种植庄稼或放牧，往往缺少对土壤的保养，造成土壤化学性质和侵蚀程度加大。

(14) 大型管道工程在施工中用重型设备会将土壤压结实，降低土壤透气性和渗水性，使植物不易生长，造成强的地表径流和侵蚀作用；施工机械使土壤颗粒破碎和除去表面植被，使土壤易被水流侵蚀。土壤侵蚀的速度和数量与坡度、土质的易侵蚀性、植被恢复的时间以及降雨强度有关。在管沟中特别容易侵蚀，因为回填土一般较松散，管沟会成为天然的排水沟，管沟上的堆土会不断沉降，在表层形成一个径流的天然流道。管道施工造成土壤侵蚀的后果有两方面，其一是表土肥分的流失，其二是受纳地表径流的河水中悬浮物浓度的提高和底泥沉积量增加。迅速恢复植被是最有效缓解侵蚀的措施。

第三节 土壤环境现状调查与评价

一、土壤环境质量现状调查

土壤调查包括资料调查和现场实测。资料调查主要是从有关管理、研究和行业信息中心以及图书馆和情报所收集材料，内容包括：①自然环境特征，如气象、地貌、水文和植被等资料；②土壤及其特性，包括成土母质（成土母岩和成土母质类型）；土壤类型、组成、特性；③土地利用状况，包括城镇、工矿、交通用地面积等；④水土侵蚀类型、面积及分布和侵蚀模数等；⑤土壤元素背景值资料；⑥当地植物种类、分布及生长情况。

现场实测包括布点、采样、确定评价因子即监测项目等。

①布点。要考虑评价区内土壤的类型及分布，土地利用及地形地貌条件，要使各种土壤类型、土地利用及地形地貌条件均有一定数量的采样点，还要设置对照点。最后，要使土样采集点的布设在空间分布均匀并有一定密度，从而保证土壤环境质量调查的代表性和精度。

②采样。土壤样品的采集一般采用网格法、对角线、梅花形、棋盘形、蛇形等采样方法，多点采样，均匀混合，最后得到代表采样地点的土壤样品。

还应调查评价区植物和污染源状况。植物监测调查，主要是观察研究自然植物和作物等在评价区内不同土壤环境条件下，各生育期的生长状况及产量、质量变化。污染源调查，主要是调查现有的各种人为破坏植被和地貌造成土壤侵蚀的活动，包括工业、农业污染源和污水灌溉情况。

③评价因子的确定。一般是根据监测调查掌握的土壤中现有污染物和拟建项目将要排放的主要污染物，按毒性大小与排放量多少采用等标污染负荷比法进行筛选。

二、土壤环境质量现状评价

1. 评价目的

土壤环境质量现状评价的目的是了解一个地区土壤环境现时污染水平，为保护土壤，为制定土壤保护规划、地方土壤保护法规提供科学依据；为拟建工程进行土壤环境影响评价提供土壤背景资料。提高土壤环境影响预测的可信度，为提出减少拟建工程对土壤环境污染的措施服务，使拟建工程对土壤的污染控制到评价标准允许的范围内。

2. 工作程序

我国目前尚未制定土壤环境质量评价的统一工作程序，通常按图 6-1 所示程序进行。

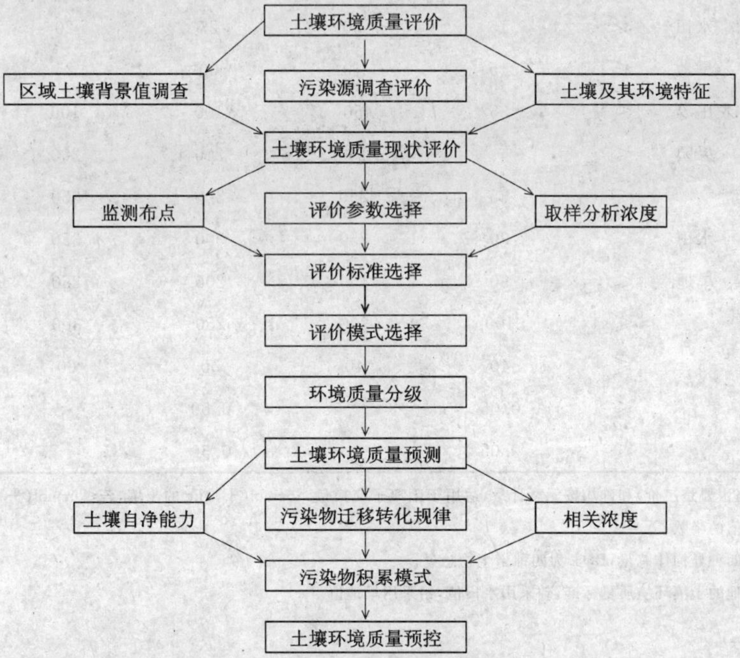

图 6-1　土壤环境质量现状评价程序图

3. 评价标准的确定

由于土壤污染物不像大气和水污染那样，可以直接进入人体，危害健康，土壤中的污染物是通过食物链，主要通过粮食、蔬菜、水果、奶、蛋、肉进入人体。土壤和人体之间的物质平衡关系比较复杂，制定土壤污染物的环境质量标准难度很大，限制了土壤环境质量标准的制定工作的开展。因此，目前国外只有少数国家（德国、英国、芬兰、瑞典、丹麦、挪威、俄罗斯、日本、美国）分别给出了几项重金属、非金属毒物和放射性元素的土壤污染标准。重金属有汞、镉、铬、铅、锌、铜、镍、锰、钴、钼、钒。非金属毒物有砷、硒、硼。放射性元素有铯、铀。

我国 1995 年发布，1996 年实施了 GB15618—1995《土壤环境质量标准》（见表 6-1），它可以作为土壤环境质量评价的评价标准。我国农业部颁布的《中华人民共和国绿色食品执行标准（草案）》中，提出了《绿色食品土壤质量标准》，即绿色食品执行标准——土壤临界容量，见表 6-2。

表 6-1　土壤环境质量标准（GB15618－1995）

项目	土壤 pH 值		一级	二级			三级
			自然背景	＜6.5	6.5－7.5	＞7.5	＞6.5
镉		≤	0.20	0.30	0.30	0.60	1.0
汞		≤	0.15	0.30	0.50	1.0	1.5
砷	水田	≤	15	30	25	20	30
	旱地	≤	15	40	30	25	40
铜	农田等	≤	35	50	100	100	400
	果园	≤	—	150	200	200	400
铅		≤	35	250	300	350	500
铬	水田	≤	90	250	300	350	400
	旱地	≤	90	150	200	250	300
锌		≤	100	200	250	300	500
镍		≤	40	40	50	60	200
六六六		≤	0.05		0.50		1.0
DDT		≤	0.05		0.50		1.0

注：①重金属（铬主要是三价）和砷均按元素计量，适用于阳离子交换量＞5cmol(＋)/kg 的土壤，若≤5cmol(＋)/kg，其标准值为表内数值的半数。

②六六六为四种异构体总量，DDT 为四种衍生物总量。

③水旱轮作地的土壤环境质量标准，砷采用水田值，铅采用旱地值。

表 6-2　绿色食品土壤质量标准

污染物	土壤临界容量(×10⁻⁶,体积比)		
	草甸褐土(北方)	草甸棕壤(北方)	红壤性水稻土(南方)
汞	0.43	0.2	
镉	2.8	2.0	1.1
铅	800	300	
砷	21	30	45
铬(Cr^{6+})	3.5	50	
铬(Cr^{3+})	500		
油	300	500	

由于我国土壤环境质量标准中规定标准值的污染物项目少,给土壤环境质量评价工作带来了困难,除土壤环境质量标准规定的标准值外,对于其他污染指标多选用具有不同含义的土壤环境背景值作为评价标准。常见的有如下几种。

(1) 以区域土壤环境背景值作为标准

区域土壤环境背景值是指一定区域内,远离工矿、城镇和道路(公路和铁路),无明显“三废”污染,也无群众反映有过“三废”影响的土壤中有毒物质在某一保证率下的含量。其计算式为

$$C_{0i} = \overline{C}_i \pm S \tag{6-1}$$

$$S = \sqrt{\frac{\sum_{i=1}^{n}(C_i - \overline{C_i})^2}{N-1}} \tag{6-2}$$

式中 C_{0i} 为区域土壤中第 i 种有毒物质的背景值;C_i 为区域土壤中第 i 种有毒物质的平均值;$\overline{C_i}$ 为区域土壤中第 i 种有毒物质实测值的平均值;S 为标准差;N 为统计样品数。

(2)以土壤本底值为评价标准

土壤本底值是指未受人为污染的土壤中某一物质的平均含量,在到处开发的今天,真正意义上的土壤本底值是很难找到的。

(3)以区域性土壤自然含量为评价标准

区域性土壤自然含量,是指在清水灌区内,选用与污灌区的自然条件、耕作栽培措施大致相同,土壤类型相同,土壤中有毒物质在一定保证率下的含量,其计算公式为

$$C_{0i} = C_i \pm 2S \tag{6-3}$$

符号含义同前。

(4)以土壤对照点含量为评价标准

土壤对照点一般选在与污染区的自然条件、土壤类型和利用方式大致相同，而又未受污染的地区内。对照点可选一个或几个，以对照点的有毒物质平均含量作为评价标准。

(5)以土壤和作物中污染物质的相关含量为评价标准

土壤中某种污染物质的含量和作物中该种污染物积累量之间有一定的相关关系。农牧业产品和食品的卫生标准和污染分级是可以制定的。以这种卫生标准和污染分级推断土壤中该种污染物的相关含量和污染分级，把这种相关含量作为评价标准。这种方法是通过食物链把土壤中的污染物与人体健康联系起来制定评价标准的，它反映了土壤污染物危害人体健康的实际途径，是一种好方法，但目前此项研究还有待今后发展。

上述不同含意的背景值，从不同侧面反映了未受污染的土壤环境质量，在具体选用时，应根据评价地区土壤的实际情况、评价要求、评价范围、评价时间等因素确定。

4. 评价因子的选择

评价因子选择的合理与否，直接关系到土壤环境质量现状评价结果的科学性和可靠性。选择评价因子应综合考虑评价目的和评价区域土壤环境污染物的类型等因素。一般选择的基本因子有以下几种。

(1)重金属元素及无机毒物：如 Hg、As、Cd、Ni、Pb、Cu、Zn、F、CN^- 等；

(2)有机毒物：酚、苯并[a]芘、DDT、六六六、三氯乙醛、多氯联苯等；

(3)土壤 pH 值、全氮量、硝态氮量等；

(4)有害微生物：如肠细菌、肠寄生虫卵、破伤风菌、结核菌等；

(5)放射性元素：如^{317}Cs、^{90}Sr；

(6)附加因子：氧化还原电位、有机质、土壤质地、总阳离子可交换量和不同价态的重金属含量。附加因子可反映土壤污染物质的积累、迁移和转化特征，用于研究土壤中污染物质的运动规律，但一般不参与评价。

5. 评价方法

评价方法常采用指数法。

(1)单元型污染指数

$$I_i = C_i/S_i \tag{6-4}$$

式中 I_i 为土壤中污染物 i 的污染指数；C_i 为土壤中污染物 i 的实测浓度的统计平均值；S_i 为污染物 i 的评价标准。

本法用于确定单个土壤质量参数的污染情况。

(2)分级污染指数

按照土壤污染的程度，以不同指数进行描述。土壤污染程度可用污染物不同浓度值表征。

1）土壤显著受污染的起始值，指土壤中某污染物的评价标准值，以 X_a 表示。

2）土壤轻度污染的起始值，指土壤污染物超过一定限度，使作物体内污染物相应增加，以致作物开始遭受污染（即作物中污染物的含量超过其背景值），此时土壤中污染物的含量，即为轻度污染起始值，以 X_c 表示。

3）土壤重度污染起始值，指土壤污染物继续积累，作物受害加深，作物中污染物含量达到食品卫生标准，以 X_p 表示。

根据上述 X_a、X_c、X_p 确定污染等级和污染指数范围：

非污染 $C_i \leqslant X_a, P_i \leqslant 1$

轻污染 $X_a < C_i < X_c, 1 < P_i < 2$

中度污染 $X_c < C_i < X_p, 2 < P_i < 3$

重污染 $C_i \geqslant X_p, P_i > 3$

按以上污染指数范围，再求具体的污染指数，这样可以消除在用(6-4)式计算时，由于各污染物的评价标准不同，I_i 可能相差极大的现象。具体计算如下

$$C_i \leqslant X_a, P_i = \frac{C_i}{X_a} \tag{6-5}$$

$$X_a < C_i < X_c, P_i = 1 + \frac{C_i - X_a}{X_c - X_a} \tag{6-6}$$

$$X_c < C_i < X_p, P_i = 2 + \frac{C_i - X_c}{X_p - X_c} \tag{6-7}$$

$$C_i > X_p, P_i = 3 + \frac{C_i - X_p}{X_p - X_c} \tag{6-8}$$

(3)综合污染指数

综合指数有以下形式。

1）叠加型综合指数

$$P = \sum_{i=1}^{n} I_i \tag{6-9}$$

2）内梅罗(N. L. Nemerow)污染综合指数

$$P = \sqrt{\left(\frac{C_i}{S_i}\right)^2_{平均} + \left(\frac{C_i}{S_i}\right)^2_{最大}} \tag{6-10}$$

3）加权平均型综合指数

$$P = \sum W_i P_i \tag{6-11}$$

式中 W_i 为 i 污染物的权重；P_i 为 i 污染物的分指数 C_i/S_i。

4）污染指数分级。根据 P 值分级，$P \leqslant 1$，未受污染；$P > 1$，已受污染。根据 P 值

的变化幅度，结合植物受害程度，再划分为轻污染、中污染、重污染等级别。例如北京西郊土壤环境评价，根据 P 值的分级见表 6-3。

表 6-3 北京西郊土壤质量分级表

级 别	土壤污染综合指数	主要区域
Ⅰ清洁	<0.2	广大清水灌溉区
Ⅱ 微污染	0.2—0.5	北灰水管区，莲花河系污灌区外 47.5 km^2
Ⅲ 轻污染	0.5—1	莲花河系污灌区附近土壤 18 km^2
Ⅳ 中度污染	>1	莲花河上游主河道两侧污灌区 1.5 km^2

第四节 土壤环境影响预测与评价

一、土壤环境影响预测

土壤环境影响预测的主要任务，是根据建设项目所在地区的土壤环境现状，拟建项目可能造成的土壤侵蚀、退化，以及由于排放的污染物在土壤中迁移与积累，应用预测模型计算土壤的侵蚀量以及主要污染物在土壤中的累积或残留数量，预测未来的土壤环境质量状况和变化趋势。

1. 土壤退化预测

开发建设项目对土壤退化的影响，主要有土壤盐碱化、土壤酸化、土壤侵蚀与沙化等，影响土壤退化的因素比较复杂、土壤退化的预测工作尚处于探索阶段。

(1)土壤盐碱化预测

土壤盐碱化又称土壤盐渍化。这里的土壤盐碱化是指次生盐碱化，它是指人类在农业生产过程中，由于发展灌溉和农业措施不当而引起的土壤盐化和碱化的总称。

人们为解决干旱问题，使农业增产，发展了灌溉事业。灌溉使农业增产了，但也产生一些问题。由于灌溉技术不合理，出现了有灌水无排水，只蓄水不泄水或重灌轻排的情况，大大地抬高灌区的地下水位，当地下水水位高于地下水临界水位时，将发生土壤次生盐碱化。

当开发建设项目对外排水量很大，排水中含有大量盐、碱物质时，如用这种污水进行灌溉、土壤将发生次生盐碱化。

灌溉水质是发生次生盐碱化的主要原因。此外，还有许多影响因素，如降水量、蒸发量、地下水径流、地下水盐量及盐分种类、地下水临界深度、土壤质地、盐碱度等。

下面仅介绍美国盐渍土实验室提出的钠吸附比法。

美国盐渍土实验室提出的钠吸附比(SAR)可用下式计算

$$SAR=\frac{Na^+}{\sqrt{\frac{Ca^{2+}+Mg^{2+}}{2}}} \tag{6-12}$$

式中 Na^+ 为钠离子浓度，meq/L；Ca^{2+} 为钙离子浓度，meq/L；Mg^{2+} 为镁离子浓度，meq/L。

可以用SAR划分水质等级。当土壤溶液的电导率(ES)为10 mS/m时，SAR值在0～10之间为低钠水，可用于灌溉各种土壤而不发生盐碱化；SAR值在10～18之间为中钠水，对具有高阳离子交换量的细质土壤会造成碱化；SAR在18～26之间为高钠水，对大多数土壤都可产生有害的交换性钠，造成碱化；SAR值在26～30之间为极高钠水，一般不适用于灌溉。如果土壤溶液电导率大于5 mS/m，SAR值在0～6之间为低钠水；在6～10之间为中钠水；在10～18之间为高钠水；大于18为极高钠水。

(2)土壤酸化预测

土壤酸化有自然酸化过程和人类活动影响下的酸化过程两种。

自然酸化过程，是在土壤物质转化过程中，产生出各种酸性和碱性物质，使土壤溶液中含有一定数量的 H^+ 和 OH^-，二者的浓度比例决定着土壤溶液的酸碱性。土壤酸碱性一般用pH值的大小表示。按土壤溶液的pH值大小可把土壤分为九级，见表6-4。

表6-4　土壤酸碱度分级

pH值	酸碱度分级	pH值	酸碱度分级
<4.5	极强酸性	6.5～7.0	中性
4.5～5.5	强酸性	7.0～7.5	弱碱性
		7.5～8.5	碱性
5.5～6.0	酸性	8.5～9.5	强碱性
6.0～6.5	弱酸性	>9.5	极强碱性

我国土壤的pH值，大多数在4.5～8.5范围内。由南方到北方，土壤pH值逐渐增加。长江以南（如华南、西南地区）土壤pH值大多数在4.5～5.5之间，有少数在3.6～3.8；华中地区土壤pH值在5.0～6.5之间；长江以北的土壤多为中性和碱性，华北、西北地区土壤pH值一般在7.5～8.5之间，少数强碱性土壤pH值高达10.5。

人类活动影响下的土壤酸化过程，主要是人类活动产生的酸性物质进入土壤造成的。如人类活动向大气中排放酸性物质，经过降水的淋洗使其变成酸雨降落地面，造成土壤酸化；硫化矿床的开发，产生大量的酸性水进入土壤；开发建设项目排放大量酸性废水，通过灌溉进入土壤，使土壤酸化。

土壤酸化有许多不良后果，如土壤对钾、铵、钙、镁等养分离子的吸附能力显著降低，导致这些养分随水流失。土壤酸化可使某些金属离子的活动性增加，某些毒害性阳离子毒性增加。

土壤酸化的预测还处于探索阶段，土壤酸化预测大体上应考虑如下问题：

1）掌握开发项目排放到大气中酸性污染物的浓度、总质量、酸性污染物的时空分布，它在大气中的的迁移转化规律等。

2）掌握评价区的气象条件，如降水量、降水的时空分布等。

3）了解外区域输送到评价区的污染物浓度、总质量情况。

4）进行土壤对酸性物质缓冲能力的模拟实验，还要进行酸性水淋滤土壤的模拟实验，以便建立数学模型，进行土壤酸化趋势预测。

（3）土壤侵蚀和沉积预测

土壤侵蚀一般是指在风、水和重力作用下，土壤被剥蚀、迁移或沉积的过程。在自然状态下，由纯自然因素引起的土壤侵蚀因植被的不同而差异很大，侵蚀速度较缓慢。人类的开发活动，往往引起植被破坏，造成土壤流失。尤其是矿产开发，特别是露天矿开发引起大面积的植被破坏，造成的水土流失非常严重。土壤侵蚀强弱常以土壤侵蚀模数大小表示。土壤侵蚀模数是在一定时间内、在一定土地面积上被带走的泥沙量与时间、面积的比值，数学表达式为

$$A=\frac{Vr}{Ft} \tag{6-13}$$

式中 A 为土壤侵蚀模数，$t/(km^2 \cdot a)$；V 为土壤侵蚀泥沙量（淤积量），m^3；r 为泥沙容重，常取 $r=1.4t/m^3$；F 为土壤侵蚀面积，km^2；t 为土壤侵蚀时间，a。

对于土壤侵蚀的面蚀、片蚀和细沟侵蚀的土壤侵蚀模数也可以用下式计算

$$E = RKLSCP \tag{6-14}$$

式中 E 为平均土壤损失量，$t/(hm^2 \cdot a)$；R 为区域平均降雨量的侵蚀潜力系数；K 为土壤可侵蚀性系数，$t/(km^2 \cdot a)$；L 为坡长系数；S 为坡度系数；C 为作物管理系数；P 为实际侵蚀控制系数。

R 有很多计算方法，在美国，有人测绘了等侵蚀线图，从图上可查出 R 值。

土壤可侵蚀性系数 K，其定义是对一块长为 22.13 m，坡度为 9%，经过多年连续种植过的休耕地上每单位降雨系数的侵蚀率。不同的土壤有不同的 K 值，表 6-5 给出了一般土壤 K 的平均值。

表 6-5　土壤可侵蚀性系数(K)

土壤类型	有机质含量		
	<0.5%	2%	4%
砂	0.05	0.03	0.02
细砂	0.16	0.14	0.10
特细砂土	0.42	0.36	0.28
壤性砂土	0.12	0.10	0.08
壤性细砂土	0.24	0.20	0.16
壤性特细的砂土	0.44	0.38	0.30
砂壤土	0.27	0.24	0.19
细砂壤土	0.35	0.30	0.24
很细砂壤土	0.47	0.41	0.33
壤土	0.38	0.34	0.24
粉砂壤土	0.48	0.42	0.33
粉砂	0.60	0.52	0.42
砂性黏壤土	0.27	0.25	0.21
黏壤土	0.28	0.25	0.21
粉砂黏壤土	0.37	0.32	0.26
砂性黏土	0.14	0.13	0.12
粉砂黏土	0.25	0.23	0.19
黏土		0.13	0.29

据美国农业部 Agricultural Research Survice 出版的 Control of Water Pollution from Cropland。

坡度系数为 S 的坡长系数 L 可按下式求算

$$L=(\lambda/72.6)^m \qquad (6\text{-}15)$$

式中 λ 为斜坡长度，m；m 为指数，一般取 0.5，但当坡度大于 10%，采用 0.6，坡度小于 0.5%时，m 减为0.3。

坡度系数 S 按下式计算

$$S=\frac{0.43+0.30S_i+0.043S_i^2}{6.613} \qquad (6\text{-}16)$$

式中 S_i 为坡度，%。

将坡度系数与坡长度放在一起，设 $m=0.5$ 时，则可合并计算

$$LS=(0.00761+0.005375S_i+0.000761S_i^2)\lambda^{1/2} \qquad (6\text{-}17)$$

作物管理系数 C 反映一块土地种植不同庄稼可侵蚀的程度，表 6-6 给出了各种农作物和种植类型的 C 值。

表 6-6 典型的作物管理系数 (C)

作物	种植方式	C
裸土		1.0
草和豆科植物	全年平均	0.004～0.01
苜蓿属植物	全年平均	0.01～0.02
胡枝子	全年平均	0.015～0.025
谷物连作	休耕期清除残根	0.60～0.85
	种子田，残根已经清除	0.70～0.90
	残留生长作物已经清除	0.60～0.85
	残根或残梗已清除	0.25～0.40
	种子田保留残根	0.45～0.75
	保留生长作物残留物	0.25～0.50
棉花连作	未翻耕的休耕地	0.30～0.45
	苗田	0.50～0.80
	生长作物	0.45～055
	残根、残梗	0.20～0.50
青草覆盖	—	0.01
土地被火烧裸	—	1.00
种子与施肥	18～20 个月的建设周期	0.60
种子、施肥与干草覆盖	18～20 个月的建设周期	0.30

实际侵蚀控制系数 P 反映了不同的管理系数，例如：构筑梯田对侵蚀的影响。表6-7列出不同管理技术对 P 值的影响。

表 6-7 实际侵蚀控制系数(P)

实际情况	土地坡度(%)	P	实际情况	土地坡度(%)	P
无措施	—	1.00	直行耕作	—	1.00
等高耕作	1.1～2.0	0.60	隔坡梯田	1.1～2.0	0.45
	2.1～7.0	0.50		2.1～7.0	0.40
	7.1～12.0	0.60		7.1～12.0	0.45
	12.1～18.0	0.80		12.1～18.0	0.60
	18.1～24.0	0.90		18.1～24.0	0.70
等高耕作，带状播种	1.1～2.0	0.45		12.1～18.0	0.60
	2.1～7.0	0.45		18.1～24.0	0.70
	7.1～12.0	0.45			

估算一块在砂壤上开垦出来的草地的年平均侵蚀率。已知：土壤含有机物 2%，坡度为 10%，斜坡长为 150 m，降雨系数 R 为 300，作物沿等高线成行播种。

解：查表 6-5，$K=0.24$；

按公式计算或查坡长与 LS 关系曲线，$LS=1.65$；

查表 6-6，苜蓿项 $C=0.02$；

查表 6-7，$P=0.60$；

则：$E=RKLSCP=300\times0.24\times1.65\times0.02\times0.60=1.43\ \text{t}/(\text{hm}^2\cdot\text{a})$

(4) 污灌残留量预测

拟建项目排放出含各种污染物的废水，用于灌溉时，污染物在土壤中被吸附，被微生物分解。在植物吸收的同时，还可能发生一系列化学变化。此外，地表径流及渗透也将使之迁移。土壤经灌溉几年后，土壤中污染物的累积残留量可表示为

$$W = K(B+R) \tag{6-18}$$

式中 W 为污染物在土壤中的年累积量，mg/kg；B 为区域土壤背景值，mg/kg；R 为土壤污染物年输入量，mg/kg；K 为土壤污染物年残留率，%。

若计算 n 年内土壤污染物的累积量，则有

$$W_n = K_n\{K_{n-1}[\cdots K_2(K_1(B+R_1)+R_2)+\cdots+R_{n-1}]+R_n\}$$

$$= B\cdot K_1\cdot K_2\cdots K_n+R_1\cdot K_1\cdot K_2\cdots K_n+R_2\cdot K_2\cdot K_3\cdots K_n+R_n\cdot K_n$$

当：$K_1=K_2=\cdots K_n=K$

$R_1=R_2=\cdots R_n=R$ 时，

则 $W_n=BK^n+RK^n+RK^{n-1}+RK^{n-2}+\cdots+RK$

$$=BK^n+RK\frac{1-K^n}{1-K} \tag{6-19}$$

由上式可见，K 值对计算结果影响很大，在不同地区，由于土壤特性各异，K 值也不完全相同。因此，不同地区应根据盆栽和小区模拟试验，力求准确地求出残留率。

在土壤污染物输入量难以获得，又缺乏本地区的盆栽试验的情况下，预测土壤中一定年限内污染物的累积量及土壤可污灌的年限可采用下式计算

$$W = N_w\cdot x+W_0 \tag{6-20}$$

$$n=\frac{S_i-W_0}{x} \tag{6-21}$$

$$x=\frac{W_0-B}{N_0} \tag{6-22}$$

式中 W 为预计年限内土壤中污染物的累积量，mg/kg；n 为土壤可污灌（安全）年限；x 为土壤中污染物平均年增量，mg/kg；B 为土壤环境背景值，mg/kg；S_i 为土壤环境

标准，mg/kg；W_0 为土壤污染物当年累积量，mg/kg；N_0 为已污灌的年限；N_w 为预计污灌的年限。

土壤中污染物平均年增量 x，可按下式算得

$$x = QC_i/M \tag{6-23}$$

式中 Q 为污灌水量，L/(hm^2·a)；M 为每亩地耕作层土壤重，kg/hm^2；C_i 为灌溉水中 i 污染物的浓度，mg/L。

由上述公式可知，只要求出 W_0，即可预测土壤环境质量。

(5) 土壤中农药残留量预测

农药输入土壤后，在各种因素作用下，会产生降解或转化，其最终残留量可以按下式计算

$$R = C\exp(-kt) \tag{6-24}$$

式中 R 为农药残留量，mg/kg；C 为农药施用量，mg/kg；k 为降解常数；t 为时间。

从式(6-24)可以看出，连续施用农药，如果农药能不断降解，土壤中的农药累积量有所增加，但达到一定值后便趋于平衡。

假如一次施用农药时，土壤中农药的浓度为 c_0，一年后的残留量为 c，则农药残留率 f 可以用下式表示

$$f = \frac{c}{c_0} \tag{6-25}$$

如果以每年一次的频率连续施用农药时，则农药在土壤中数年后的残留总量又可用下式计算

$$R_n = (1 + f + f^2 + f^3 + \cdots + f^{n+1})c_0 \tag{6-26}$$

式中 R_n 为残留总量，mg/kg；f 为残留率，%；c_0 为一次施用农药在土壤中的平均量，mg/kg；n 为连续施用年数。

当 $n \to \infty$ 时，则

$$R_a = \left(\frac{1}{1-f}\right)c_0 \tag{6-27}$$

式中 R_a 为农药在土壤中达到平衡时的残留量。

(6) 土壤环境容量的计算

某些重金属或难降解污染物(如 Cd，Pb，苯并[a]芘等)在土壤环境中的固定容量按下式计算

$$Q_i = (c_i - B_i) \times 2250 \tag{6-28}$$

式中 Q_i 为土壤中某污染物的固定环境容量，g/hm^2；c_i 为土壤中某污染物的容许含量，[g/t(土壤)]；B_i 为土壤中某污染物的环境背景值，[g/t(土壤)]；2250 为每公顷

土地的表土计算重量，t/hm^2。

从上式可见，在一定区域的土壤及其环境条件之下，B值确定之后，土壤环境容量的大小与土壤临界含量和污染物容许含量密切相关，因而，制定适宜的土壤临界含量极为重要。根据土壤污染的程度，说明土壤达到严重污染的时间，并可从总量控制上提出环境治理、环境管理的途径和措施。

二、土壤影响评价

1. 评价拟建项目对土壤影响的重大性和可接受性

(1) 将影响预测的结果与法规和标准进行比较

1)由拟建项目造成的土壤侵蚀或水土流失明显违反了国家的有关法规。例如，建设矿山造成水土流失十分严重，但水土保持方案不足以显著防治土壤流失，则该项目的负面影响是重大的，在环境保护方面是不可行的。

2)将影响预测值加上背景值后与土壤标准做比较。例如，一个拟建化工厂排放有毒废水使土壤中的重金属含量超过土壤环境质量标准，则可判断该废水的影响是重大的。

3)用分级型土壤指数对土壤的基线值与预测拟建项目影响后算得的两组数值进行比较。如果土质级别降低(例如基线值为轻度污染，受影响后为中度污染)，则表明该项目的影响是重大的；如果仍维持轻度污染，则表示影响不显著。

(2) 与当地历史上已有污染源和(或)土壤侵蚀源进行比较

请专家判断拟建项目所造成新的污染和增加侵蚀程度的影响的重大性。例如，土壤专家一般认为在现有的土壤侵蚀条件下，如果一个大型工程的兴建将使侵蚀率提高的值不大于 $11\ t/hm^2 \cdot a$，则是允许的。但在做这类判断时，必须考虑区域内多个项目的累积效应。

(3) 拟建项目环境可行性的确定

根据土壤环境影响预测与影响重大性的分析，指出工程在建设过程和投产后可能遭到污染或破坏的土壤面积和经济损失状况。通过费用—效益分析和环境整体性考虑，判断土壤环境影响的可接受性，由此确定该拟建项目的环境可行性。

2. 避免、消除和减轻负面影响的对策

(1) 提出拟建工程应采用的控制土壤污染源的措施

1)工业建设项目应首先通过清洁生产或废物最少化措施减少或消除废水、废气和废渣的排放量，同时在生产中不用或少用在土壤中易累积的化学原料。其次是采取排污管终端治理方法，控制废水和废气中污染物的浓度，保证不造成土壤的重金属和持久性的危险有机化学品(如多环芳烃、有机氯、石油类等)的累积。

2) 危险性废物堆放场和城市垃圾等固体废物填埋场应有严格的隔水层设计、施

工，确保工程质量，使渗漏液影响减至最小；同时做好渗漏液收集和处理工程，防止土壤和地下水污染。

3）提出针对受污染影响的土壤的监测方案，作为受拟建工程影响的土壤环境管理的依据。

（2）提出防止和控制土壤侵蚀的对策

1）对于在施工期破坏植被、造成裸土的地块应及时覆盖砂、石和种植速生草种并进行经常性管理，以减少土壤侵蚀。

2）对于农副业建设项目，应通过休耕、轮作以减少土壤侵蚀；对于牧区建设，应降低过度放牧，保持草场的可持续利用。

3）在施工中开挖出的弃土应堆置在安全的场地上，防止侵蚀和流失；如果弃土中含污染物，应防止流失，污染下层土壤和附近河流；在工程完工后，这些弃土应尽可能返回原地。

4）加强土壤与作物或植物的监测和管理。在建设项目周围地区加快森林和植被的生长。

（3）方案选址

任何开发行动或拟建项目必须有多个选址方案，应从整体布局上进行比较，从中选择出对土壤环境的负面影响较小的方案。

第七章　生态环境影响评价

第一节　生态环境影响评价基本概念

一、环境影响评价

环境影响评价是指对可能影响环境的开发建设项目，在动工兴建之前对环境可能造成的影响进行调查、预测和评估、并在此基础上提出合理的防治措施。生态环境评价一般又可分为生态环境质量评价和生态环境影响评价。

二、生态环境质量评价

生态环境质量评价主要考虑生态系统属性信息，是根据选定的指标体系，运用综合评价的方法评定某区域生态环境的优劣，作为环境现状评价或环境影响评价的参考标准，或为环境规划和环境建设提供基本依据。例如，野生生物种群状况、自然保护区的保护价值、栖息地适宜性与重要性评价等，都属于生态环境质量评价。生态环境质量评价还可用于资源评价中。生态环境评价一般包括资源评价在内。

三、生态环境影响评价

关于生态环境影响评价的概念，不同的学者有不同的观点。有的学者称之为“非污染生态影响评价”，是对开发建设项目在建设和运行过程中对生态系统造成的非污染性影响进行评价。有的学者认为，“生态环境影响评价是对人类开发建设活动可能导致的生态环境影响进行分析和预测，并提出减少影响或改善生态环境的策略和措施”。随着我国环境影响评价对象范围的扩大，生态环境影响评价应定义为：对一切对环境有影响的政府政策、规划、开发建设项目可能导致的生态环境影响进行分析与预测，并提出减少影响或改善生态环境的策略和措施。

生态环境影响评价的基本对象是生态系统，即评价生态系统在外力作用下的动态变化。

第二节 生态环境影响评价识别与工作等级

生态环境影响因素识别的目的是明确主要影响因素，受影响的主要生态系统和生态因子，从中筛选出评价工作的重点内容。影响识别包括影响因素识别、影响对象识别、影响性质和程度识别。

一、影响因素识别

影响因素的识别，主要是识别影响主体，即开发建设项目的识别。目的是明确主要作用因素，识别内容包括以下四个方面。

(1) 作用主体，包括主工期和所有辅助工程。

(2) 项目实施的时间，包括设计期、施工期、运营期以及死亡期的影响识别。

(3) 在项目空间上，识别集中建设地和分散地影响点。

(4) 在影响地方式上，识别长期作用和短期作用、物理作用和化学作用等。

二、影响对象识别

影响对象识别主要是影响受体即主要受影响地生态系统和生态因子的识别。影响识别的方法及其表达可采用列表清单法、矩阵法。识别的内容包括以下四个方面。

(1) 对生态系统组成要素的影响，如组成生态系统的生物因子和非生物因子；

(2) 敏感生态保护目标，如水源地、水源林、风景名胜区、珍稀濒危动植物、特别生境、脆弱生态系统等；

(3) 地方要求的特别生态保护目标，如自然古迹、特产地等；

(4) 生态环境的完整度或破碎化、边缘化、退化状况及其演化趋势，外来入侵物种的入侵现状。

三、影响效应识别

影响效应识别主要是识别影响作用产生的生态效应，即影响后果与程度识别。主要内容包括以下三个方面。

(1) 影响的性质，如是正影响还是负影响，是可逆影响还是不可逆影响，可否恢复和补偿，是积累影响还是非积累影响；

(2) 影响的程度，如影响的范围大小，持续时间的长短，影响发生的剧烈程度等。

(3) 影响的可能性，判别直接影响和间接影响，发生之可能性大或小。

四、生态环境影响评价等级和范围

1. 评价范围

生态环境影响评价的范围主要根据平均区域与周边环境的生物与生态的多样性及完整性确定。生态环境影响评价的范围应该包括：

(1) 直接作用区，指生态系统可能受到拟建项目各种活动的直接影响的区域；

(2) 间接作用区，指与污染物环境输运、食物链转移或洄游有关的间接影响区域；

(3) 对照区，为了对比和提供某些背景资料而选择的与评价区自然生态条件相似的其他地区。

而生态系统结构的完整性，运行特点和生态环境功能都是在较大的时空范围内才能完全和清晰地表现出来，因此生态环境影响评价的时空范围宜大不宜小。

2. 评价等级

根据评价项目对生态影响的程度和影响范围的大小，将生态影响评价工作等级划分为1,2,3级(表7-1)。

表7-1　生态影响评价工作等级划分

主要生态影响及其变化程度 \ 工作影响范围	>50 km^2	20～50 km^2	<20 km^2
生物群落			
生物量减少(<50%)	2	3	—
生物量锐减(≥50%)	1	2	3
异质性程度降低	2	3	—
相对同质	1	2	3
物种的多样性减少(<50%)	2	3	—
物种的多样性锐减(≥50%)	1	2	3
珍稀濒危物种消失	1	1	1
区域环境			
绿地数量减少，分布不均，连通程度变差	2	3	—
绿地减少1/2以上，分布不均，连通程度极差	1	2	3
水和土地			
荒漠化	1	2	3
理化性质改变	2	3	—
理化性质恶化	1	2	3
敏感地区	1	1	1

3. 生态环境影响评价的基本工作程序(见图 7-1)

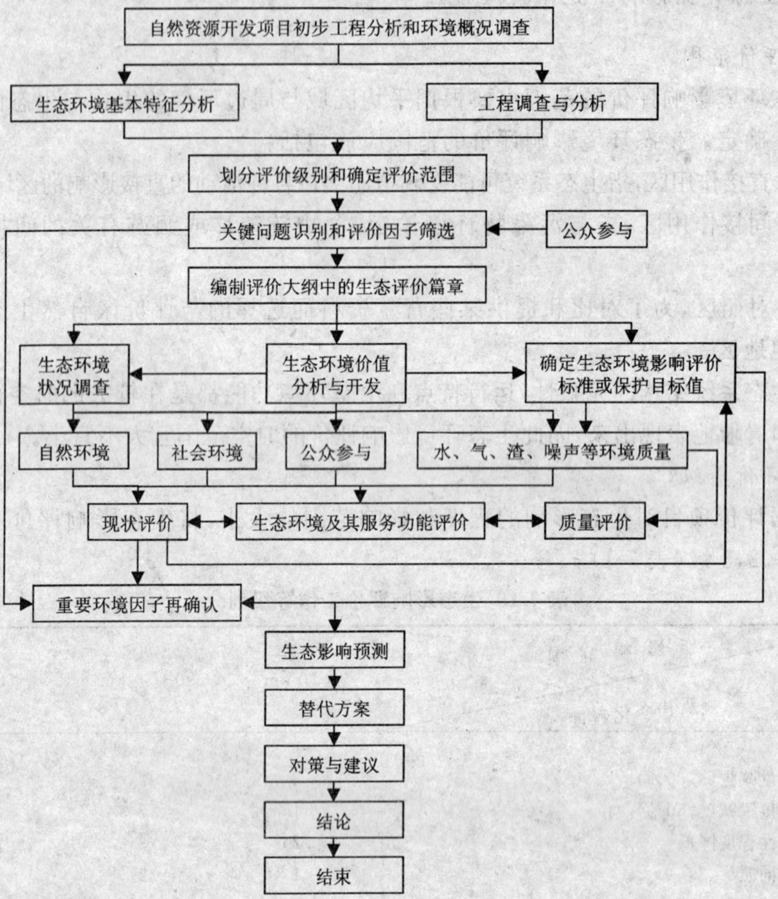

图 7-1　生态环境影响评价的基本工作程序

第三节　生态环境现状调查与评价

一、生态环境现状调查

生态环境现状调查是实施生态环境影响评价的基础性工作。生态系统的地域性特征决定了细致周详的生态环境调查是必不可少的工作步骤。生态环境现状调查也要遵循生态体系完整性原则,人与自然控制共生原则和突出重点原则。生态环境调查的内容包括自然环境调查和社会经济状况调查。

1. 调查内容

(1)生态系统调查:包括动植物特别是珍稀或濒危物种的种类、数量、分布、生活习性,生长、繁殖和迁移行为的规律;生态系统的类型、特点、结构及环境服务功能;与其他环境因素关系等及生态限定因素。

(2)区域社会经济状况调查:包括人类干扰程度,如果评价区存在其他污染型工、农业,或具有某些特殊地质化学特征时,还应该调查有关的污染源或化学物质的含量水平。

(3)区域敏感保护目标调查:即调查地方性敏感保护目标及其环保要求。

(4)区域可持续发展规划,环境规划调查。

(5)区域生态环境历史变迁情况,主要生态环境问题及自然灾害等。

2. 调查方法

(1)收集现有资料。包括生物物种清单和动物群落,植物区系及土壤类型地图等形式的资料;从地区环保部门和环境影响报告书中收集有关环评区的污染源、生态系统污染水平的调查资料、数据。

(2)收集各级政府部门有关自然资源、自然保护区、珍稀和濒危物种保护的规定,环境保护规划及国内国际确认的有特殊意义的栖息地和珍稀、濒危物种等资料,并收集国际有关规定等资料。

(3)现场调查。生态环境影响评价需要进行评价区现场调查取得实际的资料和数据。

二、基本概念和术语

(1)生态环境质量指数

反映被评价区域生态环境质量状况,数值范围 0~100。

(2)生物丰度指数

指通过单位面积上不同生态系统类型在生物物种数量上的差异,间接地反映被评价区域内生物丰度的丰贫程度。

(3)植被覆盖指数

指被评价区域内林地、草地、农田、建设用地和未利用地五种类型的面积占被评价区域面积的比重,用于反映被评价区域植被覆盖的程度。

(4)水网密度指数

指被评价区域内河流总长度、水域面积和水资源量占被评价区域面积的比重,用于反映被评价区域水的丰富程度。

(5)土地退化指数

指被评价区域内风蚀、水蚀、重力侵蚀、冻融侵蚀和工程侵蚀的面积占被评价区域面积的比重，用于反映被评价区域内土地退化程度。

(6)环境质量指数

指被评价区域内受纳污染物负荷，用于反映评价区域所承受的环境污染压力。

(7)林地

指生长乔木、灌木、竹类等的林业用地。包括有林地、灌木林地、疏林地和其他林地。单位：km^2。数据来源：遥感更新。

(8)有林地

指郁闭度大于30%的天然林和人工林，包括用材林、经济林、防护林等成片林地。单位：km^2。数据来源：遥感更新。

(9)灌木林地

指郁闭度大于40%、高度在2 m以下的矮林地和灌丛林地。单位：km^2。数据来源：遥感更新。

(10)疏林地

指郁闭度为10%～30%的稀疏林地。单位：km^2。数据来源：遥感更新。

(11)其他林地

包括果园、桑园、茶园等在内的其他林地。单位：km^2。数据来源：遥感更新。

(12)草地

指以生长草本植物为主，覆盖度在5%以上的各类草地，包括以牧为主的灌丛草地和郁闭度在10%以下的疏林草地。单位：km^2。数据来源：遥感更新。

(13)高覆盖度草地

指覆盖度大于50%的天然草地、改良草地和割草地，此类草地一般水分条件较好，草被生长茂密。单位：km^2。数据来源：遥感更新。

(14)中覆盖度草地

指覆盖度为20%～50%的天然草地和改良草地，此类草地一般水分不足，草被较稀疏。单位：km^2。数据来源：遥感更新。

(15)低覆盖度草地

指覆盖度为5%～20%的天然草地，此类草地水分缺乏，草被稀疏，牧业利用条件较差。单位：km^2。数据来源：遥感更新。

(16)耕地

指耕种农作物的土地，包括熟耕地、新开荒地、休闲地、轮歇地、草田轮作地；以种植农作物为主的农果、农桑、农林用地；耕种三年以上的滩地和滩涂。单位：km^2。数据来源：遥感更新。

(17)水田

指有水源保证和灌溉设施，在一般年景能正常灌溉，种植水稻、莲藕等水生作物的耕地，包括实行水稻和旱地轮种的耕地。单位：km^2。数据来源：遥感更新。

(18)旱地

指无灌溉水源和设施，靠天然降水生长作物的耕地；有水源和浇灌设施，在一般年景能正常灌溉的旱作物耕地；以种菜为主的耕地，正常轮作的休闲地和轮歇地。单位：km^2。数据来源：遥感更新。

(19)水域湿地

指天然陆地水域和水利设施用地，包括河渠、水库、坑塘、海涂和滩地。单位：km^2。数据来源：遥感更新。

(20)河流(渠)

天然或人工形成的线状水体。单位：km^2。数据来源：遥感更新。

(21)湖泊(库)

天然或人工作用下形成的面状水体。包括天然湖泊和人工水库两类。单位：km^2。数据来源：遥感更新。

(22)滩涂湿地

指受潮汐影响比较大海边潮间带水分条件比较好的土地，或河、湖水域平水期水位与洪水期水位之间的土地。单位：km^2。数据来源：遥感更新。

(23)建设用地

指城乡居民点及县辖以外的工矿、交通等用地。单位：km^2。数据来源：遥感更新。

(24)城镇建设用地

指大、中、小城市及县镇以上建成区用地。单位：km^2。数据来源：遥感更新。

(25)农村居民点

指农村居民点。单位：km^2。数据来源：遥感更新。

(26)其他建设用地

指独立于城镇以外的厂矿、大型工业区、采石场，以及交通道路、机场及特殊用地。单位：km^2。数据来源：遥感更新。

(27)未利用地

为未利用的土地，包括难利用的土地或植被覆盖度小于5%的土地。单位：km^2。数据来源：遥感更新。

(28)沙地

指地表为沙覆盖，植被覆盖度小于5%的土地，包括沙漠，不包括水系中的沙滩。单位：km^2。数据来源：遥感更新。

(29)盐碱地

指地表盐碱聚集，植被稀少，只能生长耐盐碱植物的土地。单位：km^2。数据来源：遥感更新。

(30)裸土地

指地表土质覆盖，植被覆盖度在5%以下的土地。单位：km^2。数据来源：遥感更新。

(31)裸岩石砾

指地表为岩石或石砾，植被覆盖度小于5%的土地。单位：km^2。数据来源：遥感更新。

(32)其他未利用地

指其他未利用土地，包括高寒荒漠、苔原、戈壁等。

(33)河流长度

特指是空间分辨率30 m×30 m的遥感影像能够分辨的1∶25万水系图上的天然形成或人工开挖的河流及主干渠长度。单位：km。数据来源：遥感更新和国家地理中心1∶25万基础地理数据。

(34)近岸海域面积

海岸线以外2 km海洋区域。单位：km^2。数据来源：遥感更新。

(35)土地轻度侵蚀

评价区域内受自然营力（风力、水力、重力及冻融等）和人类活动综合作用下，土壤侵蚀模数≤2500 t/(km^2·a)，平均流失厚度≤1.9 mm/a的区域。单位：km^2。数据来源：地面监测与遥感更新相结合。

(36)土地中度侵蚀

指评价区域内受自然营力（风力、水力、重力及冻融等）和人类活动综合作用下，土壤侵蚀模数在2500～5000 t/(km^2·a)之间，平均流失厚度在1.9～3.7 mm/a之间的区域。单位：km^2。数据来源：地面监测与遥感更新相结合。

(37)土地重度侵蚀

指评价区域内受自然营力（风力、水力、重力及冻融等）和人类活动综合作用下，土壤侵蚀模数>5000 t/(km^2·a)，平均流失厚度>3.7 mm/a的区域。单位：km^2。数据来源：地面监测与遥感更新相结合。

(38)水资源量

指被评价区域内地表水资源量和地下水资源量的总量。单位：Mm^3。数据来源：统计数据。

(39)二氧化硫年排放量

指被评价区域内每年由于工业生产、居民生活和交通工具等产生并排放的二氧化硫总量。单位：t。数据来源：环境统计年报。

(40)COD年排放量

指被评价区域内每年由于工业生产、居民生活等产生并排放的化学需氧量(COD)总量。单位:t。数据来源:环境统计年报。

(41)固体废物年排放量

指被评价区域内每年由于工业生产产生并排放的固体废物总量。单位:t。数据来源:环境统计年报。

(42)降水量

指被评价区域内年度降水总量。单位:mm。数据来源:统计数据。

(43)归一化系数

归一化系数$=100/A_{最大值}$。$A_{最大值}$指某指数归一化处理前的最大值。

三、生态环境现状评价

生态环境现状评价与影响评价的内容根据建设项目的影响和环境特点而有不同,一般包括对生态系统的生物成分(生物种、种群、群落等)和非生物成分(水分、土壤等)的评价,即生态系统因子层次上的状况评价;生态系统整体结构与环境功能的评价;区域生态环境问题以及自然资源的评价等。

1. 生态环境现状评价一般要求

生态环境现状评价一般需阐明生态系统的类型、基本结构和特点,评价区内居优势的生态系统及其环境功能;域内自然资源赋存和优势资源及其利用状况;阐明域内不同生态系统间的相关关系(空间布局、物流等)及连通情况,各生态因子间的相关关系(注意食物链关系);明确区域生态系统主要约束条件(限制生态系统的主要因子)以及所研究的生态系统的特殊性。另外,现状评价还需要阐明评价的生态环境目前所受到的主要压力、威胁和存在的主要问题等。

2. 生态环境评价方法

生态系统评价方法大致可以分作两种类型。一种是作为生态系统质量的评价方法,主要考虑的是生态系统属性的信息,较少考虑其他方面的意义。例如早期的生态系统评价就是着眼于某些野生生物物种或自然区的保护价值,指出某个地区野生动、植物的种类、数量、现状,有哪些外界(自然的、人为的)压力,根据这些信息提出保护措施建议。现在关于自然保护区的选址、管理也属于这种类型。另一种评价方法是从社会—经济的观点评价生态系统。估计人类社会对自然环境的影响,评价人类社会经济活动所引起的生态系统结构、功能的改变及其改变程度,提出保护生态系统和补救生态系统损失的措施。目的在于保证社会经济持续发展的同时保护生态系统免受或少受有害影响。两类方法的基本原理相同,但由于影响因子和评价目的不同,评价的内容和侧重点不同,方法的复杂程度也不尽相同。

目前,生态环境评价方法尚处于研究和探索阶段。大部分评价采用定性描述和定量分析相结合的方法进行，而且许多定量方法仍由于不同程度地参与了人为的主观因素而增加了其不确定性。因此对生态环境影响评价来说，起决定作用的是对评价的对象(生态系统)有透彻的了解，大量而充实的现场调查和资料收集工作，以及由表及里，由浅入深的分析工作，在于对问题的全面了解和深入认识。

四、一般评价指标及计算方法

1. 生物丰度指数的权重及计算方法

(1)权重

生物丰度指数分权重见表 7-2。

表 7-2 生物丰度指数分权重

	林地			草地			水域湿地			耕地		建筑用地			未利用地		
权重	0.35			0.21			0.28			0.11		0.04			0.01		
结构类型	有林地	灌木林地	疏林地和其他林地	高覆盖度草地	中覆盖度草地	低覆盖度草地	河流	湖泊或水库 裸岩石砾	滩涂湿地	水田	旱地	城镇建设用地	农村居民点	其他建设用地	沙地	盐碱地	裸土地
分权重	0.6	0.25	0.15	0.6	0.3	0.1	0.1	0.3	0.6	0.6	0.4	0.3	0.4	0.3	0.2	0.3	0.3

(2)计算方法

生物丰度指数＝A_{bio}×(0.35×林地＋0.21×草地＋0.28×水域湿地＋0.11×耕地＋0.04×建设用地＋0.01×未利用地)/区域面积

式中 A_{bio} 为生物丰度指数的归一化系数。

2. 植被覆盖指数的权重及计算方法

(1)权重

植被覆盖指数的分权重见表 7-3。

表 7-3 植被覆盖指数分权重

	林地			草地			农田		建筑用地			未利用地			
权重	0.38			0.34			0.19		0.07			0.02			
结构类型	有林地	灌木林地	疏林地和其他林地	高覆盖度草地	中覆盖度草地	低覆盖度草地	水田	旱地	城镇建设用地	农村居民点	其他建设用地	沙地	盐碱地	裸土地	裸岩石砾
分权重	0.6	0.25	0.15	0.6	0.3	0.1	0.7	0.3	0.3	0.4	0.3	0.2	0.3	0.3	0.2

(2)计算方法

植被覆盖指数＝A_{veg}×(0.38×林地面积＋0.34×草地面积＋0.19×耕地面积＋0.07×建设用地＋0.02×未利用地)/区域面积

式中A_{veg}为植被覆盖指数的归一化系数。

3. 水网密度指数计算方法

水网密度指数＝A_{riv}×河流长度/区域面积＋A_{lak}×湖库(近海)面积/区域面积＋A_{res}×水资源量/区域面积

式中A_{riv}为河流长度的归一化系数；A_{lak}为湖库面积的归一化系数；A_{res}为水资源量的归一化系数。

4. 土地退化指数的权重及计算方法

(1)权重

土地退化指数分权重见表7-4。

表7-4 土地退化指数分权重

土地退化类型	轻度侵蚀	中度侵蚀	重度侵蚀
权重	0.05	0.25	0.7

(2)计算方法

土地退化指数＝A_{ero}×(0.05×轻度侵蚀面积＋0.25×中度侵蚀面积＋0.7×重度侵蚀面积)/区域面积

式中A_{ero}为土地退化指数的归一化系数。

5. 环境质量指数的权重及计算方法

(1)权重

环境质量指数的分权重见表7-5。

表7-5 环境质量指数分权重

类　型	二氧化硫(SO_2)	化学需氧量(COD)	固体废物
权重	0.4	0.4	0.2

(2)计算方法

环境质量指数＝0.4×(100－A_{SO_2}×SO_2排放量/区域面积)＋0.4×(100－A_{COD}×COD排放量/区域年均降雨量)＋0.2×(100－A_{sol}×固体废物排放量/区域面积)

式中A_{SO_2}为SO_2的归一化系数；A_{COD}为COD的归一化系数；A_{sol}，固体废物的归一化系数。

6. 生态环境状况指数(Ecological Index，*EI*)计算方法

(1)各项评价指标权重

各项评价指标权重，见表 7-6。

表 7-6 各项评价指标权重

指　标	生物丰度指数	植被覆盖指数	水网密度指数	土地退化指数	环境质量指数
权重	0.25	0.2	0.2	0.2	0.15

(2)*EI* 计算方法

EI＝0.25×生物丰度指数＋0.2×植被覆盖指数＋0.2×水网密度指数＋0.2×土地退化指数＋0.15×环境质量指数

7. 生态环境状况分级

根据生态环境状况指数，将生态环境分为五级，即优、良、一般、较差和差，见表 7-7。

表 7-7 生态环境状况分级

级别	优	良	一般	较差	差
指数	$EI \geqslant 75$	$55 \leqslant EI < 75$	$35 \leqslant EI < 55$	$20 \leqslant EI < 35$	$EI < 20$
状态	植被覆盖度高，生物多样性丰富，生态系统稳定，最适合人类生存。	植被覆盖度较高，生物多样性较丰富，基本适合人类生存。	植被覆盖度中等，生物多样性一般水平，较适合人类生存，但有不适人类生存的制约性因子出现。	植被覆盖较差，严重干旱少雨，物种较少，存在着明显限制人类生存的因素。	条件较恶劣，人类生存环境恶劣。

8. 生态环境状况变化幅度分级

生态环境状况变化幅度分为 4 级，即无明显变化、略有变化(好或差)、明显变化(好或差)、显著变化(好或差)，见表 7-8。

表 7-8 生态环境状况变化度分级

级别	无明显变化	略有变化	明显变化	显著变化
变化值	$\lvert\Delta EI\rvert \leqslant 2$	$2 < \lvert\Delta EI\rvert \leqslant 5$	$5 < \lvert\Delta EI\rvert \leqslant 10$	$\lvert\Delta EI\rvert > 10$
描述	生态环境状况无明显变化。	如果 $2 < \Delta EI \leqslant 5$，则生态环境状况略微变好；如果 $-2 > \Delta EI \geqslant -5$，则生态环境状况略微变差。	如果 $5 < \Delta EI \leqslant 10$，则生态环境状况明显变好；如果 $-5 > \Delta EI \geqslant -10$，则生态环境状况明显变差。	如果 $\Delta EI > 10$，则生态环境状况显著变好；如果 $\Delta EI < -10$，则生态环境状况显著变差。

五、物种评价

当拟建项目的作用区内存在某些具有独特意义的物种而要确定保护价值时要进行物种评价。最简单的方法是根据普遍公认的准则，在调查的基础上，列出评价区内应该保护的物种清单，并进行优先保护顺序的排序。

1. 确定评价依据或指标

以下几类野生生物一般认为具有较大保护价值(Moore,1969):①已经知道具有经济价值的物种;②对于研究人类和行为学(behaviour)有意义的物种(如人猿);③有助于进化科学研究的物种(如活化石);④能给人以某种美的享受的物种;⑤有利于研究种群生态学的物种;⑥已经广泛研究并有文件规定属于保护对象的物种;⑦某些正在把自己从原来的生存范围内向其他类型栖息地延伸、扩展的物种。

2. 保护价值评价与优先排序

自然资源保护的决策要求对物种或栖息地的评价即使不能定量化,也要给出一种保护价值的优先排序,下面是按此要求提出的评价方案。

(1) Perring 和 Farrell 根据英国自然资源保护委员会(NCC)生物记录中心(BRC)评价野生植物种群的方法,用一个"危险序数"来表达物种的保护价值,计算步骤如下。

1)对物种的下列特征确定价值:

(a) 物种在 10 年观察期间的退化速率

0 退化率<33%

1 退化率在 33%~66%

2 退化率>66%

(b) 生物记录中心已知的该物种存在地方数(可能生境数)

0 >16 个地方

1 10~15 个地方

2 6~9 个地方

3 3~5 个地方

4 1~2 个地方

(c) 对物种诱惑力的主观估计

0 没有诱惑力

1 具有中等程度诱惑力

2 具有高度诱惑力

(d) 物种"保护指数"—— 该物种所在地占自然区面积的百分比(%)

0 占自然区面积的 66%以上

1 占自然区面积的 33%~66%

2 占自然区面积的 33%以下

3 占自然区面积的 33%以下,而且属于非常危险的地区

(e) 遥远性——人类抵达该物种所在地的难易程度

0 不易抵达

1　中等程度容易抵达

2　容易抵达

(f) 易接近性——人类一旦抵达该物种所在地后，接近该物种的难易程度

0　不易接近

1　中等程度容易接近

2　容易接近

2)按下式计算“危险序数 TN”

$$TN = a + b + c + d + e + f$$

所得“危险序数”的最大值是 15，和 IUCN 的分类结果相对应：$TN=7\sim11$ 时属脆弱类，$TN>12$ 属濒危类。

(2)Helliwell(1974)根据物种存在的相对频率推定物种的“保护价值”。其优点是比较客观，而且同时考虑了该物种在局部地区和在全国范围内的丰度。将各个物种的“保护价值”相加即可产生一个栖息地、一个生态系统或者一个地区的物种保护价值。方法的缺点是没有考虑物种的环境因素和潜在动态变化。“保护价值”的计算步骤如下。

1)准备评价区植物物种清单

2)指定物种的相对频率值 P，按对数进位分为 6 级：$0=n$ 个植物(在评价区内很稀少)；$1=10\ n$ 个植物；$2=100\ n$ 个植物；$3=1000\ n$ 个植物；$4=10000\ n$ 个植物；$5=100000\ n$ 个植物(普遍存在于评价区内)。

3)以英国植物区系地图中物种在以 10 km^2 网格为单元的不列颠诸岛中出现的频率(%)作为该物种的“国家价值”(NV)。

4)以物种在评价中心区(例如取 80 个网格单元)出现的频率(%)作为该物种的“地区价值”(RV)。

5)根据一个经验表将%转换为每个物种的国家和地区水平的“稀有价值”NRV 和 RRV(例如 0.1%给出的稀有价值为 398，1%为 363，10%为 150，50%为 6.8，100%为 1.0)。

6)按一个相关式计算“保护价值”

$$\text{保护价值} = P^{0.36}(RRV + NRV)$$

(式中 0.36 是来自：相对价值＝稀有指数×面积百分率)

(3)有些国家试图用货币单位评价动、植物物种或生物群落的价值。如 Helliwell(1973)提出一个给英国野生生物资源指定概念货币价值的例子。估价的依据是物种的丰度、显著性和物资价值等。几种因子的分数相乘，再乘以 10000，给出其“近似价值”。这种方法对于某些情况可能有可取之处，但主观成分不可避免，不如以生态学和生物学原理评价合理。

六、群落评价

群落评价的目的是确定需要确定特别保护的种群及其环境。一般采用定性描述的方法。对于个别珍稀而有经济价值的物种须进行重点评价。

1. 群落保护类型评价例。对某项工程拟建场址 3 km 范围内不同栖息地(水体、废料堆、农田、草原、洼地森林)的主要哺乳动物按照丰度定为以下四类。

A——丰富类,当人们在适当季节来栖息地视察时,每次看到的数量都很多。

C——普遍类,人们在适当的季节来访时,几乎每次都可以看到中等数量。

U——非普遍类,偶尔看到。

S——特殊关心类,珍稀的或者可能被管理部门列为濒危类的物种。

对 3 km 范围内的哺乳动物、鸟类、两栖类和爬行动物按其处境的危险程度分为如下几类。

E 类——濒灭类,有成为灭绝物种可能的。

T 类——濒危类,物种的种群已经衰退,要求保护以防物种遭受危险。

S 类——特殊类,局限于在极不平常的栖息地的物种,要特殊的管理以维持栖息地的完整和栖息地上的物种。

B 类——有特别法律监督控制和保护的毛皮动物。

为了便于计划者、项目的设计者和管理者理解和应用,特别是为了替代方案的比较选择,环境影响评价中可对栖息地、群落评价采用半定量的优化排序的方法。普遍做法是给各个生态特征因子打分,并按其在生态系统的结构、功能中的相对重要性确定权重因子,最后计算总分作为评价区生态系统相对价值的判定依据。

2. 植物群落环境功能评价例。Gehlbach(1975)对植物群落保护价值评价方法中,对社会因素中人为影响因素给予了较大的权重。其步骤如下:

(1)列出群落的物种效能:继承价值、教育效能、物种意义、群落代表性、人类影响,按其相对重要性依次确定权重因子为 1、2、3、4、5,各种效能再按程度依次打分。

1)继承价值

晚期枯萎	1
预盛状态	2

2)教育效能

具有 1 种特征	1
具有 2 种特征	2
具有 3 种以上特征	3

3)物种意义

边缘种、杂种	1

珍稀的、残余的或地方特有的物种	2
濒危物种	3
4)群落代表性	
有两种或两种以上群落类型	1
群落或优势群落类型对保护系统具有新奇性	2
地方化的、残余的或新奇的群落类型	3
5)人类影响	
有影响的可能,但不紧迫	1
影响已在计划之中	2
影响已在计划之中,但通过有效管理尚可挽救	3

(2)计算自然区分数,用效能特征权重因子乘植物群落环境功能分级分,将各乘积相加得评价区总分,以所得总分作为保护价值优化排序的依据。

第四节　生态环境影响预测与评价

一、生态环境影响预测与评价一般认识

生态环境影响是指生态系统受到外来作用时所发生的响应与变化。科学的分析和预估这种响应和变化的趋势,称之为影响预测。对这种预测的结果进行显著性分析、人为地判别可否接受的过程,称作影响评价。

生态环境通常是一个从量变到质变的过程,显示累积性影响特点,即生态系统在某种外力压力作用下,其变化起初是不显著的,或者不为人们所觉察与认识,但当这种变化发生到一定程度时,就突然地、显著地和以出乎常人意料的结果显示出来。例如,草原退化是渐进的,缓慢的,但当退化到一定程度时,就以沙漠化或沙尘暴的形式表现出来。森林砍伐也是一个逐步推进的过程,其环境服务功能的削弱是渐进的,直到有一天一场大雨和暴雨降临,山洪突然间汹涌而下,人们才会感受到森林砍伐的生态环境后果。

生态环境影响也常具有区域性或流域性特点,即一地发生的生态恶化会影响其他地区。沙尘暴是大范围影响的灾害,土壤侵蚀发生地沙尘甚至可漂洋过海,降落在异国他乡。河流上一座小水坝,湖泊口一座拦门闸,其影响往往是全流域的,不仅洄游性水生生物受到影响,其他水生生物也因流态规律改变而受到影响。由于影响面大,许多次类影响也具有战略性影响性质。

生态环境影响又是高度相关和综合性的。这与生态因子间的复杂联系密切相

关。例如,河流上修水库,不仅水库对外环境有重要影响,而且外环境对水库也有重要影响。上游的污染源会使水库水质恶化,上游流域的水土流失会增加水库的淤积,而水土流失又与植被覆盖紧密联系,所以水库区的森林与水、陆地与河流是高度相关的。此外,生态环境动态与自然资源的开发利用息息相关,所以生态环境不仅涉及自然问题,还常常涉及社会和经济问题。

由于有上述特点,环境生态影响也就具有了整体性特点,即不管影响到生态系统的什么因子,其影响效应是系统整体性的。

二、生态环境影响预测

生态环境影响预测就是以科学的方法推断生态环境在某种外来作用下所发生的响应过程、发展趋势和最终结果,揭示事物的客观本质和规律。

1. 影响预测内容

影响预测内容主要有两方面:不利生态影响和有利生态影响。如自然资源开发项目对区域生态环境(主要包括对土地、植被、水文和珍稀濒危动植物等生态因子)影响的预测内容包括两方面:一是不利生态影响,如土壤侵蚀、水土流失、栖息地面积或数量减少、动植物数量减少或灭绝;二是有利生态影响,如自然保护区的保持、增加有益物种,增加生物多样性等。

2. 影响预测方法和技术要点

生态环境影响预测方法依据要解决的问题、拥有的专业知识和技术手段而有不同的选择。《环境影响评价技术导则——非污染生态影响》(HJ/T-19-1997)推荐了许多使用方法都是进行自然生态影响评价的常用方法。

在进行生态环境影响预测和分析时,须注意如下问题。

(1) 持生态整体性观念,切忌割裂整体性作“点”或“片段”分析。

(2) 持生态系统为开放性系统观,切忌把自然保护区当作封闭系统分析影响。

(3) 持生态系统为地域差异性系统观,切忌以一般的普遍规律推断特殊地域的特殊性。

(4) 持生态系统为动态变化的系统观,切忌用一成不变的观念和过时资料为依据作主观推断。

(5) 做好深入细致的工程分析,要做到把全部工程活动都纳入分析;把工程活动的全过程都纳入分析;把各种不同的影响形式、内容都纳入分析,筛选重点影响问题作深入分析与研究。

(6) 做好敏感保护目标的影响分析,要做到对敏感保护目标逐一进行影响分析,并结合上述的工程分析内容作全部活动、全过程和所有影响形式的影响分析;针对敏感保护目标的性质、保护要求作好影响分析。

(7) 正确处理依法评价影响和科学评价影响的问题。建设项目的环境影响评价主要解决两类问题：一是贯彻执行环保政策与法规，将建设项目的影响限定在法规允许的范围内；二是科学的预测实际发生的影响。有时，建设项目能满足法规要求，但不一定实际影响是可以接受的。例如，可以通过调整自然保护区的功能区而解决建设项目不符合法规的问题，但“调整”并不等于消除了实际影响问题。科学的预测实际发生的生态环境影响是环境影响评价的真谛。

(8) 正确处理一般评价和生态环境影响特殊性问题。一般评价比较重视直接影响而忽视甚至否认间接影响，重视显现性而忽视潜在影响，重视局地影响而忽视区域性影响，重视单因子影响而忽视综合性影响。生态环境影响分析中应充分重视间接性的、潜在的、区域的和综合性的影响。

三、生态环境影响评价

生态环境影响评价是指对某种生态环境的影响是否显著、严重以及可否为社会和生态接受进行的判断。生态环境影响评价指对生态环境现状进行调查与评价，对其影响进行预测与评价，对其保护措施进行经济技术论证的过程，也可指评价过程。

1. 生态环境影响评价的目的

对科学预测的生态环境影响进行评价的目的主要是：

(1) 评价影响的性质和影响程度、影响的显著性，以决定行止；

(2) 评价生态影响的敏感性和主要受影响的保护目标，以决定保护的优先性；

(3) 评价资源和社会价值的得失，以决定取舍。

2. 生态环境影响评价的指标

对科学预测的生态环境影响进行评价时，可采用下述指标和基准：

(1) 生态学评估指标与基准

在生态学评估中，避免物种濒危和灭绝是一条基本原则，相应地可形成灭绝风险、种群活力、最小可存活种群、有效种群、最小生境区等评估指标和技术，也可评估出最重要生境区、最重要生态系统等以及需要优先保护地生态系统、生境和生物种群。生态学评估是一种客观科学的评估，反映影响的真实性，也是最重要的评估指标。

(2) 可持续发展评估指标与基准

在可持续发展战略中，谋求经济与社会、环境、生态的协调，谋求社会公平，谋求长期稳定和代际间的利益平衡等，都是基本原则。与此相应，评估资源的可持续利用性、生态的可持续性等，都是重要的评估基准。

(3) 政策与战略作为评估指标与基准

党的十七大确定的全面建设小康社会的总目标和可持续发展战略，“中共中央关于制定国民经济和社会发展第十一个五年规划的建议”，集中地反映了当代中国的发展战略与政策，可作为基本评估指标与基准，在此基础上产生的许多环境政策、资源政策、产业政策，都是重要的评价指标与标准。

(4) 以环境保护法规和资源保护法规作为评估指标与基准

法规有世界级、国家级和区域级之分。依据法律和规划进行评估，主要需注意法定的保护目标和保护级别，注意法规禁止的行为和活动、法律规定的重要界限等。

(5) 以经济价值损益和得失作为评估指标与基准

经济学评估不仅评估价值大小与得失，还有经济重要度评价问题，如稀缺性、唯一性以及基本生存资源等，都具有较高的重要值。

(6) 社会文化评估基准

以社会文化价值和公众可接受程度为基本依据。社会公众关注程度、敏感人群特殊要求、社会损益的公平性等，都是社会影响评估中应特别注意的。文化影响评估则以历史性、文化价值、稀缺性和可否替代等以及法定保护级别为依据进行评估。

四、生态环境影响预测与评价方法

生态环境影响评价的方法依据评价对象、内容和特点、主要评价目的和评价要求进行选择，同时受到评价者的专长、意志和偏好等的影响。生态环评等方法正处于探索与发展阶段，尚不成熟，亦无定论。下面对一些常用的评价方法作一简介和归纳总结。

1. 类比分析法

类比分析法是一种比较常用的定性和半定量评价方法，一般有生态环境整体类比、生态因子类比、生态环境问题类比等，即根据已有的开发建设活动(项目、工程)对生态环境产生的影响来分析或预测进行的开发建设活动(项目、工程)可能产生的生态环境影响。由于生态环境影响的渐进性(量变到质变)、累积性、复杂性和综合性特点，使得许多生态环境影响的因果关系十分错综复杂，因而通过类比调查分析既有工程已经发生的环境影响，并类比分析拟建工程的环境影响，就成为一种十分重要的影响预测与评价方法。选择好类比对象(类比项目)是进行类比分析或预测评价的基础，也是该法成败的关键。

(1) 类比分析方法技术要求

1)选择合适的类比对象。类比对象的选择(可类比性)应从工程和生态环境两个方面考虑：

工程方面。选择的类比对象应与拟建项目性质相同，工程规模相差不多，其建设方式也与拟建工程相类似。如，同是引水发电方式等。

生态环境方面。类比对象与拟建项目最好同属一个生物地理区，最好具有类似的地貌类型，最好具有形似的生态环境背景，如植被、土壤、江河环境和生态功能等。如果能在同一个或同类生态系统中有类比对象，则最为理想，如在同一流域的梯级电站之间、同一工程(如灌溉、港口建设)的一期与二期之间、同一条公路的已建与续建工程之间，都具有良好的可类比性。不过，即使类比条件不完全近似，通过分析，说明差异，也可获得有效的类比分析结果。

2)选择可重点类比调查的内容。类比分析一般不会对两项工程作全方位的比较分析，而是针对某一个或某一类问题进行类比调查分析，因而选择类比对象时还应考虑类比对象对相应类比分析问题的有效性和深入性。例如，河流筑坝的阻隔效应对水生生态有重大影响，这些影响包括大坝对洄游性鱼类的阻隔、流态改变对适流水或适流鱼类的影响。对"三场"(产卵场、越冬场、索饵场)的破坏、氮饱和对下游生物的影响等。评价中可能只针对一种影响作评价，那就要选择对这种影响有一定记载的河流和工程作为类比对象。例如，只想类比调查大坝阻隔对洄游性鱼类的影响，那就要选择具有同类洄游性鱼类的河流，筑坝而且有事前的调查资料或环境影响报告书，即对同种洄游鱼类有明确记录者，甚至有后评价等前后对比的资料等。换句话说，类比分析是为了说明某一具有长期性影响而又不大好把握的问题。明确类比调查重点内容，选择可作重点问题类比的对象，可以减少盲目性。

在环评中，应对类比选择条件进行必要的阐述，并对类比对象与拟建对象的差异进行必要的分析、说明。

(2) 类比调查方法

类比调查实际上就是对类比对象作调查，调查方法可采用环境影响评价常规方法。

1)资料调查。查阅既有工程(类比对象)环境影响报告书和既有工程竣工环境保护验收调查与检测报告，必要时可进而参阅既有工程所在地区的环境科研报告和环境监测资料。

2)实地监测与调查。按环评一般调查或监测方法，对类比对象进行调查。例如，公路、铁路的噪声与振动类比监测，500 kV 高压线的电磁辐射影响类比监测、河流水生生物实地调查、施工期环境影响类比调查、移民安置区环境调查。

3) 景观生态调查法。利用"3S"(GPS，RS，GIS)技术，对区域性生态景观进行调查、解析和分析，说明区域性生态整体性变化。

4)公众参与调查法。通过访问公众、专家等，对某一项既有工程或生产建设活动产生的影响进行调查、分析，并同时了解公众对这种影响的态度和期望、建议等。

(3) 类比调查分析

对类比调查资料进行分析，方可得出科学的结论。

1)统计性分析。针对某一问题或某一目标，通过调查多个类比对象，然后进行统计分析,可以对拟建工程的某一问题或某一指标进行科学的评价。例如,水电工程,可通过区域多个水电站的调查,统计分析单位产能的占地面积、占耕地面积、移民数量及投资额等,并与拟建项目比较,可以分析拟建项目社会影响的大小。

2)单因子类比分析。针对某一问题或某一环境因子,通过对可类比对象的监测或调查分析,可取得有针对性的评价依据,从而对拟建项目某一问题或某一环境因子的影响进行科学评价。例如,公路、铁路噪声影响、高压线路电磁辐射影响、水电工程对洄游性鱼类的阻隔影响等,都可作类比分析。

3)综合性类比分析。既可指生态系统整体性评价的综合性分析,也可指一项工程的整个影响的综合性分析。生态系统整体性影响评价的综合性分析,可以采用综合评价法由一组指标进行加和评价,也可选某一因子如植被动态作为代表进行分析评价。许多科学研究和回顾性调查是属于综合性调查分析的,如对湿地减少及其相应的影响调查,对煤矿开采进行的回顾性调查,对灌溉不当造成的影响调查,对长江中上游地区森林砍伐与长江洪水相关性的调查分析,都是一种综合性评价。这些调查可以作为环评中重要的类比依据。

4)替代方案类比分析。从减轻生态环境影响或为克服某种重大生态影响出发而提出替代方案,是贯彻生态环境保护"预防为主"、"保护优先"政策的重要措施。对不同的方案进行类比分析,找出各自的优劣,从而推荐或决策某种可行的方案,也是类比分析应用的重要领域。不经过类比分析论证的替代方案,往往缺乏科学性和说服力。替代方案类比分析和论证一般是把不同的方案放在一起,按设定的一组环境指标进行比较分析。

2. 列表清单法

列表清单法是 Little 等于 1971 年提出的一种定性分析方法。其基本做法是,将拟实施的开发建设活动的影响因素与可能受影响的环境因子分别列在同一张表格单行与列内,逐点进行分析,并逐条阐明影响的性质、强度等,由此分析开发建设活动的生态环境影响。该法的特点是简单明了,针对性强,主要应用于生态环境影响识别和评价因子筛选、生态环境保护措施的筛选、物种或栖息地重要性或优先度比选等。

3. 生态图法

生态图法即图形叠置法,是把两个以上的生态信息图叠合到一张图上,构成复合图,用以表示生态环境变化的方向和程度。该法的特点是直观、形象,简单明了,但是不能作精确的定量评价。编制生态图有指标法和叠图法两种基本手段。在电脑上进行生态叠图,不仅省工省力,而且可得到直观的动态变化显示。

4. 指数法与综合指数法

指数法是建设项目环境影响评价中规定的评价方法,同样可将其拓展而用于生态环境影响评价中。指数法简明扼要,且符合人们所熟悉的环境污染影响评价思路,但困难在于需明确建立表征生态环境质量的标准体系，而且难以赋权和准确定量。

5. 景观生态学方法

景观生态学是研究一定地理单元内、一定时间阶段的生态系统类群的格局、特点、综合资源状况、相互间物与流交流等自然规律，以及人为干预下的演替趋势，揭示其总体效应对人类社会的现实与潜在影响的学科。景观生态的研究内容主要是探讨环境、生物群落与人类社会的整体性，尤其强调人类活动在改变生物与环境方面的作用。因此，景观生态的研究注重经济效益、社会效益与生态效益统一的原则，注意区域开发、资源利用与生态保护相结合，即注意规划和设计。为此，景观研究的特点和要求是：生态合理性，重视尺度性，强调异质性，控制复杂性，提高实效性，高度综合性和人类主导性。其中，特别是异质性和尺度性，为景观研究中的精华；结构功能的时空变化、边缘效应、人类干扰等，也都是其研究的重点。景观生态学研究的基本方法包括遥感(RS)、地理信息系统(GIS)、景观分析、模型和模拟等。景观生态学方法通过两个方面评价生态环境质量状况：一是空间结构分析，二是功能与稳定性分析。这种评价方法可体现生态系统结构与功能匹配一致的基本原理。

6. 生态系统综合评价法

生态系统是由多因子(生物因子和非生物因子)组成的多层次的复杂体系和开放系统。其系统内部各因子和系统与外部环境之间有着千丝万缕、密不可分的相互联系和相互作用。采用定性与定量相结合的方法认识和评价这样的复杂系统，是目前最常见的评价方法，这就是层次分析法。实际上，由于环境的千差万别和生态系统的多样性，要寻求一种简单划一的判别基准是十分困难的。而且，由于地球生态系统早已受到人类的普遍而严重的干扰，开发建设活动发生区又大多是人类活动频繁的地区。因而寻求自然生态基准的努力更多是不成功的。因此，在实际操作上，生态环境影响评价是以现实的生态环境状况为基准进行影响判别的。这一特点要求在进行生态环境影响评价时，要对现实生态环境的整体结构和运行机制进行综合研究与判别，把握总体的结构和运行特点，明确各种生态因子相互作用和相互联系，以便准确判定开发建设活动的影响方面、影响强度和影响后果，同时找出针对性的对策措施来克服或减缓生态影响。

7. 遥感调查在生态环境影响评价中的应用

生态环境遥感是利用遥感技术，结合地理信息系统技术和全球定位技术等高科技手段，以陆地卫星资源的早期和最新图像为主要信息源，以生态学原理为理论基础，运用可比的和较成熟的方法，在时间或空间上对特定区域范围内生态系统或生态系统组合体的类型、结构和功能及其组合要素进行系统地调查，结合现有资料的收集、整理，开展区域生态环境现状调查与分析，评价和预测人类活动对生态系统的影响，为合理利用资源、改善生态环境提供决策依据。

生态环境遥感技术运用于环境影响评价有相当的优势，它可以在遥感图像的支持下，获取要调查区的环境指标和定性信息，然后制定出合理的调查采样方案，划出重点调查采样区，以提高工作效率和样品的利用率。然后，在全球定位系统(GPS)提供的高精度定位信号的指引下，完成采样任务，并可即时把信息反馈给控制中心，中心利用返回的信息还可进一步调整调查采样方案，实现实时指挥。在采样结束后，将预处理过的信息输入到GIS中，利用插值等方法扩展，得到有关环境参量的浓度分布图，了解各参量的空间分布及超标情况，然后可利用GIS的叠加分析、缓冲分析、路径分析、趋势面分析等进行全区环境质量的综合评价，再将评价指标输入到环境管理规划模型中，制定出该区域的环境规划策略。

第八章　噪声环境影响评价

绝大部分建设项目都会在建设及运行阶段不同程度地发出噪声，影响周围人群的正常生活。噪声影响评价是确定拟开发行动或建设项目发出的噪声对人群和生态环境影响的范围和程度，评价影响的重大性，提出避免、消除和减少其影响的措施，为开发行动或建设项目方案的优化选择提供依据。

第一节　噪声和噪声评价量

一、噪声

噪声就是在人们生活、学习和工作时所不需要的声音。物理学上它是指无规律的声波信号。但是从环境角度来看，噪声与人们所处的环境和主观感觉反应有密切的关系，比如在休闲的时候，音乐对人们是一种美好的享受，但如果它影响到人们的工作、睡眠、谈话和思考，则成为一种噪声。

1.噪声的特征

噪声污染是一种物理污染，它与工业"三废"一起并称为危害人类环境的"四大公害"。但噪声污染有其自身的特点：①噪声是暂时的，如果声源停止发声，则噪声就会消失；②噪声的影响范围是有限的，它只能在一定的距离内对受害人的心理和生理产生危害。因此环境噪声标准也要根据不同时间、不同地点和人所处的不同行为状态来决定。

2.噪声源及其分类

声音是由物体(包括固体、液体和气体)振动而产生的，这些振动的物体通常称为声源。物体振动产生的声能，通过周围介质向外界传播，并且被感受目标所接收，例如人耳是人体的声音接收器官，所以在声学中把声源、介质、接受器称为声音的三要素。

产生噪声的声源很多，若按产生机理来划分，有机械噪声、空气动力性噪声和电磁性噪声三大类。如果把噪声按其随时间的变化来划分，又可分成稳态噪声和非稳态噪声两大类。稳态噪声中又有瞬态的、周期性起伏的、脉冲的和无规则的噪声之分。按产生噪声的环境来分，可分为工厂生产噪声、交通噪声、施工噪声、社会生活噪声等。

在环境影响噪声评价中，噪声源按其辐射特性及其传播距离，可分为点声源、线声源和面声源三种声学类型。点声源是指小型设备，或设备的几何尺寸比噪声影响预测距离小得多，或研究距离远大于噪声源本身的尺度，都可把这种声源视为点声源。

线声源是指声源呈线性。如成线性排列的水泵、矿山和选煤场的输送系统、繁忙的交通线等，其噪声传播是以近似线状形式向外传播，所以此类声源在近距离范围总体上可以视作线声源。

面声源是指体积较大的设备或地域性的噪声发生体，噪声往往是从一个面或几个面均匀地向外辐射，在近距离范围内，实际上是按面声源的传播规律向外传播。

3. 噪声的影响

噪声作用于人体，对人体的影响是多方面的，它会干扰人的睡眠，引发神经系统、心血管系统、消化系统等的疾病。

长时间在高噪声环境中工作的人可能导致噪声性耳聋。在接触强噪声后听力短时间暂时下降的现象叫听力疲劳或“暂时性听阈偏移”。如果人耳长期暴露在较高的噪声环境中，听觉器官会发生器质性病变，发展成永久性听力损失，当对 500 Hz、1000 Hz、2000 Hz 三个频率听力损失的平均值超过 25 dB 时，就称为噪声性耳聋。

表 8-1 给出了在不同噪声环境中工作的人的噪声性耳聋发病率。

表 8-1 工作 40 年后噪声性耳聋的发病率(%)

噪声[dB(A)]	国际统计(ISO)	美国统计	噪声[dB(A)]	国际统计(ISO)	美国统计
80	10	0	95	29	28
85	10	8	100	41	40
90	21	18			

由表 8-1 可以看出，在 80 dB 以下工作 40 年不会导致耳聋，而 80 dB 以上，每增加 5 dB 噪声性耳聋的发病率就增加约 10%。

噪声对睡眠有直接影响。人的睡眠一般分为四个阶段，第一阶段是从清醒到昏沉欲睡状态，再到逐渐入睡；第二阶段为入睡深化；第三阶段为睡着；第四阶段为熟睡。噪声对睡眠的干扰一是影响睡眠的深度，二是将睡眠者唤醒。连续噪声可以加快熟睡到轻睡的回转，使人熟睡的时间缩短；突然的噪声可以使人惊醒。调查表明，连续噪声，40 dB 可使 10%的人受影响，70 dB 影响 50%的人；突然噪声，40 dB 时可使10%的人惊醒，60 dB时可惊醒70%的人。

噪声作用于人的中枢神经系统，可使人的大脑皮层兴奋或抑制，平衡失调，导致条件反射异常，大脑功能受损，以致产生头疼、头晕、耳鸣、多梦、失眠、心悸、记忆力减退、全身乏力等。

噪声使人无法集中精力，难于进行深入的思考；阻碍有用声波的传播，降低通信质量。表8-2给出了噪声对正常交谈的干扰。

表8-2 噪声对交谈的影响

噪声[dB(A)]	主观反应	保证正常讲话距离(m)	通信质量
45	安静	10.0	很好
55	稍吵	3.5	好
65	吵	1.2	较困难
75	很吵	0.3	困难
85	太吵	0.1	不可能

调查表明，当环境噪声超过55 dB时，人们会感到吵闹。达到55 dB时，会有15%的人感到很吵。即使在50 dB时，也还会有5%的人感到很吵。只有在45 dB以下，才会使人们感到安静。

噪声还会对人们的心理产生不良的影响，比如心情烦躁、易于激动甚至失去理智，由于噪声干扰引发的民间纠纷事件是常见的。

噪声对心血管系统也会造成影响。还有资料报道了噪声对消化系统、内分泌系统、视觉器官的影响，对胎儿发育的影响，对儿童智力发育的影响等。

4. 噪声的评价标准

噪声的影响，是制定噪声标准的科学依据。美国环保局(EPA)于1975年提出了保护健康与安宁噪声标准，如表8-3。

表8-3 EPA保护健康与安宁噪声标准

适用范围	等效声级(dB)	昼夜等效声级(dB)(平均时夜间加10 dB)
听力保护	75(8 h) 70(24 h)	
户外防干扰		55
室内防干扰		45

从保护听力而言，一般认为每天8h长期工作在80 dB以下听力不会损失，而在声级分别为85 dB和90 dB的环境中工作30年，根据国际标准化组织的调查，耳聋的可能性分别为8%和18%。在声级70 dB的环境中，谈话就感到困难。而干扰睡眠和休息

的噪声级阈值白天为 50 dB,夜间为 45 dB。我国 1980 年根据生理与心理学研究,结合我国人民工作与学习生活现状和经济条件,提出适合我国的噪声允许范围,如表 8-4。

表 8-4 中国环境噪声允许范围(dB)

适用条件	最高值	理想值
体力劳动(听力保护)	90	70
脑力劳动(语言清晰度)	60	40
睡眠	50	30

二、噪声评价基础

1. 基本概念

声音的本质是振动。受作用的空气发生振动,当振动频率在 20～20000 Hz 时,作用于人的耳鼓膜而产生的感觉称为声音。声源可以是固体,也可以是流体(液体和气体)的振动。声音的传媒介质有空气、液体和固体,它们分别称为空气声、液体声和固体声等。

(1) 频率、声速和波长

声源每秒钟振动的次数叫频率,记为 f,其单位为赫兹(Hz)。并不是所有频率的声音都能听到,人耳能感觉到的声波频率大约在 20～20000 Hz 范围内。频率低于 20 Hz的称为次声,高于 20000 Hz 的称为超声,次声和超声人耳均听不到。

声源振动一次所经历的时间叫周期,记为 T,单位为秒(s)。对正弦波来说,频率和周期互为倒数,即

$$f = \frac{1}{T} \tag{8-1}$$

沿声波传播方向,振动一个周期所传播的距离,或在波形上相位相同的相邻两点之间的距离称为波长,记为 λ,单位为 m。

声波在弹性介质中,一秒内传播的距离叫声波速度,简称声速,记为 c,单位为 m/s。频率、声速和波长三者之间的关系为

$$c = f\lambda \tag{8-2}$$

声速的大小决定于介质的弹性、密度和温度,与声源无关。如常温下,在空气中的声速为 345 m/s;在钢板中的声速为 5000 m/s。在空气中声速(c)与温度(t,单位℃)间的关系可用下述经验公式表示

$$c = 331.4 + 0.607t \tag{8-3}$$

(2) 声压、声强和声功率

声波通过周围介质传播时,引起的周围介质压强的变化称为声压,用 p 表示。声压的单位是 Pa。

声压分为瞬时声压和有效声压。瞬时声压是指某瞬时介质中内部压强受到声波作用后的改变量。瞬时声压的均方根值称为有效声压。人们通常所说的声压就是指有效声压。人耳能听到的最小的声压，称为人耳的听阈。使人耳产生疼痛感觉的声压称为人耳的痛阈。人耳的听阈是 2×10^{-5} Pa，痛阈是 20 Pa。

声强是指单位时间内，声波通过垂直于声波传播方向单位面积的声能量，用 I 表示，其单位为 W/m^2。在自由声场中，球面波和平面波某处的声强与该处声压的平方成正比，即

$$I=\frac{p^2}{\rho c} \tag{8-4}$$

式中 p 为有效声压，Pa；ρ 为介质密度，kg/m^3；c 为声速，m/s。

声功率是指声源在单位时间内所发出的总能量，用 W 表示，其单位为 W。声功率与声强之间的关系为

$$I=\frac{W}{S} \tag{8-5}$$

式中 S 为声波垂直通过的面积，m^2。

声强与声功率不同。声强用来描述空间各处噪声的强弱，它与研究地点所处的位置有关；声功率用来描述声源所发出的噪声能量的大小，与接受噪声的地点无关。

(3) 分贝、声功率级、声强级和声压级

人们日常生活中遇到的声音，若以声压值表示，变化范围非常大，可以达 6 个数量级以上，同时由于人体听觉对声信号强弱刺激反应不是线性的，而是成对数比例关系，所以采用分贝来表达声学量值。

声压级的单位是分贝，分贝是一个相对单位，是指两个相同的物理量（例 A_1 和 A_0）之比取以 10 为底的对数并乘以 10（或 20）

$$N=10\lg\frac{A_1}{A_0} \tag{8-6}$$

分贝符号为“dB”，它是无量纲的。在噪声测量中是很重要的参量。式中 A_0 是基准量（或参考量）、A 是被量度量。被量度量和基准量之比取对数，这对数值称为被量度量的“级”，亦即用对数标度时，所得到的比值，它代表被量度量比基准量高出多少“级”。

声压级

$$L_p=10\lg\frac{p^2}{p_0^2}=20\lg\frac{p}{p_0} \tag{8-7}$$

式中 L_p 为声压级，dB；p 为声压，Pa；p_0 为基准声压，为 2×10^{-5} Pa，该值是对 1000 Hz 声音人耳刚能听到的最低声压。

正常的人耳能够听到的声音的声压级在 0～120 dB 之间。表 8-5 所示为典型声

源或环境的声压级。

表 8-5　典型声源或环境的声压级

典型环境	声压(Pa)	声压级(dB)	典型环境	声压(Pa)	声压级(dB)
喷气式飞机的喷气口附近	630	150	繁华街道上	0.063	70
喷气式飞机附近	200	140	普通说话声	0.02	60
锻锤、铆钉操作位置	63	130	微电机附近	0.0063	50
大型球磨机旁	20	120	安静房间	0.002	40
8-18 型鼓风机附近	6.3	110	轻声细语	0.00063	30
纺织车间	2	100	树叶落下的沙沙声	0.0002	20
4-72 型风机附近	0.63	90	农村静夜	0.000063	10
公共汽车内	0.2	80	人耳刚能听到	0.00002	0

声强级

$$L_I = 10\lg\frac{I}{I_0} \tag{8-8}$$

式中 L_I 为声强级，dB；I 为声强，W/m^2；I_0 为基准声强，为 10^{-12} W/m^2。

声压级和声强级都是描述空间某处声音强弱的物理量。在自由声场中，声压级与声强级的数值近似相等。

类似地，声功率级表示为：

$$L_W = 10\lg\frac{W}{W_0} \tag{8-9}$$

式中 L_W 为声功率级，dB；W 为声功率，W；W_0 为基准声功率，为 10^{-12} W。

(4) 噪声的叠加

声能量是可以代数相加的，设两个声源的声功率分别为 W_1 相 W_2，那么总声功率 $W_{总}=W_1+W_2$；两个声源在某点的声强为 I_1 和 I_2 时，叠加后的总声强 $I_{总}=I_1+I_2$。但声压不能进行直接相加，而是采用能量相加的方法

由于 $$I_1=\frac{p_1^2}{\rho c} \qquad I_2=\frac{p_2^2}{\rho c}$$

所以 $$p_{总}^2=p_1^2+p_2^2$$

又 $$\left[\frac{p_1}{p_0}\right]^2=10^{\frac{L_{p_1}}{10}} \qquad \left[\frac{p_2}{p_0}\right]^2=10^{\frac{L_{p_2}}{10}}$$

由此得到两个声源同时作用于某一点声压级为

$$L_p = 10\lg\left[\frac{p_1^2+p_2^2}{p_0^2}\right] = 10\lg\left[10^{\frac{L_{p_1}}{10}}+10^{\frac{L_{p_2}}{10}}\right] \tag{8-10}$$

对于有多个噪声源作用于一点的噪声的叠加，按下式计算

$$L_{PT} = 10\lg\left[\frac{p_T^2}{p_0^2}\right] = 10\lg\left[\sum_{i=1}^{n}10^{\frac{L_{p_i}}{10}}\right] \tag{8-11}$$

如果 $L_{p_1}=L_{p_2}$，即两个声源的声压级相等，则总声压级为

$$L_p = L_{p_1} + 10\lg 2 \approx L_{p_1} + 3(\mathrm{dB})$$

也就是说，作用于某一点的两个声源声压级相等，其合成的总声压级比一个声源的声压级增加 3dB。

噪声源的平均声级也不能用算术平均值进行计算，其计算式为

$$\overline{L}_p = 10\lg\left(\frac{1}{n}\sum_{i=1}^{n}10^{\frac{L_{p_i}}{10}}\right) \tag{8-12}$$

式中 $\overline{L}_p$ 为噪声源的平均声级，dB；L_{p_i} 为第 i 个噪声源的声级，dB；n 为噪声源的个数。

2.噪声评价量

(1) 等效连续声级

人耳对声音的感觉除了和声压级大小有关，还和声音的频率高低有关。即使声压级相同的声音，如果频率不同，听起来的感觉也是不一样的。为了能用仪器直接反映人的主观响度感觉的评价量，研究人员在噪声测量仪器——声级计中设计了一种特殊滤波器，叫计权网络。通过计权网络测得的声压级，已不再是客观物理量的声压级，而叫计权声压级或计权声级，简称声级。通常有 A、B、C 和 D 计权声级。

A、B、C 计权网络的主要差别是在于对频率成分衰减程度。A 衰减最多，B 其次，C 最少。A 计权声级是模拟人耳对 55dB 以下低强度噪声的频率特性而设计的。实践证明，A 声级与人耳对噪声强度和频率的感觉最相近，因此 A 声级是应用最广的评价量；D 声级在飞机噪声环境影响评价中仍常使用，但 B 声级现已基本不使用。A 计权声级以 L_{PA} 或 L_A 表示，其单位用 dB(A)表示。

A 声级能够较好地反映人耳对噪声强度与频率的主观感觉，对一个连续的稳态噪声，它是一种较好的评价方法，但不适于对起伏或不连续的噪声进行评价。为了解决这个问题，可以将某一段时间内连续暴露的不同 A 声级的变化，用能量平均的方法以 A 声级表示该段时间内的噪声大小。这种声级称为等效连续 A 声级，简称等效声级，用 L_{eq} 表示，单位为 dB(A)。例如，有两台声级为 85 dB 的机器，第一台连续工作 8 h，第二台间歇工作，其有效工作时间之和为 4 h。显然作用于操作工人的平均能量是前者比后者大一倍，因此，等效连续声级反映在声级不稳定的情况下，人实际所接受的噪声能量的大小、它是一个用来表达随时间变化的噪声的等效量。

等效连续 A 声级的计算式为

$$L_{eq} = 10\lg\left(\frac{1}{T}\int_0^T 10^{0.1L_A(t)}\,\mathrm{d}t\right) \tag{8-13}$$

式中 L_{eq} 为在 T 段时间内的等效连续 A 声级，dB；L_A 为 t 时刻的瞬时 A 声级，dB；T 为规定的测量时间，s。

如果数据符合正态分布，其累积分布在正态概率纸上为一直线，则可用下面近似公式计算

$$L_{eq} \approx L_{50} + \frac{d^2}{60}, d = L_{10} - L_{90} \tag{8-14}$$

式中 L_{10}，L_{50}，L_{90}，为累积百分声级，也称统计噪声级，其定义是：

L_{10}——测量时间内，10%的时间超过的噪声级，相当于噪声的平均峰值。

L_{50}——测量时间内，50%的时间超过的噪声级，相当于噪声的平均中值。

L_{90}——测量时间内，90%的时间超过的噪声级，相当于噪声的背景值。

累积百分声级 L_{10}、L_{50} 和 L_{90} 的计算方法有两种：其一是在正态概率纸上画出累积分布曲线，然后从图中求得；另一种简便方法是将测定的一组数据（例如 100 个），从大到小排列，第 10 个数据为 L_{10}，第 50 个数据为 L_{50}、第 90 个数据即为 L_{90}。

进行实际噪声测量时，应根据具体情况确定测量方法。如果某测试区一天的声级变化很大，而每天的变化规律相同，则可选择有代表性的一天测量其等效连续 A 声级。如果噪声级除了每天内变化，而且日间的变化也很大，但却有周期性的变化规律，也可选择一个周期测量等效连续 A 声级。

如果噪声测量采用等间隔取样，则等效连续 A 声级也可采用下式进行计算

$$L_{eq} = 10\lg\left(\frac{1}{N}\sum_{i=1}^{N} 10^{0.1L_{A_i}}\right) \tag{8-15}$$

式中 L_{A_i} 为第 i 次测量读取的 A 声级，dB；N 为取样总数。

(2) 噪声污染级

非稳态噪声的试验表明，涨落的噪声所引起人的烦恼程度比等能量的稳态噪声要大，且只与噪声暴露的变化率和平均强度有关。研究证明，在等效连续声级的基础上加上一项表示噪声变化幅度的量，更能反映实际污染程度。用这种噪声污染级评价航空或道路的交通噪声比较恰当。故噪声污染级（L_{NP}）公式为

$$L_{NP} = L_{eq} + K\delta$$

式中 K 为常数，对交通道路和飞机噪声取值 2.56；δ 为测定过程中瞬时声级的标准偏差，有

$$\delta = \left[\frac{1}{(N-1)}\sum_{i=1}^{N}(\overline{L}_{PA} - L_{PA_i})^2\right]^{\frac{1}{2}} \tag{8-16}$$

式中 L_{PA_i} 为测得第 i 个瞬时 A 声级；$\overline{L}_{PA}$ 为所测声级的算术平均值，即 $\overline{L}_{PA} = \frac{1}{N}\sum_{i=1}^{N} L_{PA_i}$；$N$ 为测得总数。

对于许多重要的公共噪声，噪声污染级也可写成

$$L_{NP}=L_{eq}+d \quad 或 \quad L_{NP}=L_{50}+\frac{d^2}{60}+d \tag{8-17}$$

式中 $d=L_{10}-L_{90}$。

(3) 昼夜等效声级

即使声级相同，噪声在夜间对人的影响更大。考虑到夜间噪声具有更大的烦扰程度，人们提出"昼夜等效声级"的评价指标，将夜间噪声增加 10 dB，然后用能量平均的方法计算24 h A 声级的平均值，用符号"L_{dn}"表示。单位是 dB(A)。其表达式为

$$L_{dn}=10\lg\left[\frac{16\times10^{0.1L_d}+8\times10^{0.1(L_n+10)}}{24}\right] \tag{8-18}$$

式中 L_d 为白天的等效 A 声级，时间从 06:00－22:00，共 16 h；L_n 为夜间的等效 A 声级，时间从 22:00 至次日 06:00，共 8 h。

为了表征噪声的物理量和主观听觉的关系，除了上述评价指标外，还有语言干扰级(SIL)，感觉噪声级(PNL)，交通噪声指数(TN_1)和噪声次数指数(NN_1)等。

第二节　环境噪声现状评价

一、工业企业噪声源的评价

1. 噪声现状调查

测量时天气要正常，风力小于 4 级，工厂正常生产，施工噪声等其他噪声应排除，偶然汽车噪声也应排除(交通道路除外)。测量时间应根据实际情况，划分为白天和夜间 2 个阶段，白天 16 h，夜间 8 h，每一阶段监测时应选择恰当的时候。白天 16 h 内，如用积分声级计测量，建议测 3 次，每次 0.5 h。夜间 8 h 内，如用积分声级计测量，建议测2 次，每次 0.5 h。每年在冬夏两季分别测定 1 次。对于稳定噪声源，每次至少应测定1 昼夜，随机噪声源应测 5 昼夜。

对于工业企业噪声测量，应避免围墙、厂房墙面反射和屏蔽作用，仿声器应固定于工厂围墙上方 1 m 处，测量点间距一般为 10～20 m，如相邻两点间的差值大于 5 dB，应补充监测点，直到满足小于 5 dB 为止。如评价整个工厂对环境的影响，测量点应沿工厂边界环形布点，以平均 L_{eq}值为准，如评价工厂对某居民住宅区的影响，测点应在实际影响的界线上布点，没有必要对工厂全部边界进行测量。最好对工厂休息日的环境本底对比监测。

2. 噪声源调查

调查一定范围内的噪声源，按其分布情况，分别测定噪声强度，找出主要污染源。

一般的工业设备噪声见表 8-6。

表 8-6 工业设备噪声

声级[dB(A)]	声 源
130	风铲、风铆、大型鼓风机、锅炉排气室
125	轧材热锯(峰值)、锻锤(峰值)、818-No.8 鼓风机
120	有齿锯锯钢材、大型球磨机、加压制砖机
115	柴油机试车、双水内冷发电机试车、振捣台、6500 抽风机、热风炉、鼓风机、振动筛、桥梁生产线
110	罗茨鼓风机、电锯、无齿锯
105	织布机、电刨、大螺杆压缩机、破碎机
100	织机、柴油发电机、大型鼓风机站、矿山平峒、电焊机
95	抽风机、棉纺细砂车间、轮转印刷机、经纺机、纬纺机、梳棉机、空压机站、泵房、冷冻机房
90	轧钢车间、饼干成型、汽水封盖、柴油机、汽油机加工流水线
85	车床、铣床、刨床、凹印、铅印、平台印刷机、折页机、装订连动机、造纸机、切草机
80	织袜机、针织机、平印连动机、漆包线机、挤塑机
75	上胶机、过板机、蒸发机、电线成盘机、真空镀膜、复印机

3. 评价方法

对厂界噪声,其评价方法一般取厂界噪声的等效声级 L_{eq} 与 GB12348－90《工业企业厂界噪声标准》中的标准值进行对比评价。对于工厂噪声的现状评价,根据工厂噪声污染源调查,工厂噪声对周围环境影响的调查,即可作出噪声环境质量现状评价的结论。如对周围环境有较大影响,必须提出要求工厂采取必要的措施。包括主要污染源的控制和其他隔声措施等,以达到环境噪声标准。

二、城市环境噪声现状评价

对于城市环境噪声的现状评价,评价方法一般采用监测值与评价标准值直接比较法。标准值采用 GB3096－93《城市区域环境噪声标准》。其测量点的选择,是把城市划分为250 m×250 m 的小网格,测量点选在网格的中心。如果中心位置不适宜测量(如房顶、河沟和街道中心等)、可以移到附近适合测量的地方。网格的尺度也可按 500 m×500 m 的面积来划分。但总网格数不能少于 100 个,否则将影响精确度。

对城市污染做综合评价时,可以预先确定等效 A 声级的一个基准值 L_b。把通过测量得到的平均等效 A 声级 L_{eq} 除以基准值 L_b 就能求得评价噪声质量的污染分指数 P_i。

$$P_i = L_{eq}/L_b \tag{8-19}$$

对于区域环境质量评价,取 L_b=75 dB(A)是合适的。根据所得的 P_i 值,可对噪声环境质量进行分级(见表 8-7)。

表 8-7 噪声质量分级

类型	分级名称	P_i 范围	$\overline{L}_{eq}$[dB(A)]
一	很好	<0.6	<45
二	好	0.60~0.67	45~50
三	一般	0.67~0.75	50~56
四	坏	0.75~1.0	56~75
五	恶化	>1.0	>75

第三节 噪声环境影响预测

一、预测工作的准备

收集有关资料,包括工程概况、噪声源声学数据、自然环境条件等;还要调查现有车间、厂区、厂界、生活区噪声现状。

二、预测点的布置

预测的受声点均选择在现状监测点的同一位置,以比较敏感点的噪声变化水平。新建项目还应在生活规划区及噪声敏感点布设受声点。

三、预测项目及内容

厂界环境噪声影响预测:各受声点的噪声预测值应为背景噪声值与新增噪声值的叠加。对于改扩建工程,若有声源拆除时,应相应减掉。计算通式如下

预测值=(背景值)+(新增值)-(拆除值)

厂区外噪声敏感点的预测:使用类似的方法给出计算点的预测值,并按表 8-8 格式填写各噪声敏感点的预测结果。再根据表中结果阐明各敏感点的最高声级值、最低声级值和平均声级值。如果预测值超过环境噪声要求,应结合控制措施最好进行复测。

表 8-8 厂界外噪声敏感点的噪声预测值

测点编号	测点位置	昼间声级		夜间声级	
		背景值	预测值	背景值	预测值

四、声能衰减的模式化处理

对拟建项目的噪声源辐射噪声的影响按下述原则进行模式化处理。

简化其计算工作，抓住主要影响因素。噪声源只统计 85 dB(A)以上的高噪声发声点、在满足工程精度的前提下保留一定的安全系数，预测计算中要考虑厂区内各声源所在的厂房围护结构的屏蔽效应和声源至受声点的距离衰减，以及空气吸收等主要衰减因子，可以忽略地面效应、雨、雪、雾和温度等影响因素。

各噪声源强只考虑常规降噪声措施。

五、环境噪声预测模型

噪声从声源传播到受声点，因传播发散、空气吸收、阻挡物的反射和屏障等因素的影响，会使其产生衰减。为了保证噪声影响预测和评价的准确性，对于由上述各因素所引起的衰减值需认真考虑，不能任意忽略。

1.噪声随传播距离的衰减

噪声在传播过程中由于距离增加而引起的几何发散衰减与噪声固有的频率无关。

(1)点声源

1) 点声源随传播距离增加而引起的衰减值为

$$A_{div} = 10\lg \frac{1}{4\pi r^2} \tag{8-20}$$

式中 A_{div} 为距离增加产生的衰减值，dB；r 为点声源至受声点的距离，m。

2) 在距离点声源 r_1 处至 r_2 处的衰减值为

$$A_{div} = 20\lg \frac{r_1}{r_2} \tag{8-21}$$

当 $r_2=2r_1$ 时，$A_{div}=-6$ dB，即点声源的声音传播距离增加一倍，衰减值是 6 dB。

(2) 线状声源随传播距增加的几何发散衰减

线声源随传播距离增加而引起的衰减值为

$$A_{div} = 10\lg \frac{1}{2\pi rl} \tag{8-22}$$

式中 A_{div} 为距离衰减值，dB；r 为线声源至受声点的垂直距离，m；l 为线声源的长度，m。

1) 无限长线源。如一条延伸很长的公路，在其 $r/l<1/10$ 时可视为无限长线源；如已知 r_0 处的 A 声级 $L_A(r_0)$，则距离 r 处的 A 声级为

$$L_A(r) = L_A(r_0) - 10\lg \frac{r}{r_0} \tag{8-23}$$

无限长线源的几何发散衰减为

$$A_{div} = 10\lg \frac{r}{r_0} \quad (\text{dB}) \tag{8-24}$$

当 $r_2 = 2r_1$ 时，由上式可计算出 $A_{div} = -3$ dB，即线声源声传播距离增加一倍，衰减值是 3 dB。

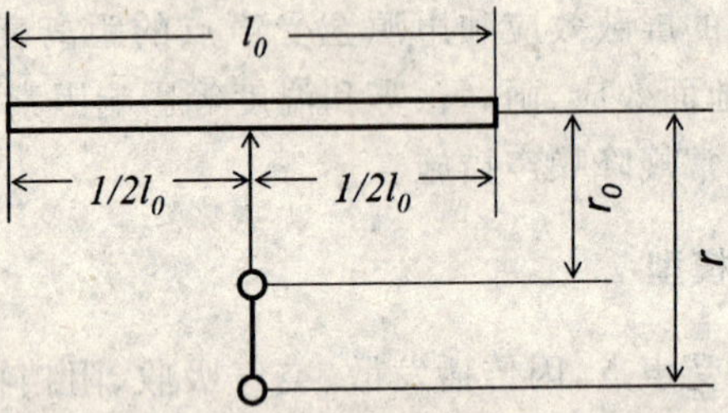

图 8-1　有限线声源

2）有限长线源。如一个路段，如图 8-1 所示，设线状声源长为 l_0，单位长度线声源辐射的声功率级为 L_W。在线声源垂直平分线上距声源 r 处的声级为

$$L_p(r) = L_W + 10\lg\left[\frac{1}{r}\text{arctg}\left(\frac{l_0}{2r}\right)\right] - 8 \tag{8-25}$$

当 $r > l_0$ 且 $r_0 > l_0$ 时，式(8-25)近似转化为

$$L_p(r) = L_p(r_0) - 20\lg\left(\frac{r}{r_0}\right)$$

或

$$A_{div} = 20\lg \frac{r}{r_0} \tag{8-26}$$

即在有限长线声源的远场，有限长线声源可当作点声源处理。

当 $r < l_0/3$ 且 $r_0 < l_0/3$ 时，式(8-25)近似转化为

$$L_p(r) = L_p(r_0) - 10\lg \frac{r}{r_0}$$

或

$$A_{div} = 10\lg \frac{r}{r_0} \tag{8-27}$$

即在近场区，有限长线声源可当作无限长线声源处理。

当 $l_0/3 < r < l_0$ 且 $l_0/3 < r_0 < l_0$ 时，可以作近似计算

$$L_p(r) = L_p(r_0) - 15\lg \frac{r}{r_0} \tag{8-28}$$

或

$$A_{div} = 15\lg \frac{r}{r_0}$$

式中 $L_p(r)$，$L_p(r_0)$ 为距声源 r 处和 r_0（参考位置）处的声压级，dB；A_{div} 意义同前。

(3) 面声源

随传播距离的增加而引起的衰减值与面源形状有关(例如,一个有许多建筑机械的施工场地)。

设面声源短边是 a,长边是 b,随着距离的增加,其衰减值与距离 r 的关系为

当 $r<a/\pi$,在 r 处,$A_{div}=0$;

当 $a/\pi<r<b/\pi$,在 r 处,距离 r 每增加一倍,$A_{div}=-(0\sim3)$dB;

当 $b/\pi<r<b$,在 r 处,距离 r 每增加一倍,$A_{div}=-(3\sim6)$dB;

当 $b<r$,在 r 处,距离 r 每增加一倍,$A_{div}=-6$dB。

2. 噪声被空气吸收的衰减

空气吸收声波而引起的声衰减与声波频率、大气压、温度、湿度有关,被空气吸收声波的衰减值为

$$\Delta L_2 = \alpha_0 \cdot r \tag{8-29}$$

式中 ΔL_2 为空气吸收造成的衰减值,dB;α_0 为空气吸声系数;r 为声波传播距离,即预测点距声源的距离,m。

当 $r<200$ m 时,ΔL_2 近似为零。

在实际评价工作中,为了简化计算常常把距离衰减和空气吸收衰减两项合并,并用下式计算(声源位于硬平面上)

$$\Delta L_2 = 20\lg r + 6\times10^{-6} f\cdot r + 8 \tag{8-30}$$

式中:f 为噪声的倍频带几何平均频率,Hz;r 为噪声源与受声点的距离,m;$6\times10^{-6} f\cdot r$为由空气吸收而引起的衰减值,dB。

3. 墙壁屏障效应

室内混响声对建筑物的墙壁隔声影响十分明显,其总隔声量 TL 可用下式计算

$$TL = L_{p_1} - L_{p_2} + 10\lg\left(\frac{1}{4}+\frac{S}{A}\right) \tag{8-31}$$

所以,受墙壁阻挡的噪声衰减值为

$$\Delta L_3 = TL - 10\lg\left(\frac{1}{4}+\frac{S}{A}\right) \tag{8-32}$$

式中 ΔL_3 为墙壁阻隔产生的衰减值,dB;L_{p_1} 为室内混响噪声级,dB;L_{p_2} 为室外 1 cm 处的噪声级,dB;S 为墙壁的阻挡面积,m^2;A 为受声室内吸声量,m^2。

若用不同类型的门窗组成组合墙时,则总隔声量又应按下列公式计算

$$TL = 10\lg\left(\frac{1}{\bar{\tau}}\right) \tag{8-33}$$

$$\bar{\tau} = \frac{1}{S}\sum_{i=1}^{N}\tau_i S_i = \frac{\tau_1 S_1 + \tau_2 S_2 + \cdots + \tau_N S_N}{S_1 + S_2 + \cdots + S_N} \tag{8-34}$$

式中 $\bar{\tau}$ 为组合墙的平均透射系数;S 为组合墙的总表面积,m^2。

墙壁、门、窗的透射系数分别为：$\tau_{墙}=5\times10^{-5}$，$\tau_{门}=10\times10^{-2}$，$\tau_{窗}=3.7\times10^{-2}$。

4. 噪声衰减的计算

噪声从噪声源发出后向外传播，在传播过程中，经过距离衰减、空气吸收、构筑物围护结构（门、窗、墙）的屏蔽后，到达受声点。根据有关资料介绍，在满足一定工程精度的前提下，为了保证一定的安全系数，只考虑了距离的衰减，有声源的厂房围护结构及空气吸收等衰减因子，不考虑无声的建、构筑物的屏蔽效应，有下面计算公式

$$L_{pn}=L_{wi}-TL+10\lg\left(\frac{Q}{4\pi r_{ni}^2}\right)-M\cdot\frac{r_{ni}}{100} \tag{8-35}$$

式中 L_{pn} 为第 n 个受声点的声级，dB(A)；L_{wi} 为第 i 个噪声源的声功率级，dB(A)；TL 为厂房围护结构的隔声量，dB(A)；r_{ni} 为第 i 个噪声源到第 n 个受声点的距离，m；Q 为声源指向性因数；M 为声波在大气中的衰减值，dB(A)/100m。

上式中，每一种设备的声功率级的确定有一定困难，有相当一部分设备的声学参数无法收集。而且一般工厂厂房中的噪声源不是孤立的，其坐标也难以确定。同时隔声量的确定也会有一定的误差。如果将构筑物作为一个声源，并根据上式求得噪声源在传播途径上任意两点的声压级

$$L_{pn_1}=L_{wi}-TL+10\lg\left(\frac{Q}{4\pi r_{ni_1}^2}\right)-M_1\cdot\frac{r_{ni_1}}{100} \tag{8-36}$$

$$L_{pn_2}=L_{wi}-TL+10\lg\left(\frac{Q}{4\pi r_{ni_2}^2}\right)-M_2\cdot\frac{r_{ni_2}}{100} \tag{8-37}$$

当 $M_1=M_2$ 时，上两式有

$$L_{pn_2}-L_{pn_1}=-20\lg\frac{r_{n_2}}{r_{n_1}}-M\frac{r_{n_2}-r_{n_1}}{100} \tag{8-38}$$

$$L_{pn_2}=L_{pn_1}-20\lg\frac{r_{n_2}}{r_{n_1}}-M\frac{r_{n_2}-r_{n_1}}{100} \tag{8-39}$$

由上式可知，在同一环境下只要测得 L_{p_1}，r_1，就可计算任意一点的声压级 L_{p_2}，上式 M 值的确定，见表 8-9。

表 8-9　大气中声波衰减量[dB(A)/100 m]

温度(℃)	1/3 倍频程的中心频率(Hz)	相对湿度(%)					
		40	50	60	70	80	90
15	125	0.037	0.034	0.032	0.030	0.029	0.027
	250	0.081	0.075	0.070	0.066	0.063	0.060
	500	0.193	0.178	0.167	0.157	0.150	0.143
	1000	0.472	0.435	0.406	0.382	0.365	0.351
	2000	1.206	1.070	1.004	0.953	0.910	0.873
	4000	3.384	3.106	2.653	2.418	2.265	2.181

续表

温度(℃)	1/3 倍频程的中心频率(Hz)	相对湿度(%)					
		40	50	60	70	80	90
20	125	0.036	0.033	0.031	0.029	0.028	0.026
	250	0.079	0.073	0.068	0.064	0.061	0.059
	500	0.190	0.175	0.164	0.155	0.148	0.141
	1000	0.462	0.422	0.397	0.376	0.358	0.343
	2000	1.126	1.042	0.979	0.924	0.876	0.843
	4000	3.116	2.653	2.435	2.314	2.217	2.136
25	125	0.035	0.032	0.030	0.027	0.025	0.024
	250	0.079	0.072	0.068	0.064	0.061	0.057
	500	0.184	0.170	0.159	0.150	0.143	0.137
	1000	0.448	0.414	0.388	0.367	0.350	0.336
	2000	1.117	1.032	0.960	0.911	0.872	0.838
	4000	2.791	2.555	2.407	2.288	2.186	2.095
30	125	0.034	0.031	0.028	0.026	0.024	0.022
	250	0.079	0.073	0.068	0.063	0.059	0.056
	500	0.181	0.166	0.156	0.147	0.140	0.133
	1000	0.444	0.409	0.383	0.364	0.346	0.331
	2000	1.088	1.001	0.942	0.893	0.851	0.819
	4000	2.720	2.532	2.380	2.249	2.149	2.071

5. 工矿企业生产噪声预测

工矿企业中的噪声源可以分成室内声源和室外声源两种，其噪声影响预测应分别对待。

(1) 室外声源

1)计算第 i 个噪声源在第 j 个预测点的倍频带声压级 $L_{oct_{ij}}(r)$ 为

$$L_{oct_{ij}}(r) = L_{oct_i}(r_0) - (A_{oct_{div}} + A_{oct_{bar}} + A_{oct_{atm}} + A_{oct_{exe}}) \tag{8-40}$$

式中 $L_{oct_i}(r_0)$为第 i 个噪声源在参考位置 r_0 处的倍频带声压级，dB；$A_{oct_{div}}$ 为发散衰减量，dB；$A_{oct_{bar}}$ 为屏障衰减量，dB；$A_{oct_{atm}}$ 为空气吸收衰减量，dB；$A_{oct_{exe}}$ 为附加衰减量，dB。

如果已知噪声源的倍频带声功率级为 $L_{W_{ioct}}$，并假设声源位于地面上(半自由场)，则

$$L_{oct_i}(r_0) = L_{W_{ioct}} - 20\lg r_0 - 8 \tag{8-41}$$

2)把 1)中计算出来的倍频带声压级合成为 A 声级

$$L_{Aij}(\text{out}) = L_{Ai}(r_0) - (A_{div} + A_{bar} + A_{atm} + A_{exe}) \tag{8-42}$$

如果已知该噪声源的 A 声功率级为 L_{WAi}，则

$$L_{Ai}(r_0) = L_{WAi} - 20\lg r_0 - 8 \tag{8-43}$$

(2) 室内声源

假如某厂房内共有 k 个噪声源，对预测点的影响可看作是相当于若干个等效室外声源。其计算步骤如下：

1)计算厂房内第 i 个声源在室内靠近围护结构处的声级 L_{pil}

$$L_{pil} = L_{Wi} + 10\lg\left(\frac{Q}{4\pi r_i} + \frac{4}{R}\right) \tag{8-44}$$

式中 L_{Wi} 为该厂房内第 i 个声源的声功率级；Q 为声源的方向性因数，在一般情况下，位于地面上声源的 Q 值等于 2；r_i 为室内点距声源的距离；R 为房间常数。

2)计算厂房内 k 个声源在室内靠近围护结构处的声级 L_{p_1}

$$L_{p_1} = 10\lg\left(\sum_{i=1}^{k} 10^{0.1L_{pil}}\right) \tag{8-45}$$

3)计算厂房外靠近围护结构处的声级 L_{p_2}：

$$L_{p_2} = L_{p_1} - (TL + 6) \tag{8-46}$$

式中 TL 为围护结构的传声损失。

4) 把围护结构当作等效室外声源，再根据声级 L_{p_2} 和围护结构(一般为门、窗)的面积，计算等效室外声源的声功率级。

5) 按照上述室外声源的计算方法，计算该等效室外声源在第 j 个预测点的声级 L_{AKj}(in)。如果室外声源有 n 个，等效室外声源为 m 个，则第 j 个预测点的总声级为

$$L_{Aj} = 10\lg\left[\sum_{i=1}^{n} 10^{0.1L_{Aij(\text{out})}} + \sum_{i=1}^{m} 10^{0.1L_{Akj(\text{in})}}\right] \tag{8-47}$$

6.铁路噪声预测模型

铁路环境噪声的预测还没有成熟的模型，目前比较常用的有比例预测法和模型预测法两种。

(1) 比例预测法。该方法主要是针对扩建工程，以现状监测数据为基础进行预测。

$$L_{eq2} = L_{eq1} + 10\lg\frac{N_2 L_2}{N_1 L_1} + \Delta L \tag{8-48}$$

式中 L_{eq1} 为扩建前某预测点的等效声级，dB；L_{eq2} 为扩建后某预测点的等效声级，dB；N_1 为扩建前列车通过次数；N_2 为扩建后列车通过次数；L_1 为扩建前列车平均长度，m；L_2 为扩建后列车平均长度，m；ΔL 为因铁路状况或线路结构变化而引起的声级变化量，dB。

(2) 模型预测法。模型预测的基本思路是把评价项目看作是一个由多个声源组成的复合声源。每个点声源对受声点的声级为

$$L_p = L_{p_0} - 20\lg\frac{r}{r_0} - \Delta L \tag{8-49}$$

式中 L_{p_0} 为参考位置 r_0 处的声级，dB；r 为受声点与点声源之间的距离，m；r_0 为参考

位置与点声源之间的距离，m；ΔL 为附加衰减量。

每个线声源对受声点的声级为

$$L_p = L_{p_0} - 10\lg\frac{r}{r_0} - \Delta L \qquad (8\text{-}50)$$

多个声源共同作用的总等效声级为

$$L_{eq(铁)} = 10\lg\left(\sum_{i=1}^{n} 10^{0.1L_{eqi}}\right) \qquad (8\text{-}51)$$

7. 公路噪声预测模型

公路噪声与机动车类型、路面行驶速度等因素有关。表 8-10 给出了机动车的分类。

表 8-10　机动车分类

车　　型	标定载重	标定座位
小型车	2t 以下货车	19 座以下客车
中型车	2.5～7.0t 货车	20～49 座客车
大型车	7.5t 以上货车	50 座以上客车

不同类型的机动车辆，距行驶路面中心 7.5 m 处的平均辐射噪声级为

小型车　　$L_S = 59.3 + 0.23v$

中型车　　$L_M = 62.6 + 0.32v$

大型车　　$L_H = 77.2 + 0.18v$

式中 v 为车辆平均行驶速度，km/h。

如果设计车速为 100，120 km/h，则 v 取设计车速的 65%；如果设计车速为 80 km/h，则 v 取设计车速的 90%。

各类车型在受声点处的噪声为

$$L_{eqi} = L_i + 10\lg\left(\frac{Q_i}{v_i T}\right) + K\lg\left(\frac{7.5}{R}\right)^{1+\alpha} + \Delta S - 13 \qquad (8\text{-}52)$$

式中 L_{eqi} 为第 i 类车辆在受声点 r 处的噪声级，dB(A)；L_i 为第 i 类车辆距行驶路面中心 7.5 m 处的平均辐射噪声级，dB；Q_i 为第 i 类车辆的车流量，辆/h；v_i 为第 i 类车辆的平均行驶速度，km/h；T 为评价小时数，取 $T=1$；r 为受声点距路面中心的距离，m；K 为车流密度修正系数，按线—点声源考虑，取 10～20；α 为地面吸收、衰减因子；ΔS 为附加衰减，含路面性质、坡度及屏障等影响。

各类车辆在受声点处的噪声预测值的总和为

$$L_{eq(公)} = 10\lg\left(\sum_{i=1}^{N} 10^{0.1L_{eqi}}\right) \qquad (8\text{-}53)$$

8. 工程施工噪声预测

施工过程发生的噪声与其他重要的噪声源不同。其一是噪声由许多不同种类的设备发出的；其二是这些设备的运作是间歇性的，因此所发噪声也是间歇性和短暂的；其三是一般规定施工应在白天进行，因此对睡眠干扰较少。在做施工噪声影响评价时应充分考虑上述特点。

预测和评价施工噪声影响的步骤如下：

(1) 应用表 8-11 确定各类工程在各个施工阶段场地上发出的等效声级 L_{eq}。

表 8-11　施工场地上的能量等效声级[dB(A)]的典型范围

工程类型	住房建设		办公建筑、旅馆、学校、医院、公用建筑		工业小区，停车场，宗教，娱乐，休息，商店，服务中心		公共工程，道路与公路，下水道和管沟	
施工阶段	Ⅰ*	Ⅱ**	Ⅰ	Ⅱ	Ⅰ	Ⅱ	Ⅰ	Ⅱ
挖地清理	83	83	84	84	84	83	84	84
开挖	88	75	89	79	89	71	88	78
基础	81	81	78	78	77	77	88	88
上层建筑	81	65	87	75	84	72	79	78
完工	88	72	89	75	89	74	84	84

* Ⅰ——所有重要的施工设备都在现场；

** Ⅱ——只有极少数必需的设备在现场。

(2) 用下式确定整个施工过程中的场地上的 L_{eq}

$$L_{eq} = 10\lg \frac{1}{T}\sum_{i=1}^{N} T_i (10)^{L_i/10} \tag{8-54}$$

式中 L_i 为第 i 阶段(表 8-11)的 L_{eq}；T_i 为第 i 阶段延续的总时间；T 为从开始阶段($i=1$)到施工结束($i=2$)的总延续时间；N 为施工阶段数。

(3) 在离施工场地 x 距离处的上 $L_{eq}(x)$ 的修正系数为

$$ADJ = -20\lg\left(\frac{x}{0.328}+250\right)+48 \quad ADJ = -20\lg\left(\frac{x}{0.328}+250\right)+48 \tag{8-55}$$

则
$$L_{eq}(x) = L_{eq} - ADJ \tag{8-56}$$

式中 x 为离场地边界的距离(m)。

(4) 在适当的地图上画出场地周围 L_{eq} 的廓线。

第四节 环境噪声影响评价

一、噪声影响评价的内容

噪声影响评价就是解释和评估拟建项目造成的周围声环境预期变化的重大性。

1. 基本内容

国内噪声影响评价的基本内容有六个方面。

(1) 根据拟建项目多个方案的噪声预测结果和环境噪声评价标准，评述拟建项目各个方案在施工、运行阶段噪声的影响程度、影响范围和超标状况(以敏感区域或敏感点为主)。

采用环境噪声影响指数对项目建设前和预期建设后的指数值进行比较，可以直观地判断影响的重大性。依据各个方案噪声影响的大小择优推荐。

(2) 分析受噪声影响的人口分布(包括受超标和不超标噪声影响的人口分布)。

可以通过以下两个途径估计评价范围内受噪声影响的人口：①城市规划部门提供的某区域规划人口数；②若无规划人口数，可以用现有人口数和当地人口增长率计算预测年限的人口数。

(3) 分析拟建项目的噪声源和引起超标的主要噪声源及其主要原因。

(4) 分析拟建项目的选址、设备布置和设备选型的合理性；分析建设项目设计中已有的噪声防治对策的适用性和效果。

(5) 为了使拟建项目的噪声达标，评价必须提出需要增加的、适用于该项目的噪声防治对策，并分析其经济、技术的可行性。

(6) 提出针对该拟建项目的有关噪声污染管理、噪声监测和城市规划方面的建议。

2. 其他考虑

拟议项目对野生动物的影响有时很重要。例如，海洋石油勘探的噪声对海洋哺乳动物如海豚、鲸等的影响；高压输电线通道的噪声刺激有些野生动物繁殖；噪声也能影响鱼类听力。一般说，噪声的后果是破坏野生动物的正常繁殖形式和使栖息地环境恶化。在靠近珍稀和濒危野生生物保护区边界有开发行动时，应注意评估噪声对其影响。

二、噪声评价工作等级划分

噪声评价工作等级划分的依据：①按投资额划分拟建项目规模(大、中、小型建设项目);②噪声源种类及数量;③项目建设前后噪声级的变化程度;④拟建项目噪声有影响范围内的环境保护目标、环境噪声标准和人口分布。基于上述依据,将噪声评价工作划分为三级。

对于大、中型建设项目,如果其评价区内或边界外附近有适用于《城市区域环境噪声标准》(GB3096-93)中规定的0类标准及以上需要特别安静或对噪声有限制的目标,如文教区、温泉、疗养院、医院、风景游览区及名胜古迹等,或者要求环境噪声在45～55 dB(A)以下的区域,应按一级评价进行工作。

对于大、中型建设项目,如果其评价区内或边界外附近有适用于GB3096-93中规定的1,2类标准的地区,或者要求环境噪声在55～60 dB(A)以下的区域,应按二级评价进行工作。

如果评价的是处于适用GB3096-93中规定的3类标准以上地区的中型建设项目,或者是适用G3096-93中规定的1,2类标准地区的小型建设项目,应按三级评价进行工作。

对于处在非敏感区的小型建设项目不必做噪声影响专题评价,只需填写"环境影响报告表"中相关的内容。

建设项目环境噪声影响评价的工作等级要求见表8-12。

表8-12 建设项目环境噪声影响评价的工作等级要求

建设项目	评价工作等级			
	敏感地区		非敏感地区	
	大中型	小型	大中型	小型
机场	1		1	
铁路	1		2	
高速公路	1		2	
公路干线	1	2	2	3
港口	1	2	2	3
工矿企业	1	2	2	3

三、评价工作深度

1.一级评价工作深度

现状调查全部实测,噪声源强远点测试和统计;定型设备可利用制造厂测试资料,按车间或工段绘制总体噪声暴露图。评价项目齐全、图表完整、预测计算详细。预测范围覆盖全部敏感目标,并绘制等声级曲线图。编制噪声防治对策方案,内容具体实用,能反馈指导环保工程设计。

2.二级评价的工作深度

现状调查以实测为主,利用资料为辅,噪声源强可利用现有资料进行类比计算,评价项目较齐全，预测计算较详细。绘制总体声级曲线图，提出防治对策建议，能反馈指导环保工程设计。

3. 三级评价工作深度

现状调查以利用资料为主，源强统计以资料为主，不作影响评价，只作影响分析，提出防治对策建议，能付诸实施。

四、评价工作范围

噪声环境影响的评价范围一般根据评价工作等级确定。

对于包含多个呈现点声源性质的拟建项目（如工厂、港口、施工工地、铁路的站台等），该项目边界往外 200 m 内的评价范围一般能满足一级评价的要求；相应的二级和三级评价的范围可根据实际情况适当缩小。若拟建项目周围较为空旷而较远处有敏感区域，则评价范围应适当放宽到敏感区附近。

对于呈线状声源性质的拟建项目（如铁路、公路），线状声源两侧各 200 m 的评价范围一般可满足一级评价要求；二级和三级评价的范围可根据实际情况相应缩小。若拟建项目周围较空旷而较远处有敏感区，则评价范围应适当放宽到敏感区附近。

对于拟建机场，主要飞行航迹下离跑道两端各 15 km、侧向 2 km 内的评价范围一般能满足一级评价的要求；相应的二级和三级评价范围可根据实际情况适当缩小。

五、噪声防治对策

噪声环境影响评价中，噪声防治对策应该考虑从声源上降低噪声和从噪声传播途径上降低噪声两个环节。

1. 从声源上降低噪声

从声源上降低噪声是指将发声大的设备改造成发声小的或者不发声的设备，其方法如下：

(1) 改进机械设计以降低噪声。如在设计和制造过程中选用发声小的材料来制造机件，改进设备结构和形状，改进传动装置以及选用已有的低噪声设备，都可以降低声源的噪声。

(2) 改革工艺和操作方法以降低噪声。如用压力式打桩机代替柴油打桩机，把铆接改用焊接，液压代替锻压等。

(3) 保持设备处于良好的运转状态，因设备运转不正常时噪声往往增高。

2. 在噪声传播途径上降低噪声

在噪声传播途径上降低噪声是一种常用的噪声防治手段，以使噪声敏感区达标为目的。具体做法如下：

(1) 采用“闹静分开”和“合理布局”的设计原则，使高噪声设备尽可能远离噪声敏感区。

(2) 利用自然地形物(如位于噪声源和噪声敏感区之间的山丘、土坡、地堑、围墙等)降低噪声。

(3) 合理布置噪声敏感区中的建筑物功能和合理调整建筑物平面布局,即把非噪声敏感建筑或非噪声敏感房间靠近或朝向噪声源。

(4) 采取声学控制措施,例如对声源采用消声、隔振和减振措施,在传播途径上增设吸声、隔声等措施。

3. 通过评价提出的各项噪声防治对策,必须符合针对性、具体性、经济合理性、技术可行性原则。

总之,通过影响预测、评价和采取一定的防治对策后,确定推荐的拟建项目方案的环境噪声影响是可以接受的、可行的或不可接受的、不可行的。

六、工矿企业工程项目环境噪声影响评价

1. 评价工作程序

环境噪声影响评价应按图 8-2 所示的程序进行工作。

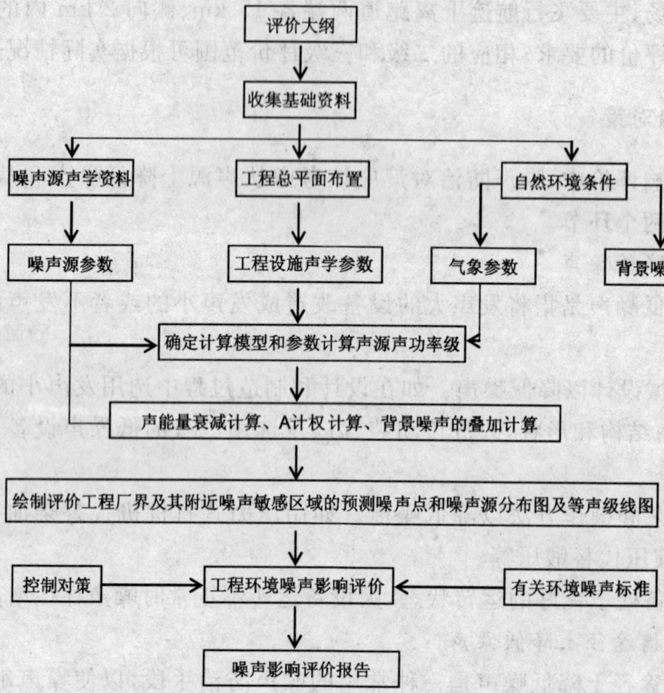

图 8-2 环境噪声影响评价的工作程序

2. 评价区范围划分

工矿企业的环境影响评价区范围，一般以本界区为标准，若边界区附近遇有敏感目标时应适当放大，一般外延在 100～300 m 范围内。

3. 基础资料的收集

评价所需的基础资料包括工程概况、噪声源声学数据和自然环境条件三部分。

(1) 工程概况

重点收集建设项目类型、建设规模、设计方案、生产方式、设备类型及数量、机械化装备水平、自动化程度、占地面积、职工人数、运输方式及机动车流量等资料。

(2) 噪声源声学数据

重点收集发声设备(如机车、飞机等)的声学参数，如声功率级。

(3) 自然环境条件

重点了解社会结构、区域经济发展现状及规划、人口分布、地理环境、气象条件以及评价区周围需要重点保护的敏感对象和区域等。

4. 噪声现状水平调查

改扩建项目需调查现有车间和厂区噪声现状，新建项目需调查厂界及评价区域内的噪声水平。一般可依据 GB 22348-11349-90《工业企业厂界噪声标准及测量方法》、GB/T14623-934《城市区域环境噪声测量方法》进行。

(1) 现有车间的噪声现状调查

重点调查处于 85dB 以上的噪声源，调查方法按《工业企业噪声调查规程(草案)》的有关规定进行。测量仪器采用精密声级计或积分式声级计。

(2) 厂区噪声水平调查

采用点阵法，每隔 10～50 m(大厂每隔 50～100 m)划分正方形网格，每个网格的交点即为测点，若测点位置遇有建筑物、河沟等障碍时，可改到旁边易测位置。敏感点和声源点附近的测点应加密。

测量时间应安排在 08－12 时，14－18 时，22－06 时，并且要选择在生产正常的阶段的无雨无雪的天气。测量时要把传声器放置到距地面高度大于 1.2 m 处。如果测量时的风力越过二级，应加防风罩，大风天气应停止测量。

稳态噪声测量，将声级计置于慢档，每个测点读取 5 个 A 声级，并以算术平均值作为代表值。非稳态噪声应使用积分声级计测量 10 min 等效声级。在测量中若发现两个测量点间的声级差大于 5 dB 时。应在其间增补测点。读数时要避免偶发性噪声干扰。

所有测点的数据都应直接标记在厂区总平面分布图的方格网坐标交点的右上角，供数据处理使用。

(3) 厂界噪声水平调查

应按 GB12348-12349-90《工业企业厂界噪声标准与测量方法》调查。

测点位置：也是采用点阵法。测点间距，中小项目取 50～110 m；大型项目取 100～300 m。对厂外可能造成重大影响的地段，应作为测量重点。如果厂界遇有围墙，则测点中心选在法定厂界上，若厂界围墙紧靠厂内建筑物，或以建筑物墙体作围墙时，则测点位置应选在墙内 3.5 m 处（或在围墙以上）；测量时段和所用仪器、读数方法均与厂区调查相同。

（4）生活居住区噪声水平调查

参考 GB/T14623-93《城市区域环境噪声测量方法》，将生活区按 250 m×250 m 划成网格，每个网格中心设噪声测点。若中心位置遇有建筑物、河流等障碍不易测量时，可将测点移至旁边可测位置；若生活区受交通噪声影响，则应在主要交通干线两侧和交通要道处建筑物外 1 m 处增设若干测点，同时记录车流量（辆/h）。如果生活区属于特殊住宅区或噪声敏感区，应进行昼夜 24 h 连续测量，给出昼夜等效声级。

（5）噪声现状水平调查数据统计处理

为了满足噪声影响预测和评价需要，所有背景噪声水平调查数据均应按有关的评价量的计算公式进行数据统计计算和处理，其结果可用表格的方式给出。

第九章 环境风险评价

以2005年松花江水污染事件为代表的一系列严重的突发环境事件，对我国的公众健康、社会稳定、经济发展甚至外交局势造成重大损失。反思这些事故，已不仅仅是某个企业是否有过失的问题，而是我国产业布局不合理、产业结构不平衡的整体问题。随着我国经济持续的高速增长，在今后相当长的一段时期内，布局性的环境隐患和结构性的环境风险，将取代个体的污染，成为我国环境安全的头号威胁。预防应对环境风险，保护公众环境安全，成为了环保部门在新时期的首要任务。

第一节 环境风险评价概述

一、环境风险评价的几个基本概念

1. 风险

风险是指生命与财产发生不幸事件的概率，是一个事件产生人们所不希望的后果的可能性。风险广泛存在于日常生活与工作之中。风险表征了在一定时间条件下和空间范围中，事件发生的可能性，与时空条件和事件的性质有关，符合一定的统计规律。风险反映了一定时空条件下不幸事件发生的可能性。由于客观存在着产生不利后果的可能性，才使一定范围内的人或事物处于危险的状态或环境之中，因此，可以把风险看作危险的根源。

2. 环境风险

环境风险是指由自然活动或人类活动的叠加引起的，通过环境介质传播的，对人类与环境产生破坏、损失乃至毁灭性作用等不利后果的事件发生的概率。环境风险具有不确定性和危害性。不确定性是指人们对事件发生的概率、发生的时间、地点、强度等事先难以准确预见；危害性是指风险事件对其承受者所造成的损失或危害，包括人身健康、经济财产、社会福利和生态系统带来的损失或危害。

环境风险分布广泛，复杂多样。按其成因可分为化学风险、物理风险和自然灾害引发的风险。化学风险是指对人类、动物和植物能产生毒害或不利作用的化学物品的排放、泄漏或易燃易爆物品的泄漏而引发的风险；物理风险是指由机械设备或机械结构的故障所引发的风险；自然灾害引发的风险是指地震、火山、洪水、台风、滑坡等自然灾害带来的各种风险。

按危害性事件承受的对象，风险分为人群风险、设施风险和生态风险。人群风险是指因危害事件而致人病、伤、死、残等损失的概率；设施风险是指危害事件对人类社会经济活动的依托设施，比如水库大坝、房屋、桥梁等造成破坏的概率；生态风险是指危害性事件对生态系统中某些要素或生态系统本身造成破坏的概率，比如生态系统中生物种群的减少或灭绝，生态系统结构与功能的变异等。

3. 环境风险评价

环境风险评价也称事故风险评价，是对环境风险可能带来的损失进行评估，并以此进行环境管理和决策的过程。通过环境风险评价，可提出减少环境风险的方案和决策。环境风险评价主要是考虑与项目联系在一起的突发性灾难事故，包括易燃易爆物质、有毒物质和放射性物质在失控状态下的泄漏，大型技术系统（如桥梁、水坝等）的故障。

环境风险广泛存在于人类的生活与生产等活动过程之中，与人类社会的经济发展密切相关。对于人类社会的经济发展所带来的或面临的不确定性影响，特别是一些重大的不确定性影响进行分析、预测和评价，有助于决策者做出更为科学、合理的决策。同时，从人类社会的开发行为的效益与风险两方面评估人类的行为，也扩大了人们的认识范围，提高了人们的认识水平。

按评价与风险事件发生的时间关系，环境风险评价分为概率评价、实时后果评价和事故后后果评价。概率评价是在风险事件发生前、预测某设施（或项目）可能发生什么事故及其可能造成的环境风险或健康风险。实时后果评价是在事故发生期间给出实时的有毒物质的迁移轨迹及实时浓度分布，以便做出正确的防护措施决策，减少事故的危害。事故后后果评价主要研究事故停止后对环境的影响。

按评价的范围，风险评价分为微观风险评价（Micro Risk Assessment）、系统风险评价（System Risk Assessment）和全国（或宏观）风险评价（National（or Macro）Risk Assessment）。微观风险评价是指对某单一设施进行风险评价；系统风险评价是对整个项目中的不同设施（如运输、储藏、加工等）、不同活动（如建设、运行、拆除）和不同的风险种类与不同的人群进行评价，其主要的要素为空间范围、时间长度、人群和效应；宏观风险评价是指全国范围内的某一行业的风险评价。

按环境风险评价的内容，环境风险评价分为各种化学物品的环境风险评价和建设项目的环境风险评价。

化学物品的环境风险评价是确定某种化学物品从生产、运输、消耗直至最终进入环境的整个过程中，乃至进入环境后，对人体健康、生态系统造成危害的可能性及其后果。对化学物品的环境风险评价，要从化学物品的生产技术、产量、化学物品的毒理性质等方面进行综合考虑，同时应考虑人体健康效应、生态效应和环境效应。如果对于目前数以百万种人工合成的化学物品和数以万种经常使用的人工合成的化学物品逐一进行风险评价，需要耗费大量的人力、物力和财力。因此，化学物品的环境风险评价应分门别类的加以识别，根据其对人体健康和环境造成危害的相对能力进行排序，确定优先级，并根据优先程度进行评价。

建设项目的环境风险评价是针对建设项目本身引起的环境风险进行评价。建设项目的环境风险评价所考虑的是建设项目引发的，不确定性的危害事件发生的概率及其危害后果。主要包括工程项目在建设和正常运行阶段所产生的各种事故及其引发的急性和慢性危害，人为事故、自然灾害等外界因素对工程项目的破坏所引发的各种事故及其急性与慢性危害，工程项目投产后正常运行产生的长期危害。建设项目的环境风险评价主要应用于核工业、化学工业、石油加工业、有害物质运输、水库大坝、桥梁等建设项目。

二、环境风险评价的内容和程序

一个完整的环境风险评价程序主要分为四个阶段：环境风险识别、环境风险频率及后果估算、风险评价和风险管理。图 9-1 是亚洲开发银行建议的环境风险评价程序。

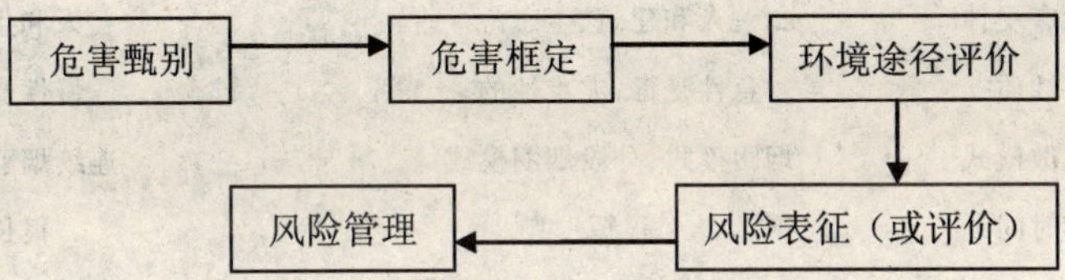

图 9-1　亚洲开发银行建议的环境风险评价

环境风险识别阶段主要进行危害甄别、危害框定（或危害分析）、事故频率估算。通过危害识别确定是火灾、爆炸，还是有毒有害物质释放，对于有毒有害物质的释放，确定释放物质的种类、释放量、释放时间、物质行为和释放的频率，框定评价等级、评价范围、评价时间跨度和评价人群；环境后果分析就是确定环境污染途径、照射剂量估算、剂量－效应评价的环境风险和后果计算，如估算有毒有害物质在环境中的迁移、扩散、浓度分布及人员受到照射的剂量；环境风险评价阶段主要给出风险的计算结果以及评价范围内某给定群体的致死率或有害效应的发生率；风险管理是根据风险评价结果，采取适当的管理措施以降低或消除风险。

三、环境风险评价与环境影响评价的区别

环境风险评价与环境影响评价既有区别又有联系。二者的根本区别在于环境影响评价所考虑的是相对确定的事件，其影响程度也相对比较容易测量和预测；而环境风险评价所考虑的是不确定性的危害事件或潜在的危险事件，这类事件具有概率特征，危害后果发生的时间、范围、强度等都难以事先预测。例如，对热电厂而言，环境影响评价主要集中讨论正常工作条件下，SO_2 和 TSP 的排放对人群以及周围环境的影响；而环境风险评价则考虑非正常运转条件下的影响，如考虑火灾、爆炸、泄漏等意外事故的发生而导致的对环境的严重影响。环境风险评价与环境影响评价的主要不同点见表 9-1。

表 9-1 环境风险评价与环境影响评价的主要不同点

次序	项目	事故风险评价(ERA)	正常工况环境影响评价(EIA)
1	分析重点	突发事故	正常运行工况
2	持续时间	一般很短	一般很长
3	应计算的物理效应	火、爆炸、向空气和地面释放污染物	向空气、地面水、地下水释放污染物、噪声、热污染等
4	释放类型	瞬时或短时间连续释放	长时间连续释放
5	应考虑的影响类型	突发性的激烈的效应以及事故后期的长远效应	连续的累积的效应
6	主要危害受体	人和建筑、生态	人和生态
7	危害性质	急性受毒;灾难性的	慢性受毒
8	大气扩散模式	烟团模式、分段烟羽模式	连续烟羽模式
9	照射时间	很短	很长
10	源项确定	较大的不确定性	不确定性很小
11	评价方法	概率方法	确定论方法
12	应急防范措施与计划	一般需要	一般不需要

环境影响评价在一定的条件下可以扩展为环境风险评价。例如，如果现有的数据表明实际的污染物浓度分布在估算浓度周围的一个很窄的范围内，则只需进行环境影响评价，如果证据表明，浓度估值存在很大的不确定性，则进行环境风险评价有助于建设项目的决策。因此，环境风险评价是在环境影响评价确定了某些重大的危险因素的基础上所做的进一步分析与评价。

第二节　源项分析

源项分析是环境风险评价的内容，是环境风险评价的第一步任务。源项分析通过危害识别确定是火灾、爆炸还是有毒有害物的释放。

一、环境风险识别

环境风险识别是在各种环境影响识别和工程分析基础上进一步辨识风险影响因素。风险影响识别可以分为两个层次：①项目的筛选；②对筛选出的项目，识别其有哪些风险源产生的风险是重大并需要进行评价的，并识别引起这次风险的主要因素和传播途径。

1. 项目的筛选

有些国家或国际金融组织将一些必须开展环境风险评价的建设项目(例如，使用杀虫剂的农业和病虫害防治。石油化工生产，有机合成工业，天然气输运和供应，危险废物的处理、存储和运输，核电站、水库大坝建设等)列出清单，供筛选时核查使用。

应用各种专家咨询方法，如专家经验判断法、得尔斐法等，对一些新的、复杂的、蕴涵风险影响的项目进行筛选。

2. 项目风险影响的识别

经筛选确定要做风险影响评价的项目，需进一步识别有哪些可能引发重大后果的风险因子，以及引发的原因。识别项目风险影响是在该项目的一般环境影响识别和工程分析基础上，对识别出来的影响因子做进一步筛选和增补，以确定应作风险影响评价的因子；然后识别引发的原因。风险影响识别应包含拟建项目建设、运行和服务期满的各个阶段。如果有可能，要延伸到项目的设计工作中。

二、分析方法

《建设项目环境风险评价技术导则》中给出了源项分析的方法：定性分析方法，如类比法，加权法和因素图分析法等；定量分析法，如概率法和指数法，包括爆炸危险指数法、事件树分析法、故障树分析法等。由于在工程项目的风险影响识别和预测中，故障树与事故树法有广泛的应用，下面加以简单的介绍。

1. 故障树分析法(Fault Tree Analysis, FTA)

故障树是一种演绎分析，用以描述能导致一个过程达到“顶事件”的一种特定危险状态的所有可能故障关系。“顶事件”也是风险评价的目标事件，它可以是一个事故序列，也可以是风险评价中认为重要的任一事故状态。通过故障树分析还能估算顶事件的发生概率。

显然,如果选用的顶事件不同,所得的故障树也不相同。在做污染事故源项的分析时,一般取污染物质向环境的事故排放作为顶事件。对于复杂的系统,为了便于分析,也可以把顶事件下面的一二级中间事件作为子故障树的顶事件。

在应用故障树之前,先将复杂的环境风险系统分解成比较简单的、容易被识别的小系统。例如,可以把建设化肥厂的环境风险分解为化学风险、物理风险等。化学风险可以分解为:有毒原料的输运和储存,各条生产线上单元反应过程的控制和有毒物料的单元操作,有毒成品的储存和外运等。

化学风险是化学工业、石油加工业、有害材料运输业项目所必须考虑的因素。对不同的建设项目,有不同的分解内容。就化肥厂而言,也同样存在物理风险,如运输过程中造成的危险。总之,分解原则是将风险问题单元化,明确化。

(1) 程序

故障树分析的程序为:①调查原始资料,以满足系统分析的需要;②进行初始分析;③作 FT 图;④简化 FT 图;⑤估算底(基本)事件概率;⑥计算所分析事故(顶事件)的发生概率;⑦确定系统所需的修正范围。①—④步为影响识别工作,⑤—⑦在风险变量中讨论。所谓基本事件,就是最基本的、不能再往下分析的事件。

(2) 符号

在 FTA 中,常用□表示顶事件或中间事件,○表示基本事件,△表示转移或输入,即由另一个过程转移过来的事件,⋂表示与门,即几个事件同时发生时才构成继发事件;⋒表示或门,即几个事件中只要有一件发生后即会继发的。

如反应器爆炸事故:一个反应器内的物料要保持在一定温度下才能反应,但温度过高会引起爆炸。反应器的控制流程见图 9-2。这时,反应器爆炸是顶事件(见图 9-3)。

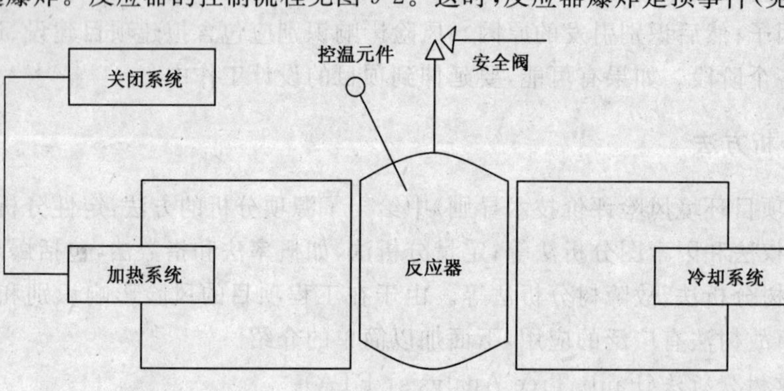

图 9-2 反应器温度控制流程

图 9-3 中 E_1 至 E_5 都为中间事件，都可以由初因事件到中间事件的故障树表示出来。

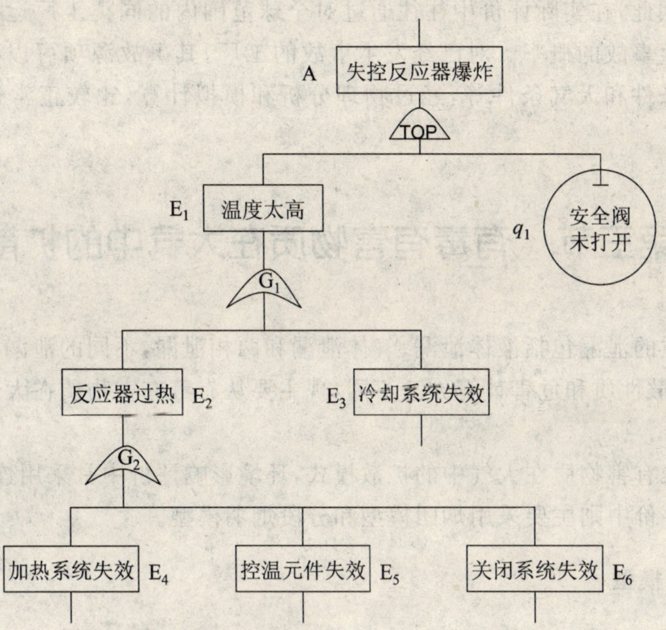

图 9-3　温度失控导致反应器爆炸的故障树

2. 事件树分析(Event Tree Analysis，ETA)

事件树分析是从初因事件出发，按照事件发展的时序，分成阶段，对后继事件一步一步地进行分析；每一步都从成功和失败(可能与不可能)两种或多种可能的状态进行考虑(分支)，最后直到用水平树状图表示其可能后果的一种分析方法，以定性、定量了解整个事故的动态变化过程及其各种状态的发生概率。

实际经验告诉我们，ETA 常常是一种马尔可夫链，即其后继事件的出现是以前一事件发生为条件而与再前面的事件无关的，是许多事件按时间顺序相继出现、发展的结果。针对所选择的不同故障事件作为初因事件，ETA 可分析得出相应不同的事件链。事故排放故障树分析所确定的能导致向环境排放污染物的各种事件，由于其故障原因和所导致的污染物排放形态各异，使得事故排放的强度有所差别，因此都应作为源强事件树分析的初因事件。

简单的污染源源强分析，可取其事故排放顶事件为事件树的初因事件。应用 ETA，可以分析出事故源强及其后果的概率分布谱，也可用 ETA 分析污染源事故排放后通过环境介质造成受体安全风险的过程。

3.事故源项的实际调查

事故源项的确定是十分复杂的,特别是故障树中那些基本原因事件的发生概率很难估计。因此,在实际评价中往往通过对全球范围内的同类工厂运行事故调查来确定可能发生事故的概率。对已经发生事故的工厂,其事故源项可以根据发生事故当时的监测条件和天气条件等,经过物理分析和模拟计算,比较正常运行条件后得出。

第三节 有毒有害物质在大气中的扩散

有害物质的泄漏包括液体泄漏、气体泄漏和两相泄漏,不同的泄漏类型其物质的排放速率、扩散性质和危害计算方法不同,现主要从有毒有害物质在大气中的扩散方面简单介绍。

对于有毒有害物质在大气中的扩散模式,环境影响评价中常采用连续烟羽模型,而环境风险评价中则主要采用烟团模型和分段烟羽模型。

一、烟团模型

烟团模型的基本公式如下

$$C(x,y,0)=\frac{2Q}{(2\pi)^{3/2}\sigma_x\sigma_y\sigma_z}\exp\left\{-\frac{(x-x_0)^2}{2\sigma_x^2}\right\}\exp\left\{-\frac{(y-y_0)^2}{2\sigma_y^2}\right\}\exp\left\{-\frac{{z_0}^2}{2{\sigma_z}^2}\right\} \tag{9-1}$$

式中 $C(x,y,0)$ 为下风向地面 (x,y) 坐标处的空气污染浓度;x_0,y_0,z_0 为烟团中心坐标;Q 为事故期间烟团的排放量。

二、多烟团体源模型

鉴于事故排放往往会影响到下风向几十千米甚至更远处,故必须考虑扩散过程中的天气条件(风向、风速、稳定度等)的变化,可采用变天气条件多烟团模型。

变天气条件下的体源烟团模型的特点是把输送时间分割为若干时段,每个时段内的风向、风速与稳定度都视为恒定不变。假设每个时段排放一个烟团,按照下面的方法跟踪烟团轨迹,计算每个烟团在各个时刻对关心点的贡献,即某一时段的污染物浓度视为上一时段所有无限小体积元 $\mathrm{d}x\mathrm{d}y\mathrm{d}z$ 的贡献的叠加。

设 k 时段结束时的浓度分布视为上一时段所有无限小体积元 $\mathrm{d}x\mathrm{d}y\mathrm{d}z$ 中的污染物,可视为下一时段的点源,其源强为

$$\mathrm{d}Q(x_k,y_k,z_k,t_k)\mathrm{d}x\mathrm{d}y\mathrm{d}z=C_k(x_k,y_k,z_k,t_k)\mathrm{d}x\mathrm{d}y\mathrm{d}z$$

此点源在$(k+1)$时段的贡献为

$$dC_{k+1}(x,y,z,t)=\frac{dQ(x_k,y_k,z_k,t_k)}{(2\pi)^{3/2}\sigma_{x,k+1}\sigma_{y,k+1}\sigma_{z,k+1}}\exp\left\{-\frac{[x-x_k-u_{x,k}(t-t_k)]^2}{2\sigma_{x,k+1}{}^2}\right\}$$
$$\exp\left\{-\frac{[y-y_k-u_{y,k}(t-t_k)]^2}{2\sigma_{y,k+1}}\right\}\left\{\exp\left[\frac{(z-z_k)^2}{2\sigma_{z,k+1}{}^2}\right]+\exp\left[\frac{(z+z_k)^2}{2\sigma_{z,k+1}{}^2}\right]\right\} \quad (9\text{-}2)$$

根据式(9-2)可求得第 i 个烟团在第 w 时段在点$(x,y,0)$产生的地面浓度为

$$C_{wi}(x,y,0,t_w)=\frac{2Q'}{(2\pi)^{3/2}\sigma_{x,eff}\sigma_{y,eff}\sigma_{z,eff}}\exp\left(-\frac{H_e{}^2}{2\sigma_{x,eff}{}^2}\right)$$
$$\exp\left\{-\left[\frac{(x-x_w{}^i)^2}{2\sigma_{x,eff}{}^2}+\frac{(y-y_w{}^i)^2}{2\sigma_{y,eff}{}^2}\right]\right\} \quad (9\text{-}3)$$

其 t_w 时段的事故扩散因子为

$$\left(\frac{C}{Q}\right)_w=\frac{2}{(2\pi)^{3/2}\sigma_{x,eff}\sigma_{y,eff}\sigma_{z,eff}}\exp\left(-\frac{H_e{}^2}{2\sigma_{x,eff}{}^2}\right)$$
$$\exp\left\{-\left[\frac{(x-x_w{}^i)^2}{2\sigma_{x,eff}{}^2}+\frac{(y-y_w{}^i)^2}{2\sigma_{y,eff}{}^2}\right]\right\} \quad (9\text{-}4)$$

式中 Q'为烟团排放量，$Q'=Q\Delta t$；Q 为释放率；Δt 为时段长度；$x_w{}^i$，$y_w{}^i$ 分别为 w 时段结束时第 i 个烟团质心的 x，y 坐标，即

$$x_w{}^i=u_{x,w}(t-t_{w-1})+\sum_{k=1}^{w-1}u_{x,k}(t_k-t_{k-1})$$
$$y_w{}^i=u_{y,w}(t-t_{w-1})+\sum_{k=1}^{w-1}u_{y,k}(t_k-t_{k-1}) \quad (9\text{-}5)$$

式中 $\sigma_{x,eff}$，$\sigma_{y,eff}$，$\sigma_{z,eff}$ 分别为烟团在 w 时段沿 x，y，z 方向的等效扩散系数，即

$$\sigma_{j,eff}{}^2=\sum_{k=1}^{w}\sigma_{j,k}{}^2 \quad (9\text{-}6)$$

三、分段烟羽模型

当事故排放源持续较长时，应当采用烟羽模型。

烟羽模型以一系列的烟羽段来描述烟羽。假设在每个时段 Δt_m（例如 1 h）内，所有的气象参数（稳定度、风向、风速等）和排放参数都保持不变。每个烟羽都将产生一浓度场，该浓度场可由高斯烟羽公式来描述，即位于点 $S(0,0,z_s)$ 的点源在位置 $r(x_r,y_r,z_r)$ 产生的浓度 C 为：

$$C=\frac{Q}{2\pi\mu\sigma_y\sigma_z}\exp\left(-\frac{y_r{}^2}{2\sigma_y{}^2}\right)\left\{\exp\left[\frac{(z+\Delta H_e-z_r)^2}{2\sigma_z{}^2}\right]+\exp\left[-\frac{(z+\Delta H_e+z_r)^2}{2\sigma_z{}^2}\right]\right\} \quad (9\text{-}7)$$

其短期扩散因子为

$$\frac{C}{Q}=\frac{1}{2\pi\mu\sigma_y\sigma_z}\exp\left(-\frac{y_r^{\ 2}}{2\sigma_y^{\ 2}}\right)\left\{\exp\left[\frac{(z+\Delta H_e-z_r)^2}{2\sigma_z^{\ 2}}\right]+\exp\left[-\frac{(z+\Delta H_e+z_r)^2}{2\sigma_z^{\ 2}}\right]\right\} \tag{9-8}$$

式中 Q 为污染物释放率；ΔH_e 为烟羽抬升高度；σ_x，σ_y 为下风距离 x_r 处的水平扩散参数和垂直扩散参数。

由式(9-7)可知，只有最接近接受点的那段烟羽才对浓度计算有影响。

四、天气取样技术

天气条件是影响环境风险的重要参数。实际上，许多天气系列可能导致类似的有毒有害物的弥散。对这类天气序列归并成组，然后从每组中选出几个代表性序列进行分析，可大大减少计算时间。因此，天气取样的目的是鉴别出符合下列条件的适量的天气序列，即这些天气序列足以代表弥散物质可能遇到的全部范围的天气序列，然后分配给每一类天气序列一合适的出现概率。

天气取样技术一般有循环取样、随机取样和分层取样三种；前两种方法都只是频繁的对经常出现的那些气象序列组取样而忽略了比较罕见的(可能影响比较严重的)天气序列，但分层取样技术基本克服了这些缺点。

以秦山核电站二期工程大气扩散实验期(即 1991 年 10 月 31 日—1992 年 10 月 31 日)铁塔实测资料(风速、风向、稳定度、向量)为例说明分层取样技术。

天气取样序列特征列于表 9-2。该表中天气取样序列分为 32 组，其中前 16 组是不发生降雨事件、后 16 组是在事故发生后不同下风向距离间隔中发生降雨事件。

表 9-2　天气取样特征

天气序列号	特　征	天气序列号	特　征
1	A、B 稳定度，风速≤3.0 m/s	17	在(0,10)区间降雨强度为 1
2	A、B 稳定度，风速＜3.0 m/s	18	在(10,16)区间降雨强度为 1
3	C、D 稳定度，风速≤1.0 m/s	19	在(16,24)区间降雨强度为 1
4	C、D 稳定度，1.0＜风速≤2.0 m/s	20	在(24,32)区间降雨强度为 1
5	C、D 稳定度，2.0＜风速≤3.0 m/s	21	在(0,10)区间降雨强度为 2
6	C、D 稳定度，3.0＜风速≤5.0 m/s	22	在(10,16)区间降雨强度为 2
7	C、D 稳定度，5.0＜风速≤7.0 m/s	23	在(16,24)区间降雨强度为 2
8	C、D 稳定度，风速＞7.0 m/s	24	在(24,32)区间降雨强度为 2
9	E 稳定度，风速≤1.0 m/s	25	在(0,10)区间降雨强度为 3
10	E 稳定度，1.0＜风速≤2.0 m/s	26	在(10,16)区间降雨强度为 3
11	E 稳定度，2.0＜风速≤3.0 m/s	27	在(16,24)区间降雨强度为 3
12	E 稳定度，风速＞3.0 m/s	28	在(24,32)区间降雨强度为 3
13	F 稳定度，风速≤1.0 m/s	29	在(0,10)区间降雨强度为 4
14	F 稳定度，1.0＜风速≤2.0 m/s	30	在(10,16)区间降雨强度为 4
15	F 稳定度，2.0＜风速≤3.0 m/s	31	在(16,24)区间降雨强度为 4
16	F 稳定度，风速＞3.0 m/s	32	在(24,32)区间降雨强度为 4

表 9-2 中(0,10)表示 0～10 km 区间,降雨强度 1,2,3,4 分别表示降雨强度为＜0.5 mm/h,0.5～2.5 mm/h,2.5～15.0 mm/h 和＞15.0 mm/h。根据表 9-2 的分类特征,把秦山二期一年的逐时气象数据代入,得到每类天气序列出现的次数和频率(见表 9-3)

表 9-3　不同天气序列组的出现的次数和频率

天气类型	序列数	百分比(%)	天气类型	序列数	百分比(%)
1	234	2.80	17	614	7.35
2	434	5.19	18	193	2.31
3	109	1.30	19	114	1.36
4	348	4.17	20	59	0.71
5	556	6.65	21	124	1.48
6	1238	14.82	22	32	0.38
7	1215	14.54	23	17	0.20
8	1252	14.99	24	10	0.12
9	45	0.54	25	67	0.80
10	127	1.52	26	12	0.14
11	224	2.68	27	10	0.12
12	974	11.68	28	5	0.06
13	24	0.29	29	84	1.01
14	98	1.17	30	34	0.41
15	118	1.41	31	18	0.22
16	371	4.44	32	4	0.05

在众多组天气序列中取代表序列的方法有两种:其一是等序列法,即对每一类天气序列取相同数目的代表序列;二是等概率法,即对第 i 类天气序列,其取样数等于 $(128/N_0)N_i$ 并取整数,若小于 1,则取 1,其中 N_0 代表 1 年中有效观测总次数,N_i 代表此类天气序列组出现的次数。本例中,采用等序列法取样,即每组取 4 个,一共取 128 个样,取样结果列于表 9-4。

表 9-4　天气取样结果

序列号	天气类型	日期序号	历时	发生概率(%)	序列号	天气类型	日期序号	历时	发生概率(%)	序列号	天气类型	日期序号	历时	发生概率(%)
1	1	9	12	2.80	44	11	236	20	2.68	87	22	304	22	0.38
2	1	154	13	2.80	45	12	4	5	11.66	88	22	327	20	0.38
3	1	255	13	2.80	46	12	127	19	11.66	89	23	142	23	0.20
4	1	262	15	2.80	47	12	205	19	11.66	90	23	178	10	0.20
5	2	35	11	5.19	48	12	286	22	11.66	91	23	318	14	0.20
6	2	180	10	5.19	49	13	13	2	0. 29	92	23	318	14	0.20
7	2	273	11	5.19	50	13	97	19	0.29	93	24	158	6	0.12
8	2	327	13	5.19	51	13	97	20	0.29	94	24	158	6	0.12
9	3	29	11	1.30	52	13	261	2	0.29	95	24	194	23	0.12

续表

序列号	天气类型	日期序号	历时	发生概率(%)	序列号	天气类型	日期序号	历时	发生概率(%)	序列号	天气类型	日期序号	历时	发生概率(%)
10	3	81	8	1.30	53	14	29	24	1.17	96	24	199	2	0.12
11	3	154	10	1.30	54	14	76	23	1.17	97	25	66	10	0.80
12	3	345	9	1.30	55	14	77	3	1.17	98	25	136	3	0.80
13	4	37	15	4.17	56	14	209	2	1.17	99	25	147	19	0.80
14	4	88	11	4.17	57	15	3	5	1.41	100	25	289	8	0.80
15	4	171	9	4.17	58	15	77	6	1.41	101	26	138	20	0.14
16	4	285	16	4.17	59	15	85	23	1.41	102	26	158	11	0.14
17	5	21	15	6.65	60	15	116	24	1.41	103	26	229	19	0.14
18	5	103	11	6.65	61	16	10	24	4.44	104	26	306	7	0.14
19	5	255	16	6.65	62	16	63	3	4.44	105	27	27	19	0.12
20	5	316	3	6.65	63	16	116	4	4.44	106	27	138	18	0.12
21	6	15	9	14.82	64	16	339	22	4.44	107	27	189	3	0.12
22	6	112	7	14.82	65	17	25	12	7.35	108	27	305	2	0.12
23	6	297	1	14.82	66	17	140	5	7.35	109	28	23	5	0.06
24	6	361	11	14.82	67	17	244	6	7.35	110	28	173	13	0.06
25	7	42	4	14.54	68	17	246	18	7.35	111	28	173	13	0.06
26	7	214	4	14.54	69	18	64	8	2.31	112	28	229	10	0.06
27	7	257	16	14.54	70	18	147	9	2.31	113	29	141	12	1.01
28	7	334	23	14.54	71	18	302	13	2.31	114	29	199	7	1.01
29	8	57	22	14.99	72	18	328	8	2.31	115	29	290	8	1.01
30	8	172	16	14.99	73	19	74	11	1.36	116	29	305	23	1.01
31	8	207	20	14.99	74	19	149	17	1.36	117	30	189	18	0.41
32	8	267	19	14.99	75	19	240	12	1.36	118	30	287	21	0.41
33	9	42	17	0.54	76	19	300	20	1.36	119	30	292	19	0.41
34	9	48	17	0.54	77	20	67	23	0.71	120	30	328	9	0.41
35	9	139	21	0.54	78	20	217	1	0.71	121	31	234	13	0.22
36	9	170	5	0.54	79	20	288	19	0.71	122	31	287	18	0.22
37	10	21	7	1.52	80	20	310	8	0.71	123	31	292	17	0.22
38	10	102	21	1.52	81	21	126	1	1.48	124	31	313	15	0.22
39	10	179	1	1.52	82	21	147	20	1.48	125	32	234	12	0.05
40	10	351	23	1.52	83	21	158	9	1.48	126	32	282	24	0.05
41	11	13	19	2.68	84	21	333	24	1.48	127	32	283	1	0.05
42	11	127	121	2.68	85	22	158	8	0.38	128	32	287	17	0.05
43	11	198	2	2.68	86	22	178	11	0.38					

五、环境后果分析

环境后果分析就是通过对最大可信灾害事件的源项参数条件——事件所致的泄漏状况、泄出物质的相态和理化毒理特性、泄出物向环境的转移方式和途径、泄出物可能造成灾害的类型的计算和事件发生后对环境——水体、大气、土壤、生物和人、财产的不利影响分析,为环境风险预测评价提供依据。通过最大可信灾害事件风险评价,可确定系统风险的可接受程度。如果最大可信灾害事件风险值超出可接受水平,需要采取降低系统风险的措施,否则是可接受的。

1. 有害物质泄漏量的计算

假设有害气体的排放是在理想气体的绝热可逆膨胀过程条件下进行的,其排放速率可根据 Crane(1981)提供的公式计算

$$Q = YA_\gamma C_d \rho_1 \left\{ \left[\left(\frac{M\gamma}{RT_1} \right) \left(\frac{2}{\gamma+1} \right) \right]^{\frac{\gamma+1}{\gamma-1}} \right\}^{1/2} \tag{9-9}$$

式中 Q 为气体的泄漏速率,kg/h;Y 为泄漏系数,当 $P_a < P_1[2/(\gamma+1)]^{\gamma/(\gamma-1)}$ 时,$Y=0 \sim 1$;C_d 为排放系数,取决于泄漏孔的形状和流动状态;A_γ 为泄漏孔所对着的有效开放区域(或称释放面积),m^2;ρ_1 为有害气体密度,kg/m^3;T_1 为温度,K;R 为气体普适常数,J/(mol · K);M 为有害气体相对分子质量;γ 为热辐射量。

2. 有害物质泄漏后的扩散估算

有害气体在大气中的扩散近年来引起了广泛的重视,因而发展了许多扩散模型。在环境风险评价中,通常比空气密度大的烟云最重要,因为这种烟云将下沉而造成危害。下面是仅考虑重力作用时的扩散公式,该模型中认为瞬间泄漏的烟云形成半径为 R、高度为 h 的圆柱体,公式为

$$\frac{dR}{dt} = [Kgh(\rho_2 - 1)]^{1/2} \tag{9-10}$$

式中 R 为烟云形成的半径,m;K 为实验值,一般取 1;ρ_2 为烟气密度,kg/m^3;h 为烟云高度,m。

3. 有害物质泄漏的影响

有害物质泄漏引起的影响程度,取决于暴露时间、暴露浓度以及泄漏物质的毒性。不过,人们对物质的毒性了解还很不全面,比较不同物质的毒性也比较困难。常用半致死浓度或极限阈值浓度选择扩散计算中最低浓度。有毒物质泄漏的影响范围可以根据大气污染物扩散模式的计算结果和选择的最低浓度确定。

(1) 半致死浓度:表示在接触期间内有 50%的生物死亡的浓度。

(2) 极限阈值浓度:表示在给定的暴露时间内不产生危害的极限接触浓度,一般应指出正常工作条件下的极限值浓度和紧急暴露短期极限阈值浓度。

第四节 风险评价

一、评价目的

环境风险评价的目的是确定什么样的风险是社会可接受的,因此也可以说环境风险评价是评判环境风险的概率及其后果可接受性的过程。判断一种环境风险是否能被接受,通常采用比较的方法,即把这个环境风险同已经存在的其他风险、承担风险所带来的效益、减缓风险所消耗的成本等进行适当的比较。

量子力学的测不准原理指出,两个相关量中不确定性的积等于或大于一个常数。这意味着研究人员要提高一个变量的确定性的任何措施会自动地以提高另一个变量的不确定性为代价。例如,一个研究人员要很准确测定某粒子的位置,则他对粒子速度测定的准确度将很低。

在环境风险分析中也有与此相当的规律,可称为"不期望原理":一项行动产生两个或多个互相矛盾的过程所取得的效益和需付出的代价的积是一个常数。因此,社会在一定程度上可能达到某一期望目标的同时,意味着社会也愿意支付另一个不期望目标可能造成的损失。

从逻辑上说,不可能将任何事件的风险缩减到零,而人们追求一项开发行动或一种新技术带来的社会效益往往认为比能察觉的风险影响更重要。因此,要广泛收集材料,了解公众和决策部门的反映,由各种行动方案(包括不行动)的效益和付出的代价大小,经过权衡后决定。但由于缺少经验,对风险度与风险后果的估计常常是不准确的。

二、评价标准

风险评价中常用的标准主要有三类。

1. 补偿极限标准

风险损失一般有两类:一是事故造成的物质损失;二是因事故造成的人员伤亡。

物质损失可核算成经济损失,它的风险标准比较好定,常用补偿极限标准,即随着安全防护投资的增加,年事故损失发生率会下降,但当达到某点时,增加投资从减少事故损失达到的补偿极微,此时的风险度可作为评价标准。

2. 人员伤亡风险标准

普通人受自然灾害的危害或从事某种职业造成伤亡的概率是客观存在的,是一般人能接受的,这样的风险度可作为评价标准。表 9-5 是一年中有 1×10^{-6} 风险概率的行动。这是一般人都能接受的风险。图 9-4 所示风险背景值中的曲线 A 表示每年不同年龄人群自然死亡率。

3. 恒定风险标准

当存在多种可能的事故，而每一类事故不论其后果的强度如何，它的风险概率与风险后果强度的乘积规定为一个可接受的恒定值。当投资者有足够的资金去补偿事故损失时，该恒定风险值作为评价和管理标准是最客观与合理的。然而，投资者往往对其中某类事故更为关注，常常愿意花钱去降低低频高强的事故风险，而不愿花钱去减小高频低强的风险，尽管两者的乘积（即可能的风险损失）并没有什么区别。

表 9-5　一年中有 1×10^{-6} 死亡风险概率的行动

行动	风险性质
吸 1.4 支烟	致癌和心脏病
喝 0.5L 葡萄酒	肝硬化
在煤矿井中待 1h	黑肺病
在煤矿井中待 3h	矿井事故
在纽约或波士顿住 2d	空气污染/心脏病
坐独木舟 6 min	事故
骑自行车 16 km	事故
坐小轿车 48 km	事故
坐喷气式飞机 1600 km	事故
坐喷气式飞机 9600 km	由于宇宙线引起的癌症
从纽约到丹佛度假住 2 个月	由天然放射性引起的癌症
在一个好的医院作一次 X 光胸透	X 射线引起癌症
吃 40 汤匙储存得不好的花生米	由黄曲霉素引起肝癌
与抽烟的人生活 2 个月	癌、心脏病
饮用大量投氯的自来水一年	氯仿引起癌症
饮用 1000 罐 0.5 kg 的软包装饮料（现已禁用）	由丙烯氰单体引起的癌症
在 PVC 工厂附近住 20 年	氯乙烯引起癌症
离一个核电厂 32 km 范围内住 150 年	辐射引起癌症
吃 100 块用木炭烤的牛排	苯并[a]芘引起癌症
离一个核反应堆 8 km 范围内住 50 年，其中的所有事故风险	辐射引起癌症

注：表中资料是据 1970 年前的统计推算的。

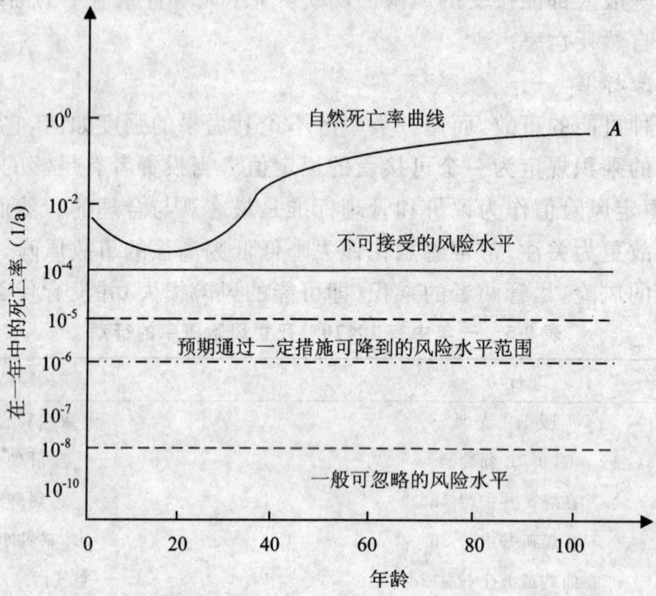

图 9-4 风险背景值

三、评价内容

拟议开发行动或建设项目的风险评价内容和项目所处的自然与社会条件，乃至人群的风险意识等都有密切关系。

1. 评价层次

拟议开发行动或项目就其风险影响的范围和程度可以从三个层次进行评价。

（1）从受影响区域的社会经济层次进行风险评价，即评估该拟议项目的重大风险给社会经济带来损害，同时评估其是否从别的方面降低了风险带来了效益；据此全面评价项目风险的可接受性。例如，某地建一个大型油库，会有爆炸、火灾和造成环境污染的风险，但是它消除了该地用小驳船运送油品产生频率较高的溢油污染、撞船等带来的环境风险。

（2）从拟议行动或开发项目及与之有关联的周围环境条件层次作为整体出发，按“环境风险系统”的概念，从风险源、初级控制条件、二级控制条件到目标来进行评价。

（3）从行动或项目的具体问题出发，评价其风险的重大性和可接受性。

2. 评价范围

一般从以下 6 个方面来确定风险评价的范围。

（1）根据引起不利的危害事件的类型来确定

危害事件的类型有项目正常运行引起的不利事件;项目非正常状态下的事故;自然灾害等外界因素对工程项目的破坏引起的危害事件。

(2) 根据接受风险的人群来判断

接受风险的人群分为:项目工作人员(职业性风险)、一般公众和特殊敏感人群。

(3) 根据工程材料流程的不同阶段来确定

有些危险物品除在其自身建筑边界附近会引起风险外,还会由于另外的因素引起风险,比如原材料阶段、基本生产阶段、深加工阶段、存储阶段、运输阶段、产品作用阶段和废物处理阶段等。

(4) 根据评价的地理边界来确定

一个项目的材料流程可以延伸到距厂址很远的地方,因此,必须确定环境风险评价的适当的地理边界。

(5) 根据项目建设的不同阶段来确定

根据项目规划、施工、调试、运营、服务期满后等不同阶段确定不同的环境风险评价边界。

(6) 根据风险存在的可能时间来确定

有些建设项目产生的有毒材料被认为能在环境中无限地循环下去。因此,把评价时间仅限在使用期内是不合理的,另外,还应注意采用什么样的评价指标。

3. 评价深度

根据环境风险的可接受程度和环境风险管理的不同要求,按照前述的微观风险评价、系统风险评价和全国(或宏观)风险评价等不同深度进行。

4. 风险的重大性和可接受性

评价风险的重大性的主要方法是将预测的环境风险与风险标准进行比较,超过标准可以判断为重大风险。对于风险的可接受性,如前面已讨论的,涉及许多因素:发生概率的估计,后果或破坏范围及程度,人群健康影响大小和伤亡人数,生态系统损害和破坏程度以及人们的感觉和伦理等。在缺少定量数据时,可以采用定性的分析方法。

(1) 发生概率:可分为极少发生、偶尔、有时、经常和反复出现。

(2) 后果或破坏范围及程度:①范围可以给出定量的概念,例如,给出使人群中毒和死亡的空气污染范围 $r=0\sim1000$ m;不同超标概率河段的长度范围等;②严重程度可采用灾难性的、严重的、有限的、较小的、可忽略……表示。

(3) 对人群健康和安全,可以定量化给出死亡和致病人数,也可给出因病、伤使区域劳动力丧失工作能力的时间占总劳动力工时的百分数(例如 5%或 356 h/a)。

(4)对生态系统损害和破坏的表示可以采用:①影响范围内的所有生命不可恢复性的破坏;②大片栖息地破坏,关键物种丧失;③暂时性损害,经过不长时间可恢复到事故前状态；④生态系统中少部分物种有轻微的、可恢复的破坏等。

四、应注意的问题

环境风险是社会发展必然产生的一种现象，环境风险评价是为了解环境风险并提出降低风险的措施和方法，它实际上是对社会效益、经济效益和环境风险进行比较，寻找出社会经济发展的最佳途径。进行环境风险评价应注意如下一些问题。

1. 各种环境风险是相互联系的，降低一种风险可能引起另外一种风险。因此要求评价主体应具有比较风险的能力，要做出是否能接受的判断。

2. 环境风险与社会效益、经济效益是相互联系的。通常风险愈大，效益愈高。降低一种环境风险，常常意味着降低了风险带来的社会效益和经济效益。因此必须予以合理地协调。

3. 环境风险评价与评价主体的风险观相联系。对于同一种环境风险，不同的风险观可以有不同的评价结论。

4. 环境风险评价与不确定性相联系。环境风险本身是由于各种不确定性因素形成的。而识别环境风险、度量环境风险仍然存在着不确定性。环境风险不可能被精确地衡量出来，它只能是一种估计。

第五节　风险评价中的不确定性分析

事故是发生后果难以估计的事件，低概率、高危害事件的不经常发生，条件的变化与更新以及时间和经费的限制导致了信息的匮乏，增加了评价的难度。

一、环境风险事件的不确定性

环境风险事件指的是可能对环境构成危害并具有风险性的事件。这种事件的发生是带有不确定性的，其后果往往是严重的，可导致一定范围环境条件的恶化，破坏人群正常生产、生活活动，引起局部生态系统的破坏或毁灭。例如，不明水文地质条件的变化使地下水位降低，或上游降雨量减少使河流来水量不能满足城市供水需要，货船运输的毒物泄漏事故使大片水面污染并导致生态灾难，以及核电站的放射性物质泄漏造成区域性环境污染等，都是典型的环境风险事件。

不确定性一般指不肯定、不确知或变动的性质。风险本身就具有不确定性，而风险分析也必然包含大量不确定性。在环境风险分析中，不确定性首先来源于客观信息量，而其准确性常常不足；其次是利用这些信息推理、计算和决策所采用的方法和模型往往不能较近似地反映实际；第三是缺乏能为公众接受的各种必需的风险标准；

第四是风险防范措施的选择中要考虑权值，而要确定值又涉及复杂的、有限的自然、人力和财力资源等的有效利用和分配，这又涉及价值判断等。

关于环境风险的识别见第二节内容，下面介绍由于环境风险的概率分布估计导致的不确定性。

二、风险源强的概率分布估计

通常，事故被认为是发生后果难以估计的事件，要对未来低概率、高危害事件的规模进行预测是一个挑战性的课题。困难不仅来自分析方法学，而且来源于分析所需的信息十分有限。信息的匮乏是因为低概率、高危害事件的不经常发生，条件的变化与更新以及时间和经费的限制。事实上，在任何事故分析中，试图通过做实验或现场测试去进一步收集数据所增加的费用在某种程度上是毫无价值的。在许多正常条件下，做决策也不能完全建立在数据之上。所以，事故的概率及其风险的估计只能基于该问题内在的随机特性的认识和可能得到的用于估计未来风险的信息量。

事故源强是指事故造成的污染强度。它与污染源几何尺寸大小、规模(所含污染物量)、安全设施条件、地理特征和人口密度等物理因素和社会因素等有关。它包括初始污染源事故排放强度和最终的危害大小(死亡率、经济损失等)两种；而根据度量单位的不同，事故排放强度又可以分解为排放量、流量、浓度、时间 4 种指标。

尽管并不是所有的事故强度的分布呈同样的形态，但却可以在文献中找到其强度的经验分布。研究发现，事故强度的分布大致呈指数型，强度愈小的事故，发生愈频繁。指数分布与对数分布曾被应用于模拟事故强度的分布，尽管采用指数分布常常会低估了较大事故强度的发生概率。图 9-5 是两种典型的强度分布曲线。由图可见，低排放强度事故排放的概率较大。

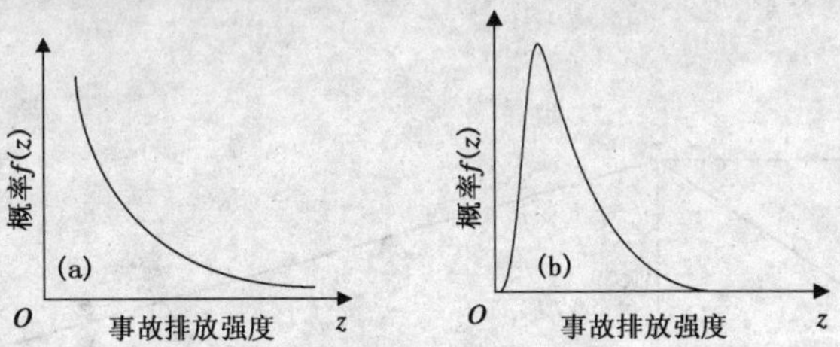

图 9-5　两种典型的事故排放强度分布密度曲线

(a) 指数分布；(b)对数正态分布

第六节 事故源项发生概率的估计方法

主要是估计源项的源强及其发生概率。

1. 客观估计法

由于风险评价中要考虑源强的事件太多,同时为减少调查的工作量,只能关注于排放强度 $z>z_0$ 的事件。设调查时段 t 内事故排放次数为 N,强度小于等于 z_1 的排放次数为 n_i,当调查次数足够多时,强度 z_i 对应的累积频率为

$$f(z_i)=n_i/N \tag{9-11}$$

此类方法是通过对污染源的事故记录调查,计算出频数分布,从而获得事故排放强度的分布。这种方法将过去没有发生过的较大强度出现的概率认为是零,而重大污染事故通常又是稀少事件,所以这类估计往往会忽略或低估了较大强度事件的发生,也低估了高危害后果事件的概率。

2. 主观估计法

主观估计所采用的概率分布形态有多种,如矩形、阶梯形、三角形和正态型等。有时由于资料比较少,请专家估计很多数据也不适宜。这时采用三角形分布是较简便和实用的分析;对于三角形分布只需知道:①最小值;②最可能的值;③最大的值。例如,对于某一体积为 10 m^3 的储罐,根据经验估计其最小、最大、最可能的泄漏量分别为 0,10 m^3 和 3 m^3。则得到图 9-6 所示的三角形分布。由密度函数归一化得最大可能泄漏量的概率为 $1/2P_n(10-0)=1$ 即 $P_n=20\%$。

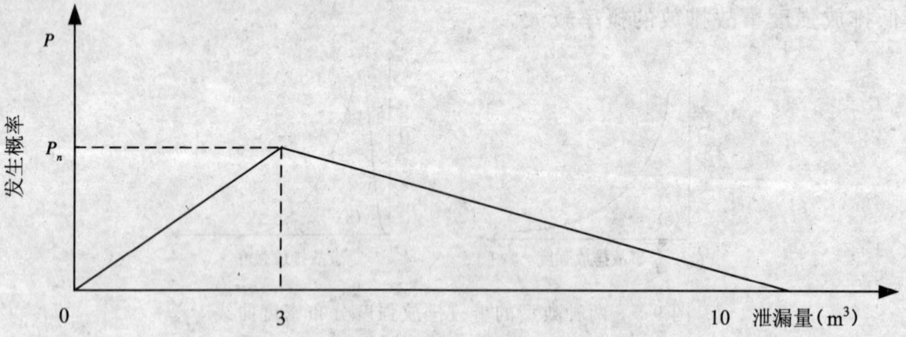

图 9-6 泄漏量的三角形概率分布密度函数

第十章　区域环境影响评价

《国务院关于落实科学发展观，加强环境保护的决定》的颁布和第六次全国环保大会的召开，标志着环境保护工作站到了历史性转变的新起点，进入了以环境优化经济增长的新时期。在历史性转变的新形势下，环境影响评价肩负着坚决“不欠新账”，力争“多还旧账”，促进科学发展，维护群众环境权益的重要使命。

1998 年 11 月颁布的中华人民共和国《建设项目环境保护管理条例》第五章第三十一条规定“领域开发、开发区建设、新城市建设和旧区改建等区域开发，编制建设规划时，应当进行环境影响评价。”由此进一步明确了区域环境影响评价的对象和时段，并为开展区域环境影响评价提供了法律依据。

第一节　区域环境影响评价概述

一、区域环境影响评价的概念和类型

1. 区域环境影响评价的概念

中国的建设项目环境影响评价制度自 1979 年实施以来，在保护自然环境、防治污染、协调开发建设和环境保护方面发挥了重要作用。但是随着经济建设的迅猛发展，出现了众多区域性开发建设项目，比如经济技术开发区、高新技术产业开发区、旅游度假区、仓储保税区及边贸开发区等，即在一个相同的地区和相近的时间内相继开展多个建设项目。这时，如果分别对各建设项目进行环境影响评价（EIA），则不能准确预测最终的环境变化，也不能说明区域开发的总体环境影响，也就不可能采取合理的环境保护对策，难以保证环境质量目标的实现。因此，应把此类开发建设项目看作一个整体，考虑所有的区域开发建设行为，开展区域开发环境影响评价，简称区域环境影响评价（REIA）。从理论上说，REIA 可归入战略性环境影响评价（SEIA 或 SEA）的范畴。

所谓区域环境评价，就是在一定区域内，以可持续发展的观点，从整体上综合考

虑区域内拟开展的各种社会经济活动对环境产生的影响,并据此制定和选择维护区域良性循环,实现可持续发展的最佳行动规划或方案,同时也为区域开发规划和管理提供决策依据。

2. 区域环境影响评价的类型

REIA 的类型与区域开发类型及其环境规划的类型是相互对应的。一般来讲,制定某种类型的环境规划,就应开展相同类型的 REIA。

为了达到特定的目的和要求,根据评价的性质、行政区划、区域类型、环境要素等,可以把 REIA 划分成很多类型。但与开发建设项目紧密相关的主要和常见的类型有:

(1) 新经济开发区环境影响评价

实行对外开放政策以来,我国在沿海省市开辟了一系列新经济开发区。这些经济区一般都有各自的经济发展规划,有的制定了区域环境规划,因此,应该开展相应的区域环境影响评价。

(2) 现有城市发展的环境影响评价

我国发展经济的特点之一是:依托现有工业基地,以老骨干企业为主体,利用它们的经济基础和技术优势进行新建、扩建和技术改造,以扩大再生产,从而形成了许多以大型企业为主的老工业开发区(如东北老工业基地)。这些开发区建设一般都制定环境规划,需要进行相应的区域环境影响评价。

二、区域环境影响评价的特点和作用

1. 区域环境影响评价的特点

区域环境影响评价是在区域环境现状研究基础上确定区域各自然和社会经济环境的承载能力(或环境容量),预测和评价开发行动的环境影响。在此基础上,为新开发区的功能分区、产业配置及污染总量控制提供依据;为已开发区的产业调整,污染治理指明方向。所以,区域环境影响评价是一项综合性、预测性、规划性和动态性很强的工作,有如下特点。

(1) 将区域环境作为整体进行评价

区域环境影响评价是要预防和削减开发建设活动中产生的污染和生态破坏,这势必涉及参与开发的各个机构、受开发行动影响的公众和单位、各个部门、地区和建设单位。从系统观点来看,环境问题的产生、发展和解决过程是区域发展模式所产生的整体结果。所以环境问题必须从整体出发着手分析和提出对策。

(2) 综合考虑各种环境影响,特别应重视累积效应

由于区域环境影响评价的地域、空间和涉及情况的广泛性和复杂性,决定了评价应是综合性的。在广大的地区和空间范围内,评价工作不仅要考虑自然环境,而且要

考虑社会、经济和文化环境等各种要素。因此，在影响分析中，必须强调采用综合的方法，以期得到正确和全面的结论。区域过去和现有的项目与将来拟开发项目的影响会产生累积效应，如果处理不当，不良的累积效应往往会大于单个行动或项目的加和影响。

(3) 能随区域的社会经济发展和环境条件的变化而动态地修正

区域环境影响评价中各种建设项目的不确定性，决定了评价成果会随时间的变化而偏离实际。在进行评价时应该考虑随着时间推移，区域发展规划必然有适当的调整，甚至发生较大的改变。影响预测的结果与客观现实总有差异，但应要求在环境目标、环境标准以及对策方案方面做到基本有效。评价中所采用的各种预测模型和方法应大体正确，也能用于区域内单个项目的影响评价。

(4) 与地方的例行监测和环境管理密切结合

区域环境影响评价基础资料要求准确、全面、连续，因此，必须充分利用现有资料，特别是当地例行监测的数据，基础资料，主要包括评价区域内及其周围已建和拟建项目的环境影响报告书及有关研究成果。原则上应该把当地例行的大气监测点和水体例行监测断面作为评价中的监测断面。

2. 区域环境影响评价的作用

(1) 区域环境影响评价是环保部门参与区域发展综合决策的有效途径

开展区域环评，能够在区域开发建设决策之前，对区域开发的资源合理利用、自然环境、生态系统的现状和目标、区域环境承载力、区域污染源和污染物排放总量控制、污染防治措施等方面进行评估和论证。按区域可持续发展要求，调整区域的总体发展规划，为产业的合理布局和环境功能的合理区划提供科学依据，为区域经济建设持续、快速、健康的发展提供保证，使环境保护真正成为区域开发综合决策的组成部分。

(2) 区域环境影响评价是实现污染物排放总量控制的重要保证

单个建设项目的EIA，无法合理确定区域污染物总量控制目标；受评价范围较小的限制，大部分单项环评无法对区域大气和地表水环境容量进行估算。而区域环评能对明确界定的区域，从整体出发，根据区域环境规划与保护目标、功能区的划分、区域环境质量和区域污染源状况来研究区域环境容量和环境承载能力，较准确地制定区域污染物总量控制计划，为实施总量控制创造条件。

(3) 区域环境影响评价为污染物预防和集中治理创造了条件

污染物集中控制和治理是经济合理、技术可行的污染综合防治措施。单项建设项目环评可以把拟建项目的环境污染防治对策的技术经济可行性论证得很充分，但对区域环境综合整治和污染集中控制只能提出宏观建议。区域环境影响评价则可根据区域产业结构、工业布局和总量控制目标，对区域开发建设活动统筹规划，应用“工业生态原理”，在循环经济理念的指导下，使一个项目排出的废物成为另一个项目的原料，实现区域内资源的充分利用；在此基础上再提出综合整治和基础设施建设方案（包括污染集中控制方案），为区域污水集中处理与资源化、以及推行集中供气供热工程创造条件。

（4）有利于识别不良的累积效应并在区域范围采取对策

单个建设项目的EIA难以从整体上分析其与区域过去、现在和将来的开发建设所产生的累积效应。REIA有可能比较确切和全面地识别由区域的过去、现在和将来的开发对各种资源、生态系统和人类社区可能产生的不良累积效应，然后有针对性地提出避免和削减措施以及管理对策。

（5）简化区域内单项建设项目的EIA

1）由于区域环境影响评价有一定的深度、广度，所利用的基础资料和有关数据相对完整、连续和准确，因而，取得的各种评价结果可用于指导建设项目环境影响评价。

2）将区域环境影响评价成果用于建设项目EIA可减少大量自然环境和社会环境的调查，以及部分现场测试与室内计算工作。

3）在区域环境影响评价的基础上进行建设项目环境影响评价时，可以大大节省评价费用。

三、区域环境影响评价的目的和意义

区域开发活动是在一定地域内有计划地进行一系列开发建设活动，因此区域环境影响评价的对象是区域内所有的拟开发建设行为。其目的是通过区域开发活动环境影响评价以完善区域开发活动规划，保证区域开发的可持续发展。

通常情况下，区域环境影响评价发生在区域开发规划纲要编制之后和区域开发规划方案之前。在实际工作中，区域开发规划设计方案编制和环境影响报告书（EIS）编制是一个交互过程，环境影响评价在区域开发规划的一开始就介入，从区域环境特征等因素出发，考虑区域开发性质、规划和布局，帮助制定区域开发规划方案，并对形成的每一个方案进行评价，提出修改意见，对修改后的方案进行环境影响分析，直至帮助最终形成区域经济发展与区域环境保护协调的区域开发规划和区域环境管理规划，促进整个区域开发的可持续性。

所以从某种意义上讲，区域环境影响评价的对象可以说是区域开发规划方案，但同时区域环境影响评价实际上也是区域开发规划方案制定的重要参考依据。

根据区域环境影响评价在区域开发规划与区域环境管理中的地位和作用，区域开发活动的环境影响评价具有如下重要意义：

（1）区域环境影响评价从宏观角度对区域开发活动的选址、规模、性质的可行性进行论证，避免重大决策失误，最大限度地减少对区域自然生态环境和资源的破坏。

(2)通过区域环境影响评价,可为区域开发各功能的合理布局、入区项目的筛选提供决策依据。

(3)通过区域环境影响评价,有助于了解区域的环境状况和区域开发带来的环境问题,从而有助于区域环境污染总量控制规划的制定和区域环境保护管理体系的建立,促进区域的可持续发展。

(4)区域环境影响评价可以作为单项入区项目的审批依据和区域内单项工程评价的基础和依据,减少各单项工程环境影响评价的工作内容,也使单项工程的环境影响评价兼顾区域宏观特征,使其更具科学性、指导性,同时缩短其工作周期。

四、区域环境影响评价与建设项目环境影响评价的关系

建设项目环境影响评价是为建设项目的优化选址和制定环保措施服务的。这一评价的基本任务是,根据某一建设项目的性质、规模和所在地区的自然环境、社会环境状况,通过调查分析和预测影响,找出对环境的影响程度,在此基础上做出项目是否可行的结论,提出环保对策建议。

区域环境影响评价的对象是该区域内所有开发建设行为。不仅要找出这些行为对环境的影响程度,而且要找出其影响规律。评价的重点是论证区域内未来建设项目的布局、结构、时序,提出对区域环境影响最小的整体优化方案和综合防治对策;协调人口、环境与开发建设行为之间的矛盾,为制定环境规划提供依据。

与单个建设项目相比,区域开发具有占地面积大、性质复杂、管理层次较多、不确定因素多、环境影响范围大等特征。

1. 区域环境影响评价与建设项目环境影响评价的联系

在 REIA 的宏观指导下对建设项目进行环境影响评价,其优点主要表现在以下三个方面:

(1)由于区域环境影响评价有一定的深度、广度,所利用的基础资料和有关数据相对完整、连续、准确,得出的各种预测规律精度高,可信度大,用于指导建设项目环境影响评价有助于提高评价质量。

(2)将区域环境影响评价成果用于建设项目环境影响评价时,可减少一些自然环境和社会环境的调查,以及部分现场测试与室内计算等工作,特别是已经建立和验证的各种预测模式可以直接用于建设项目环境影响预测,从而缩短了评价的周期。

(3)在区域环境影响评价对提高建设项目评价质量、缩短项目评价周期、节省项目评价费用等方面的作用是相当明显的。

2. 区域环境影响评价与建设项目环境影响评价的区别

(1) 评价对象不同

REIA 的对象包括区域内所有或主要的开发行为和开发项目;项目评价的对象

是单一的建设项目或几个项目的联合。两者在评价对象方面的区别是前者具有广泛性，后者具有单一性。

(2) 评价范围不同

一般来讲，区域环境影响评价所包括的地域广、空间大、尺度长；项目评价的地域小、空间小、尺度小。就评价范围而言，前者属于区域性，后者属于局部性。

(3) 评价方法不同

区域环境影响评价的内容较多，预测的项目也较多，而同一预测项目又常采用几种预测方法；项目评价工作内容相对较少，预测项目也少，而同一预测项目往往采用通用的预测方法。即前者采用的评价方法呈多样性，后者采用的评价方法呈简单性。

(4) 评价水平不同

区域环境影响评价注重选择有理论基础和实际经验的评价单位，集中各方面的技术优势，发挥各专业的技术特长，所以体现了较强的学术性；而项目评价则突出了较强的实用性。

(5) 评价精度不同

区域环境影响评价注重强调采用系统分析方法对整体进行宏观综合研究，精度可适当放宽，反映了全局的合理性，而项目评价对精度的要求更高，往往强调计算结果的准确性。

(6) 评价时间不同

区域环境影响评价应该在编制区域规划之前或在编制的过程中进行，而项目评价则规定在可行性研究阶段完成。相对于开发建设行为的起始时间来讲，区域环境影响评价的时间具有超前性，项目评价则具有同步性。

(7) 污染控制的方式不同

区域环境影响评价强调以防为主的总量控制，即工作的可行性；而项目评价则强调以防治为主的环保对策，即治理措施的针对性。

第二节　区域环境影响评价程序、基本内容和指标体系

一、区域环境影响评价程序

环境影响评价程序包括两个方面：一是管理程序，二是工作（技术）程序。由于国家环境保护部的努力，在建设项目环境影响评价方面，管理程序已经形成制度；工作程序也有了可以遵循的模式。如将项目评价的管理程序和工作程序进行必要的调

整、补充,基本上可以移植到区域环境影响评价中去。

1. 区域环境影响评价的管理程序

我国的环境影响评价是国家环境保护法明令规定的一项法律制度,具有不可违抗的强制性。同时纳入了基本建设程序,对建设项目实施建设与评价双向结合管理。因此,项目评价的管理内容明确、层次清楚,有利于开展项目评价工作。而区域环境影响评价尚未正式纳入基本建设程序,要不要开展区域评价存在一定的随意性,缺乏制度上的约束力。这是两者在管理上的差别。因此,借鉴项目管理程序,尚有一些环节需要深入地探讨。

根据国家环境保护部开发监督司编著出版的《建设项目环境管理》一书推荐,项目评价的管理程序分为5个阶段,即准备工作;编制评价工作大纲;审查评价工作大纲和核定评价费用概算;开展评价工作、编制环境影响报告书;审批环境影响报告书。这个管理程序用于区域评价时需要讨论以下几个问题,形成比较统一的认识,以利于区域评价的开展,即

(1)区域环境影响评价任务的确定;

(2)区域环境影响评价工作的委托;

(3)评价资金的落实;

(4)评价单位的选择;

(5)评价内容的明确;

(6)评价成果的审查等。

上述问题在项目评价中都有明确的规定,在区域环境影响评价中这些问题就显得相当突出。例如区域环境影响评价任务的确定,对老工业基地而言,虽然不能一概都做评价,但哪些该做,哪些不该做,由谁来决策,从管理上都应有所规定,以免浪费时间和资金,又影响生产建设。

2. 区域环境影响评价工作程序

区域环境影响评价工作程序也可称技术程序。管理程序与工作程序的区别在于,虽然都以评价工作的时序排列,但前者侧重不同阶段上级部门的管理层次和管理内容,以及单位与单位之间的工作关系。而后者侧重在评价工作的进程中,各项评价(技术)工作本身纵向与横向的内在联系。

区域环境影响评价与建设项目环境影响评价工作程序基本相同,大体分为三个阶段,即准备阶段、评价工作阶段和报告书编写阶段。

由于区域开发建设涉及多项目、多单位,不仅需要评价现状,而且需要预测和规划未来,协调项目间的相互关系,合理确定污染分担率。因此,为使区域环境评价工作成果更有针对性和符合实际,应在评价中间阶段提交阶段性中间报告,向建设单位、环保主管部门通报情况和预审,以便完善充实,修订最终报告。区域环境影响评

价程序见图 10-1。

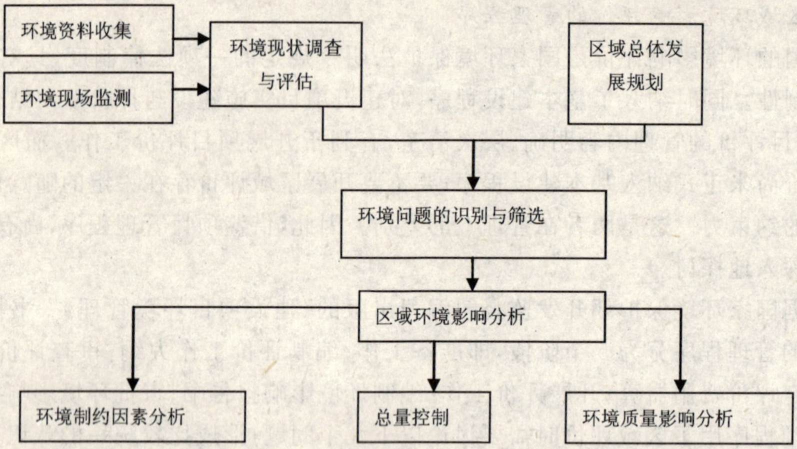

图 10-1　区域环境影响评价工作程序

二、区域环境影响评价工作的基本内容

在区域开发正式实施之前，待开发的许多项目或者项目的许多开发特征都是不确定的，因此，区域环境影响评价的重点往往放在区域发展方向或性质规划、区域土地利用功能规划及区域公用设施规划等对环境的影响上，其主要内容如下。

1. 区域环境质量现状调查与评价

区域环境质量现状调查主要包括区域环境背景资料的收集和区域环境现场监测两种方式。调查的内容包括开发区及周围地区的社会经济状况、自然环境、生态环境和生活质量等。区域环境监测包括对大气、水体、土壤、生态和噪声的现状监测及其背景值的研究。区域环境现状评价就是在现状调查的基础上，根据环境监测数据，以国家和地方环境质量标准为依据，运用一定的评价方法给出区域环境质量现状的结论。

2. 区域总体发展规划

区域总体发展规划是为确定区域性质、规模、发展方向，通过合理利用区域土地，协调空间布局和各项建设，实现区域经济和社会发展目标而进行的综合部署。区域总体规划侧重于从区域形态设计上落实经济、社会发展目标，环境的保护与建设是其中的重要内容。它同环境现状调查与评价一样，作为区域开发中环境问题识别与筛选的依据和基础，同时，区域环境影响评价也需要对其发展规划的合理性、可行性给出评价和建议。

3. 环境问题的识别和筛选

根据区域环境质量现状评价结论、区域资源特点及区域社会经济发展目标，识别、筛选出该区域开发建设的主要环境问题及环境影响因子。

在进行某一区域开发的影响评价时，需要具体问题具体分析。首先针对开发活动所在的区域环境找出特定的问题，以决定环境影响评价的范围、内容及重点，找出特定问题的过程就是开发活动环境问题的识别。

在环境问题识别过程中，不仅需要识别开发活动引起的所有直接和潜在影响，而且还需要指出哪些是直接影响，哪些是间接影响；哪些是短期影响，哪些是长期影响；哪些是可恢复的影响，哪些是不可恢复的影响，并对每一种影响的范围和程度做出粗略的评估。在这些影响中，那些直接的、长期的、不可恢复的影响往往是环境影响评价工作的重点。

只有对具体开发活动的环境问题做了正确的识别之后，才能筛选出环境影响评价工作的重点，进而对它做出定性或定量的评价，并根据评价的结果提出防治措施或替代方案。

4.区域环境影响分析

区域环境影响分析是在区域环境问题的识别和筛选的基础上，分析区域开发活动对区域环境的影响，为做出最终环境影响评价做准备。主要包括区域环境污染物总量控制分析和区域环境制约因素分析两方面。

区域开发要坚持可持续发展战略，实施总量控制，资源问题应作为分析研究的首选问题。区域环境制约因素分析通过区域环境承载力分析、土地利用和生态适宜度分析，可以从宏观角度对区域开发活动的选址、规模、性质进行可行性论证，从而为区域各功能的合理布局和入区项目的筛选提供决策的依据。

5.环境保护综合对策研究

区域环境保护综合对策研究一般可以从三个方面入手分析，即区域环境战略对策、环境综合治理方案、区域环境管理及监测计划。

(1) 区域环境战略对策的主要任务是保证区域环境系统与区域社会、经济发展相协调。通过以合理开发利用为主要内容的宏观环境分析提出相应的协调因子和宏观总量控制目标，并指导各种环境要素的详细评价。

(2) 环境综合治理方案，首先要从经济和环境两个方面进行全面规划，尽量减少污染物排放量；其次是合理布局，充分利用各地区的环境容量，对必须进行治理的污染物，采取集中处理和分散治理相结合的原则，用最小的环境投资取得最大的环境效益，经济、有效地解决经济建设中的环境污染问题。

(3) 区域环境管理及监测计划，是为保证环境功能的实施而制定的必要的环境管理措施和规定。一般可分为环境管理机构设置与监控系统建立(包括环境监测计划)、区域环境管理指标体系的建立和区域环境目标可达性分析三个方面。

三、区域环境指标体系

区域环境指标体系包括主要环境污染指标体系、主要生态指标体系和环境经济指标体系。

1. 环境污染指标体系

一般包括大气、土壤、水和生物等方面的指标。

(1) 大气质量指标。包括年平均温度、无霜期、年降雨量、年总辐射量、相对湿度、平均风速、最大风速、大气稳定度、逆温层高度等大气物理指标，以及颗粒物、SO_2、NO_x、CO、碳氢化合物、氧化剂、苯并[a]芘、氟等物质含量和大气污染指数等大气化学指标。

(2) 水质和水量指标。包括流域面积、年径流量、洪水次数、洪水日数、枯水日数、侵蚀模数、河流泥沙含量等水文特性指标；地下水静、动贮量，补给条件，以及水温、透明度、矿化度、pH 值、SS(悬浮固体)、BOD、COD、酚、氰、氮、磷农药和有毒有害重金属含量等水质指标。

(3) 土壤质量指标。包括土壤有机质、pH 值、土壤质地、农药、氟以及有毒有害重金属的含量等。

(4) 生物受污染指标。包括生物体中农药、氟和有毒有害金属的含量等。

2. 生态指标体系

包括形态结构指标、能量结构指标、物质结构指标和生态功能指标等。

(1) 形态结构指标。森林、农田、河流、湖泊及人类居住面积等生态结构指标，以及生物群落结构、物种种类、保护区面积、植被覆盖面积等。

(2) 能量结构指标。如每平方千米的植物量、动物量、人口数以及每人每年的食物量等。

(3) 区域物质结构指标。水体结构指标，包括区域各种水体的流入量、流出量及农业用水量和排水量；营养结构指标，包括氮、磷、钾等营养物质在区域内的各种输入量、输出量以及在生物体和土壤中的含量等。

(4) 生态功能指标。如物质利用率和利用效率，包括水、氮、磷、钾等物质利用率和利用效率等；能量利用率及利用效率，包括总生物量、净生物量、净辐射量等；生态效益指标，包括有益生物量、水土保持效果、净化空气效果、消除噪声效果、景观、保健、游憩效果等。

3. 环境经济指标体系

(1) 环境投资指标。万元投资环保费和基建用料种类和数量、万元产值污染治理费，万元产值环保管理费、万元产值劳保费等；

(2) 资源、能源耗用量指标。万元投资基建费用、占地面积、万元产值生产原料、能源、劳动力耗用量、用水及用气量等；

(3) 污染物排放指标。单位产值或产量的污染物排放量(排水量及其他各种水污染物排放量、排气量、SO_2、NO_x 和其他空气污染物排放量、废渣量、各种危险废物量等)；

(4) 环境经济效益指标。万元产值产品量、成本费、纯利润、万元环保投资资源节省量、增产量、治污量、环保收入、纯利润及旅游人数等。

第三节 区域环境影响评价的因素分析

区域环境影响评价的对象是区域开发规划方案(含区域开发环境规划)，它的总目标是区域可持续发展。区域环境影响评价通过区域环境承载力分析、土地利用和生态适宜度分析，可以从宏观角度对区域开发活动的选址、规模、性质进行可行性论证，从而为区域开发各功能的合理布局和入区项目的筛选提供决策的依据。

一、区域环境承载力分析

1. 区域环境承载力的概念

人类赖以生存和发展的环境是一个具有强大的维持其稳定效应的系统，它既为人类活动提供空间和载体，又为人类活动提供资源并容纳废弃物。对于人类社会活动来说，环境系统的价值体现在能对人类社会生存发展活动的需要提供支持。由于环境系统的组成物质在数量上存在一定的比例关系，在空间上有一定的分布规律，所以它对人类活动的支持能力有一定的限度，或者说，存在一定的阈值，我们把这一阈值定义为环境承载力。确切地说，环境承载力是在某一时期，某种状态或条件下，某地区的环境所能承受的人类活动的阈值。

区域开发和可持续发展是当前区域经济发展中所面临的两个重要问题，实际上表现为如何协调区域社会经济活动与区域环境系统结构的相互关系，这就是区域环境承载力所要解决的问题。

综上，区域环境承载力是指在一定的时期和一定区域范围内，在维持区域环境系统结构不发生质的改变，区域环境功能不朝恶性方向转变的条件下，区域环境系统所能承受的人类各种社会经济活动的能力，即区域环境系统结构与区域社会经济活动的适宜程度。

2. 区域环境承载力的对象和内容

区域环境承载力是在人们对人类－环境系统有了较深刻认识的基础上提出来的。人类与环境的协调，仅仅从污染物的预防治理方面来考虑已经不能解决问题，必须从区域环境系统结构和区域社会经济活动两个方面来分析。因此,区域环境承载力的研究对象就是区域社会经济—区域环境结构系统。

区域环境承载力研究包括如下几个方面内容:区域环境承载力指标体系;区域环境承载力大小表征模型及求解;区域环境承载力综合评估;与区域环境承载力相协调的区域社会经济活动的方向、规模和区域环境保护规划的对策措施。

3. 区域环境承载力的指标体系

要准确客观地反映区域环境承载力,必须有一套完整的指标体系,它是分析研究区域环境承载力的根本条件和理论基础。

环境承载力指标体系的建立必须遵循以下原则:

(1)科学性原则。即环境承载力的指标体系应从为区域社会经济活动提供发展的物质基础条件以及对区域社会经济活动起限制作用的环境条件两方面来构造,并且各指标应有明确的界定。

(2)完备性原则。即尽量全面地反映环境承载力的内涵。

(3)可量性原则。即指标必须是可度量的。

(4)区域性原则。环境承载力具有明显的区域性特征,选取指标时应重点考虑明显区域特征的指标。

(5)规范性原则。即必须对各项指标进行规范化处理以利于计算,并对最终结果进行比较。

环境承载力的指标体系应该从环境系统与社会经济系统的物质、能量和信息的交换上入手。即使在同一地区,人类的社会经济行为在层次和内容上也完全可能会有较大差异,因此不应该也不可能对环境承载力指标体系中的具体指标作硬性的统一规定,只能从环境系统、社会经济系统之间物质、能量和信息的联系角度将其分类。一般分为三类。第一类为自然资源供给指标,如水资源、土地资源、生物资源等。第二类为社会条件支持类指标,如经济实力、公用设施、交通条件等。第三类为污染承受能力类指标,如污染物的迁移、扩散和转化能力,绿化状况等。

二、土地使用适宜性和生态适宜度分析

1. 土地使用适宜性分析

土地使用适宜性分析是区域环境影响评价的重要内容,它实际上提供了区域环境的发展潜力和承载能力,对区域环境的可持续发展具有十分重要的意义。但总的来讲,环境资源的使用及其对人类的影响,是随着空间和时间的迁移而变化不定的。因此,要求系统全面地对土地使用适宜性及环境影响进行精细的分析评价,做出完全定量的结论,目前还存在一定困难。目前具体的方法有矩阵法、图解分析法、叠图法以及环境质量评价等,这些方法往往结合在一起使用。土地使用适宜性分析流程如

图 10-2。

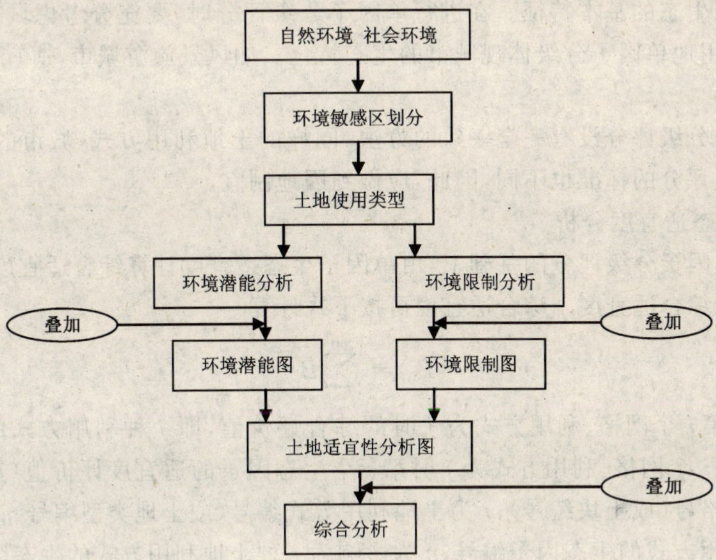

图 10-2 土地使用适宜性分析流程图

2. 生态适宜度分析

生态适宜度分析是在城市生态等级的基础上寻求城市最佳土地利用方式的方法。下面简要介绍一种方法。

(1) 选择生态因子

生态适宜度分析是对土地特定用途的适宜性评价。当土地和用途确定以后，如何才能评价该块土地的适宜性呢？其方法是选择能够准确或比较准确描述该种用途的生态因子，通过多种生态因子的评价，得出综合评价值。因此，生态因子选择的是否合适，直接影响到生态适宜度分析结果。

不同土地用途所选择的生态因子也不同。生态因子的选择必须遵守一条基本原则，这就是生态因子必须是对所确定的土地利用目的影响最大的因素。此外，在工业用地适宜度分析中，还可选择人口密度为评价因子。

(2) 单因子分级评分

对各种土地利用目的选择的生态因子 在综合分析前，首先必须进行单因子分级评分。单因子分级一般可分为 5 级：很不适宜、不适宜、基本适宜、适宜、很适宜。也可分为 3 级：不适宜、基本适宜、适宜。进行单因子分级评分可以从下面两个方面考虑。

1)该生态因子对给定土地利用目的的生态作用和影响程度。如人口密度对工业用地的影响很敏感，在对人口密度进行分级评分时，把工业用地的不适宜人口密度标准定得高一点，即人口密度应尽量小。

2)城市生态的基本特征。在进行单因子分级评分时，要充分考虑城市大环境的特征，各类用地单因子分级体现城市的生态特色。如风景旅游城市，适宜度的标准应尽量严。

单因子分级评分没有完全一致的方法，同样的土地利用方式，城市的性质不同，单因子分级评分的标准也不同，因此，应做到因地制宜。

(3) 生态适宜度分析

在各单因子分级评分的基础上，由单因子生态适宜度计算综合适宜度，分析各种用地形式的综合适宜度。综合适宜度可按下式计算

$$B_{ij} = \sum_{s=1}^{n} B_{isj} \tag{10-1}$$

式中 B_{ij} 为第 i 个网格、利用方式为 j 时的综合评价值，即 j 种利用方式的生态适宜度；B_{isj} 为第 i 个网格、利用方式为 j 时第 s 个生态因子的适宜度评价值(单因子评价值)；i 为网络号(或土块编号)；j 为土地利用方式编号(或土地类型编号)；s 为影响为 i 种土地利用方式的生态因子编号；n 为影响为 j 种土地利用方式的生态因子总数。

这种直接叠加法应用的条件是各生态因子对土地的特定利用方式的影响程度基本接近。在中国城市生态规划中，应用较为广泛。

如果各种生态因子对土地的特种利用方式的影响程度很明显时，就不能直接叠加求综合适宜度了，必须应用加权叠加法，对影响大的因子赋予较大的权值，计算公式如下

$$B_{ij} = \frac{\sum_{s=1}^{n} W_s B_{isj}}{\sum_{s=1}^{n} W_s} \tag{10-2}$$

式中 W_s 为第 i 个网格、利用方式为 j 时第 s 个生态因子的权重值；其他符号意义同前。

(4) 综合适宜度分级

目前对综合适宜度分级大多数城市均采用五级分法，即很不适宜、不适宜、基本适宜、适宜、很适宜五级。

通过环境承载力分析、土地及生态适宜度分析，可以找出区域可持续发展的限制因子，并对土地利用进行合理的规划。在实际工作中，应根据区域开发的规模、类型、环境等，在条件允许的情况下，进行这两项分析。

第四节　环境功能区划和环境目标

在区域环境影响评价中划分功能区的目的，一是合理布局；二是确定具体的环境目标；三是便于目标的管理和执行。环境功能区划是区域环境影响评价的重要前提和基础。

一、环境功能区划

环境区划是科学地进行环境功能区划的前提和依据。其基本任务是将一个区域内的各个小域（或网格）的不同的用地方式（如工业用地、居住用地、港口用地、商业用地等）进行适宜度分析，选择土地的最佳利用方式，做到布局和环境功能区划合理。环境区划不同于环境功能区划。对同一块土地，区划的结果可能有几种不同的适宜用途，经综合分析确定其最佳利用方式，然后再作环境功能区划。

1. 环境功能区划分的原则和依据

功能区是指对经济和社会发展起特定作用的地域或地理单元。事实上，环境功能区也常是经济、社会与环境的综合性功能区。对于未成区或新开发区、新兴城市等来说，功能区划对其未来环境状态有决定性影响。可见，环境功能区划分是区域环境影响评价的重要前提和基础。功能区划分应遵循以下原则：

（1）功能与规划相匹配。保证区域或城市总体功能的发挥，与区域或城市总体规划相匹配。

（2）根据自然条件划分功能区。根据地理、气候、生态特点或环境单元的自然条件划分功能区，如自然保护区、风景旅游区、水源区或河流及其岸带、海域及其岸带等。

（3）根据环境的开发利用潜力划分功能区。如新经济开发区、绿地等。

（4）根据社会经济的现状、特点和未来发展趋势划分功能区。如工业区、居民区、科技开发区、教育文化区、开放经济区等。

（5）根据行政辖区划分功能区。行政辖区往往不仅反映环境的地理特点，而且也反映某些社会经济特点。按一定层次的行政辖区划分功能区，有时不仅有经济、社会和环境合理性，而且也便于管理。

（6）根据环境保护的重点和特点划分功能区。如可污染控制区和重点污染治理区等。

2. 功能区的类型

功能区的划分和规划实质上是城市或区域的生产力布局和总体设计安排。环境影响评价应特别注重下述类型功能区。

(1) 城市环境规划的功能区一般有:工业区、居民区、商业区、机场、港口、车站等交通枢纽区,风景旅游或文化娱乐区,特殊历史文化纪念地,水源区,卫星城,农副产品生产基地,污灌区,污染处理地(垃圾卫生填埋场、污水处理厂等),绿化区或绿色隔离带,文化教育区,新科技经济区,新经济开发区,旅游度假区。

(2) 区域(省区)环境规划的功能区有:工业区或工业城市,矿业开发区,新经济开发区或开放城市,水系或水域,水源保护区和水源林区,林、牧、农区,自然保护区,风景旅游区或风景旅游城市,历史文化纪念地或文化古城,其他特殊地区。

二、环境目标的确定

区域环境目标的确定,一般是先初步确定目标,然后编制达到目标的方案,论证方案的可行性;当可行性有问题时,反馈回去再修改目标和达标方案,直到综合平衡、最后确定目标为止。

1. 基本要求

(1) 环境目标必须有时间限定和空间约束,并且可以计量,同时应能反映客观实际,而不是规划人员和决策者的主观要求和愿望等。

(2) 环境目标应与经济社会发展目标进行综合平衡。平衡中一般可能出现三种情况:①两种目标都可达到,发展经济和环保投入同时满足,这是协调的和理想的;②环保投入受经济力量限制,必须降低环境目标,这时环境目标的制定必须注重环保与经济发展的协调,并将协调的成果体现于经济社会发展总体规划中;③环境目标必须保证,为此必须限制经济的发展规模或速度,重新布局工业或调整产业结构。环境目标须注意与经济社会发展总体规划和其他规划的协调。

(3) 目标应具有技术经济条件的可达性以及目标本身的时、空可分解性,并且要便于管理、监督、检查和实行,与现行管理体制、政策、制度相配合,特别要与责任制挂钩。

(4) 目标应能保障社会经济发展和人民正常生活所必需的环境质量,同时,应考虑技术进步因素,使得规划的目标是经过努力方可达到的。

2.环境目标类型和内容

环境目标,按管理层次可分为宏观目标和详细目标两类。宏观目标是对该区域在规划建设期内应达到的环境目标总体上的规定;详细目标是按照环境要素、功能区划分,对开发区在规划建设期内规定的环境目标所作的具体规定。

按照规划内容来分,环境规划目标主要有质量目标、总量控制目标两类。其中,质量目标是基本目标,总量控制目标是为达到质量目标而规定的便于实施和管理的目标。

环境质量目标，主要包括大气质量目标、水环境质量目标、噪声控制目标以及生态环境目标。环境质量目标依不同的地域或功能区而不同。质量目标由一系列表征环境质量的指标来体现。环境污染总量控制目标，主要由工业或行业污染控制目标和区域环境污染控制目标构成。

3. 确定环境目标的方法

(1) 经验判断法

主要是根据国家和地方环境目标要求及城市的性质功能，结合环境污染预测结果和目前的环境污染治理和管理水平确定城市总环境目标，再确定各功能区的环境目标。

经验判断法确定环境目标的程序一般是先按城市的性质功能定一个应该达到的标准，然后计算达到标准所应完成的污染物削减总量，并分析总量削减的经济技术可行性和时间期限的可行性，然后反过来调整、修改和完善环境目标。通过反复平衡和综合分析，得到城市以及各区域不同时间间隔以及不同程度的环境目标(如高、中、低目标)。

(2) 最佳控制水平确定法

环境污染对城市的经济社会发展以及人群健康造成影响，这种影响可用污染损失费用来表示。而为了控制污染，改善环境条件，又需要投资，这种投资可用污染控制费用来表示。环境污染越严重，其损失越大，控制费用越小；反之，环境质量改善得越好，要求的控制费用越大，污染损失必须越小。因此，从整体优化的思想出发，必然能寻找到城市环境污染的最佳控制水平。要确定最佳控制水平，必须首先确定污染损失函数和污染控制费用函数。

污染损失包括生产性资源损失、人群健康的损失、游览和娱乐方面的损失等。估算出污染损失后，即可绘制污染损失曲线，如图 10-3 所示。根据污染处理投资费用绘制污染控制投资曲线，如图 10-4 所示。

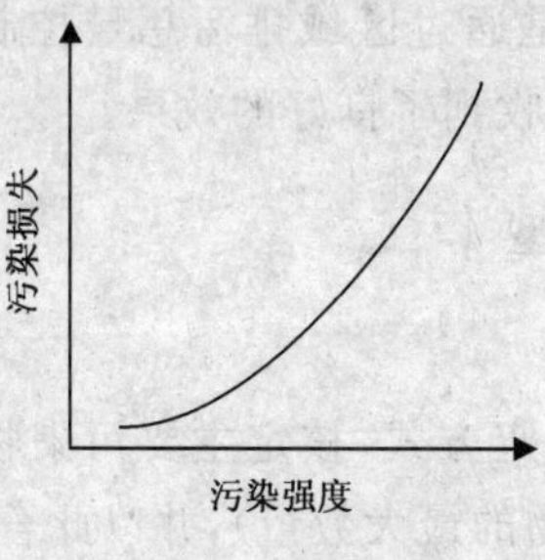

图 10-3　污染损失曲线

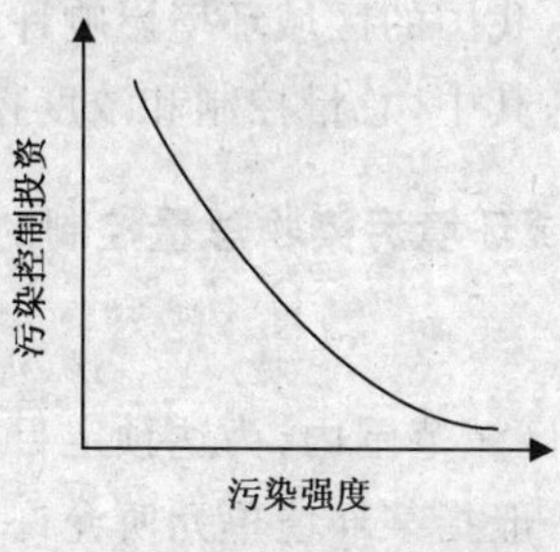

图 10-4　污染控制投资曲线

将图 10-3 和图 10-4 绘于同一坐标系中，如图 10-5 所示。图中曲线 A 表示污染控制投资；曲线 B 表示污染损失；曲线 C 表示费用；它是曲线 A 和曲线 B 的直接叠加。图中 O 点即为最佳控制水平，也就是最佳控制目标。

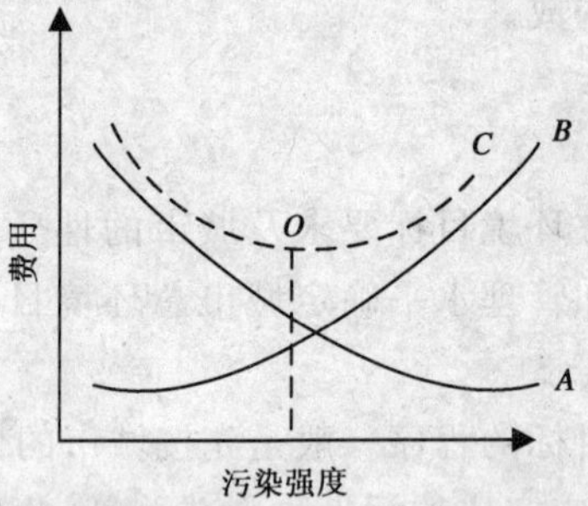

图 10-5 污染控制投资和污染损失综合分析

4. 环境目标与采用的标准

环境质量目标应根据规划区功能要求来确定，并应选择相应的环境质量标准。

确定污染控制目标，国内推行两种标准：一是污染物评分浓度控制标准，二是污染物排放总量标准。

在环境质量比较好的地区，污染源达标排放(浓度标准)就可以达到环境质量要求时，可以实行浓度控制标准；在环境已被污染或污染源达标排放仍不能达到环境质量要求的地区，则实行总量控制标准。总量控制标准目前正在逐步推广，并执行排污许可证制度。

第五节 区域环境污染物总量控制

近年来，我国的区域环境影响评价的重点是通过区域排污总量控制和负荷分配来防治污染，其中，总量控制和浓度控制相结合收到了良好的效果。

一、区域环境污染物总量控制的概念和类型

1. 概念

在一定区域范围内，为达预定目标，通过一定方式，核定主要污染物的环境最大允许负荷(一般指某环境单元所允许承纳污染物的最大数量)，并以此合理分配，最终确定区域范围内各污染源允许的污染物排放量，即区域环境污染物总量控制。

2. 类型

区域的排放总量是区域内工业、交通、生活等污染源产生的污染物排放量总和。

国内实施的总量控制一般分三种类型。

(1) 容量总量控制

即把允许排放的污染物总量控制在受纳环境具体功能所对应的环境标准范围内。容量总量控制的"总量"系受纳环境中的污染物不超过环境标准所允许的排放限额。它把污染物控制管理目标与环境目标联系起来,用环境容量(承载能力)推算受纳环境的允许纳污总量,并将其分配到污染控制区各污染源(污染单元)。

(2) 目标总量控制

即把允许排放污染物总量控制在管理目标所规定的范围内。目标总量控制的"总量"指污染源排放的污染物不超过管理上人为规定能达到的允许限额。它是用行政干预的办法,通过对控制区域内污染源治理水平所能投入的费用及产生的效益进行综合的分析,可以确定污染负荷的适宜削减率,并将其分配到源。

(3) 行业总量控制

即从行业生产工艺着手,通过控制生产过程中资源、能源的投入种类与数量和预防污染物的产生,使排放的污染物总量限制在管理目标所规定的限额之内。行业总量控制是基于清洁生产的发展水平。它的特点是把污染控制与生产工艺的革新及资源、能源的有效利用联系起来,以实现行业的废物(污染物排放量)最少化。

二、区域环境污染物总量控制计划的制订方法

1. 程序和内容

制订总量控制计划程序参见图 10-6。

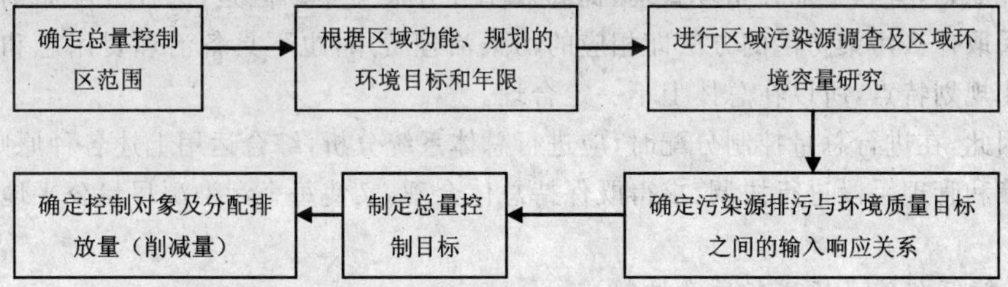

图 10-6　总量控制计划程序

2. 允许排放总量的分配

因为总量控制区域包括众多的污染源和污染控制单元,如何合理地将污染物总量分解到每个污染源,是总量控制方法的核心问题。

采用容量总量控制法应利用环境质量模型计算结果确定总量或削减量。在我国,短时期内尚不可能完全用容量总量控制来制订计划,因此,应视情况综合多种方式制定分配原则,常用的分配原则如下。

(1) 等比例分配原则

即在承认各污染源排污现状的基础上，将总量控制系统内的允许排污总量按各污染源核定的现在排污量，按相同百分率进行削减，各源分担等比例排放责任。这是一种在承认排污现状的基础上，一刀切的、也是比较简单易行的分配方法，但不平等。因为这要求一个生产技术和管理水平高、排污少的企业要和污染物排放量大的落后企业承担相同的义务；不利于产生有效的激励机制，以促使企业进一步采用先进的技术和管理方法减少污染物的排放。但从承认现状、简单方便上讲，等比例分配原则仍可采用。

(2) 费用最小分配原则（又称经济优化规划分配原则）

即以区域为整体，以治理费用为目标函数，以环境目标值作为约束条件，使全区域的污染治理投资费用总和最小，求得各污染源的允许排放负荷。显然，此数学优化规划求得的结果反映区域污染控制系统整体的经济合理性，具有好的、整体性经济、社会和环境效益，但并不能反映出每个污染源的负荷分担都是合理的。为了总体方案优化，有些污染源要承担超过本单位应承担的削减量，而另外一些污染源则可能承担少于应承担的削减量。这种分配结果在市场经济条件下，不利于企业间的公平竞争。

(3) 按贡献率削减排放量的分配原则

按各个污染源对总量控制区域内环境影响程度的大小（或污染物排放量大小及其所处地理位置）来削减污染负荷。即环境影响大的污染源多削减，反之少削减。它体现每个排污者公平承担损降环境资源价值的责任。对排污者来说，这是一种公平的分配原则，有利于加强企业管理、提高效率和开展竞争。但是，这种分配原则并不涉及采取什么污染防治的方法即相应的污染治理费用，也不具备治理费用总和最小的优化规划特点，所以在总体上不一定合理。

因此，在进行总量控制分配时，应进行总体系统分析，综合运用上述各种原则、环境政策和管理手段进行协调，求得既保持总体合理，又使每个污染源尽量公平地承担责任。

3. 运用经济手段进行总量控制

在全面建设小康社会的关键时期，国务院召开的第六次全国环保大会上，温家宝总理强调，做好新形势下的环保工作，关键是要加快实现三个转变，这三个转变是方向性、战略性、历史性的转变，是我国环境保护发展史上一个新的里程碑。要实现历史性转变，必须摒弃以牺牲环境换取经济增长的做法，坚持以保护环境优化经济增长，真正实现经济发展与环境保护同步。实践证明，在市场经济条件下，运用经济手段能够更合理的推行总量控制。

(1) 征收排污费

这是环境管理中一项采用多年的经济政策，它与工业企业的经济效益直接相关，对调动企业实施总量控制的积极性十分有利。向排污单位收取排污费是为了补偿由排放污染物造成的环境价值损失。超过排放标准排污的收费标准（每单位污染物排放量）应高于控制或处理污染物所需的费用，才能使征收排污费真正起到促进污染防治，减少排放总量的作用。

(2) 征收污染税

征收污染税的想法是经济学家庇古（A Pigou，1877－1959）最先提出的。污染税的实质是经济主体承担的超标准排放污染对自然环境造成损害的经济责任，是通过收入再分配形式对污染受害单位和个人的经济补偿。与排污费相比，税收具有更强的法律效力，一定程度上能够更为有效地控制污染的排放，能够在更大范围内合理、高效地削减污染物的排放。

(3) 排污交易政策

1)发放排污许可证的地区，通过技术改造、污染治理等措施削减下来的低于许可证规定的污染排放指标，经环保部门同意，可在本控制区内有偿转让给需要排污量的单位；

2)在没有排污许可证的地区，为不影响发展经济又不增加本地区的排污总量，新、改、扩建单位新增加的排污量，可本着"等量削减"的原则，经环保部门同意，有偿利用本控制区其他排污单位建设污染防治工程，削减原有排放量。这样做，可以做到增产不增污或增产减污。

(4) 清洁生产

党的十六届四中、五中全会决议中明确提出要大力发展循环经济，把发展循环经济作为调整经济结构和布局，实现经济增长方式转变的重大举措。

在企业层面，鼓励实行清洁生产对于循环经济的发展是非常重要的，特别是那些对国家贡献大、污染欠账多、财力小的企业。对于国家优先发展的行业、支柱产业，若是通过技术改造和推行清洁生产、提高资源能源利用来发展生产、预防污染的企业，综合经济部门、财政金融部门应优先立项、优先贷款，环保补助资金也可以给予一定的贴息，综合运用各种手段，解决环境问题。

第六节　新经济开发区环境影响评价

区域开发活动是指在特定的区域、特定的时间内有计划进行的一系列重大开发活动。这些开发活动区域一般称为开发区。开发区具有以下特征：①占地面积大，一般占地面积均在 1 km^2 以上；②性质复杂，一般一个开发区涉及多种行业；③管理层次较多,除有专门的开发区管理机构外,每个开发项目一般均有其独立的法人;④不确定因素多,许多开发区初期仅确定其开发性质,具体的开发项目往往不确定;⑤环境影响范围大;⑥有条件实施污染物集中控制和治理。

新经济开发区通常是在地理条件优越的沿海滩涂、农田、荒地、城市郊区人口密度较小的居住区等区域建设的。与建设项目相比,新经济开发区的特点是:①占地范围大,其面积少则几平方千米,多则几千平方千米;②投资大(在几十亿以上),消耗的物资和能源量巨大;③多功能综合开发,因此,开发项目门类众多,而不同的开发项目对开发环境有不同要求,又会造成不同影响;④多部门、多机构、多企业参与开发,大大增加了环境管理的难度;⑤由于开发区建设规模和项目多,除了开发区内各个开发项目之间有相互影响、各个开发项目对开发区整体环境造成累积影响之外,开发区建设对外部的影响距离可以大尺度延伸,范围扩展很大。例如,长江三峡水电工程建设的同时,在工程区的上下游出现很多新经济开发区,将对长江中下游地区的自然环境和社会经济环境产生深远影响。

一、新经济开发区的类型

一般说,大型的单项开发项目都有可能达到区域开发的规模,因而新经济开发区域的类型极为广泛。一般可归纳为以下几种类型。

(1)按开发建设性质划分:城市型开发区域,工业和矿业开发区域,交通开发区,农、林、牧、渔业开发区域,风景旅游开发区等。

(2)按产业结构可以分为:多门类综合性区域开发或者包括许多生产部门的大型工矿业基地开发。

(3)按开发规模划分:国家级、地区级和项目级开发区。

二、评价内容

新经济开发区环境影响评价的主要内容有11项。

(1)确定研究区域范围和评价时段。区域开发的环境影响评价,在区域开发项目的规划阶段或可行性研究阶段进行,作为开发区规划报告或可行性研究报告的一部分,参与评审。

(2)环境功能区划,确定开发区内各分区的环境功能。

(3)确定环境目标和采用的环境标准。

(4)论证可持续发展的开发布局,对区内各个拟建项目做工程分析。

(5)确定区域内和周围的环境敏感目标。

(6)进行区域内及周围地区的污染源和环境的过去和现状调查(特别注意调查累积效应)。进行环境承载能力(容量)研究,区域环评应根据所确定的环境质量标准和环境保护目标建立环境容量模型，计算出污染物总量控制目标，根据三个效益一致的原则，合理分配各开发部门污染物允许排放量。

(7)预测环境状况变化。

(8)提出总量排放方案。

(9)研究区域开发的资源(包括水、空气、土壤、矿物资源)需求、相互影响和冲突。

(10)研究污染物集中控制方案及优化。

在(9)、(10)两项工作中应注意：①开发区各污染源在实行了有毒有害污染物厂内预处理及实现了厂际废物循环利用之后，还应该建立污染物集中治理措施，以实现区内污染物就地治理，减少污染物排放和取得好的治理效果。②开发区鼓励实行排污权有偿转让的政策，力求以较小的环境投资，取得较大的环境效益。③应对污染综合防治对策进行环境费用一效益分析，论证污染综合整治方案的技术先进性与经济合理性，并提出污染物综合整治的分步实施计划。

(11)编制环境监测和管理计划。

第七节　现有经济开发区环境影响评价

国家环境保护部公布的《2006 年全国环境统计公报》中指出，中国在国内生产总值同比增长 10.7%、能源消费总量增长 9.3%的形势下，全国环境质量状况总体保持了稳定。

2006 年全国化学需氧量排放量比上年增长 1.0%，二氧化硫排放量比上年增长 1.5%；全国城市空气质量总体有所改善，在监测的 559 个城市中空气质量达到或优于二级的城市比例比上年增加 4.7 个百分点。

七大水系中，珠江、长江水质良好，松花江、黄河、淮河为中度污染，辽河、海河为重度污染。重点城市集中式饮用水源地总体水质良好，113 个环保重点城市的 382 个集中式饮用水源地监测结果统计，达标水量占 72.3%。

在取得一定成绩的同时，我们必须清醒地认识到，我们不但在新建项目中需要充分考虑环境因素，使经济与环境协调发展，同时也要在对于现有老城市和老工业基地的改造过程中，以保护环境优化经济增长，开展城市或区域改造和发展的环境规划，而区域环境影响评价正是环境规划的基础。

一、城市环境功能区划

城市环境功能区划应结合各地城市问题的特点进行，做好环境功能区划是实施城市环境分区管理和污染物总量控制的基础和前提。一般可分为两个层次，即综合环境功能区划和单要素环境功能区划。

1. 综合环境功能区划

(1) 分类

城市综合环境功能区划的准则是城市中人群的活动方式以及对环境的要求，通常可以分为以下五类。

1)重点保护区。一般指城市中(或受城市开发影响的周围地区)风景游览、文物古迹、疗养、旅游、度假等综合环境质量要求高的地区。

2)一般保护区。主要是以居住、商业活动为主的综合环境质量要求较高的地区。

3)污染控制区。一般指目前环境质量相对较好，需严格控制新污染的工业区，这类地区应逐步建成清洁工业区。

4)重点治理区。主要指现状污染比较严重，在规划中要进行改造和加强污染防治的工业区。

5)新建经济技术开发区。新建经济技术开发区以其发展速度快、规模大、土地开发强度高、土地利用功能复杂为主要特征，应单独划出。该区环境质量要求以及环境管理水平根据开发区的功能确定，但应从严要求。

城市环境综合功能区划也可按照城市发展规划中土地利用功能分为居住区、工业区、自然保护区、集中公共设施区以及经济技术开发区等。

(2) 基本方法

城市综合环境功能区划要依据城市环境特征，以服从城市总体规划、满足城市功能需求为原则；并充分考虑土地利用现状，城市发展、旧城区改造的需要。区划时常用专家咨询法，也可采用数学模型分析法作为辅助。

1)专家咨询法的工作程序：①准备各类工作底图，包括人口分布图、土地利用图、资源消耗分布图、环境质量评价图等；②确定专家，一般以环境管理、科研和城市规划部门专家为主；③请专家进行初步区划；④将初步结果进行图形叠置，确认基本相同的部分，对差异部分进行讨论。

这一步采用的图形叠置法最好是运用 GIS 来完成。叠图技术的操作过程如下：①对比分析城市环境区划图、城市总体规划布局图和城市现状图，这时应将城市重点保护区域标注在每一张图上；②对比分析城市大气污染源、水污染源分布和排放量密度图，以及环境噪声、固体废物堆放分布图。在分析以上各图时，还应该标明城市总体和城市经济社会发展规划中可能要建设的新污染源分布情况；③对比分析城市的大气、水体、噪声、土壤以及生态方面的环境质量图，图上尽可能标注城市气候和水文特征；④对比分析城市静态人口密度分布图、城市主要区域动态人口密度分布图、城市交通量分布图以及现有建筑密度分布图。综合分析以上因素，分别绘制城市经济社会发展所要求的功能区划图，以及城市生态环境保护所要求的功能区划图。

如果两者基本一致,即可确定城市环境功能分区的初始方案图,如果两者发生矛盾,就需要通过征询管理部门、有关专家意见和请公众参与进行协调,必要时展开讨论。⑤论证并确定城市环境功能区划初始方案图。城市环境功能分区的初始方案确定后,应邀请有关方面的专家、城市规划部门以及其他有关部门进行反复论证,确定最后的环境功能区划图。

2)指标分析法,是将区域内重点保护区划出,可采用标准步长法或按经纬度将城市区域网格化;同时,确定功能区划的指标体系和指标的评分和分级系统,并使指标具有可比性。然后采用生态适宜度分析法或聚类分析法(包括因子分析),按网格进行综合分级——按照相邻、相近、相似原则,将小网格逐渐合并为大网格,这一过程可反复进行直至结果满意。

以上两种方法可以独立进行,其结果可相互印证或补充。

2.单项环境要素的功能区划

单项环境要素的功能区划,主要指大气、水和声环境等功能区划。单项环境区划应以综合环境区划为基础,结合每个环境要素自身的特点加以划分。单项环境区划的目的是确定每个区划内环境要素的具体环境目标,相应目标下的污染物控制总量及其相应的规划方案。

(1) 大气环境功能区划

大气环境功能区划可直接参考城市综合环境区划的基本结果,依据国家标准(GB/T 13201-91)的规定,将城市区域划分为一、二类和三类区域,与 GB3095-96 中三类大气质量区相对应。将相应类别的空气质量要求作为环境目标。

(2) 水环境区划

城市水环境功能区划分为两个层次,即水环境功能区划和水环境控制单元的划分。水环境功能区划是将与城市有关的水体按照其功能加以划分,并确定出明确的环境质量目标。水环境控制单元是指一个水环境功能区与相关的污染源所占的区域的总和,在城市水环境功能区划中还可将其概念进一步扩展,如将独立污灌区和其上游汇水区,土地处理系统和其汇水区,大型污水处理厂及其汇水区(主要指相应的泵站和管网系统)等作为控制单元对待。

地表水域功能区划的分类及相应的标准与《地面水环境质量标准》(GB3838-88)相对应。一般可分为七类。

1)自然保护区及源头水(地面水环境质量标准Ⅰ类);

2)生活饮用水水源区(地面水环境质量标准Ⅱ类及生活饮用水卫生标准);

3)水产养殖区(地面水环境质量标准Ⅱ类及渔业水质标准);

4)旅游区(地面水环境质量标准Ⅲ类及海水水质标准);

5)工业用水区(地面水环境质量标准Ⅳ类);

6)农业灌溉区(地面水环境质量标准Ⅴ类及适用于农灌区的农灌用水标准);

7)排污口附近混合区(带)(不执行地面水环境质量标准),包括地表水及近海排污口附近海区。

(3) 声环境功能区划

声环境要素是城市居民比较敏感的环境要素,但其污染源一般影响范围较小,区域间相互影响较轻微,划分的区域空间可以相对小一些。可依据城市规划的功能分区要求,按照《城市区域环境噪声标准》的分类方法进行划分,其范围可以参照城市土地利用规划功能区的范围,落实到相应的网格区划图上。

二、城市主要环境问题研究

根据城市自然和社会环境特点和开发建设类型,识别环境问题,并通过研究后筛选主要问题。例如,城市建设方面,一般有以下主要环境问题:

(1)应如何做到城市合理布局、发展规模和功能分区;

(2)城市人口的吸引与反吸引因素分析和卫星城市吸引中心人口的对策;

(3)城市化过程对生态环境的影响;

(4)城市生态系统的特点和问题;

(5)城市交通、能源结构、热电联产、余热利用、城市煤气化等基础设施方面的环境、社会、技术和经济分析;

(6)主要污染源的治理和“三废”综合利用途径;

(7)降低水耗、提高循环利用率的途径;

(8)土地利用的可持续性;

(9)如何合理利用环境自净能力;

(10)特别注意过去和现在以及可预见的将来城市建设方面的累积效应问题,以及由此引起的风险影响。

三、城市环境影响预测

根据区域环境现状评价、主要能源、资源问题和城市开发建设规划,预测经济发展达到目标时间的环境质量状况。其主要预测方面如下:

(1)能源、原料、水量消耗的增长,资源开发、土地利用的规模、程度和速度的变化;

(2)“三废”排放量的增长及其对大气、水、土壤环境和对生物污染的广度和深度;

(3)城市开发建设可能造成对自然环境的影响和生态破坏;

(4)环境污染与破坏造成对社会影响和经济损失;

(5)城市环境质量变化趋势与速度,及其对人群健康和其他生物生长的影响。

四、城市环境影响综合评价

鉴于城市环境的整体性和综合性特点，必须对区域开发建设的影响进行全面的综合分析和评价。

(1)城市社会经济发展施加于环境的应力的影响及其对社会经济发展反馈作用的研究；

(2)提出城市总体和各功能区允许的污染物排放总量以及总量在各功能区中的分配；

(3)提出城市总体和功能区污染物集中控制方案及其优化；

(4)城市开发建设的环境、社会、经济效益分析；

(5)城市开发建设的环境影响综合评价及对策建议。

《2006中国可持续发展战略报告》中指出：当前中国生态系统整体功能仍在下降，抵御各种自然灾害的能力在减弱。我们正在以历史上最脆弱、最严峻的生态环境，供养着历史上最大规模的人口，负担历史上最大规模的人类活动，造成了最严重的环境资产损失和经济损失，生态和环境安全成为影响国家安全和可持续发展的重要方面，也是中国21世纪最突出的问题之一。这就决定着我们应该坚持以保护环境优化经济增长，以环境容量优化区域布局。在经济发达、环境容量有限、自然资源不足的地区实行优化开发，依靠科技进步和产业结构升级，降低污染物排放总量；对发展潜力大、环境容量较为充裕、资源比较丰富的地区实行重点开发，在严格遵守环境法律、法规的基础上，合理利用环境容量；在生态环境脆弱的地区和重要生态功能区实行限制开发，选择对环境危害小、有利于生态功能恢复的开发方式；在自然保护区和具有特殊保护价值的地区实行禁止开发，依法实施强制性保护。

第十一章　战略环境影响评价

第一节　战略环境影响评价概述

一、国内外研究进展

从1964年国际环境质量评价会议上，首次提出“环境影响评价（EIA）”概念至今，环境影响评价已在80多个国家和地区得到了广泛应用。

但是，传统的环境影响评价一直局限于建设项目层次，因此也暴露出许多不足：建设项目处于整个决策链（战略、政策、规划、计划、项目）的末端，所以，建设项目环境影响评价只能对具体项目认可或否决，并不能影响最初的决策和布局，也不能指导政策或规划的发展方向；其环境影响分析的范围局限于单个项目，无法解决开发建设活动中产生的众多间接、二次累积影响等；同时也难以全面考虑替代方案和减缓措施。由于执行环境影响评价时，项目往往已进行了明确筹划，决策已定，无法更改，某些关于技术、资源能源利用等方面的替代方案已很难再加以考虑，限制了减缓措施的正确选择。解决这些缺陷的根本途径，是将环境影响评价由建设项目层次延伸到规划和政策层次，即开展战略环境影响评价。

战略环境影响评价是对政策、规划或计划及其替代方案的环境影响进行规范的、系统的、综合的评价过程，包括把评价结果应用于负有公共责任的决策中，它是在政策、规划和计划层次上及早协调环境与发展关系的决策和规划手段。

1992年，联合国环境与发展大会以后，可持续发展的思想已成为各国制定经济发展战略的重要指导思想。可持续发展的原则作为政策的核心和本质，应通过规划、计划和最终的建设项目逐步分解和贯彻。这就要求在战略实施的不同层次上充分考虑其环境影响，把环境保护问题与社会经济发展有机地结合起来，客观地衡量与评价每一项发展战略的社会经济价值和对环境造成的影响，期望实现社会效益、经济效益和环境效益的统一。也就是说，使环境影响评价成为能将可持续发展原则通过“战略与政策－规划与计划－建设项目”各个环节逐步实施下去的手段和方法之一。战略环境影响评价始于20世纪70年代，并在80年代末得到世界范围的广泛接受。世界环境与发展委员会、欧盟、经济合作与发展组织、世界银行、联合国等国际组织都制定了相关的文件,对推进战略环境影响评价起到了积极作用。目前国外战略环境影响评价也尚处于研究和发展的初级阶段,并没有形成统一、完善的理论体系,也缺乏系统、有效的方法学,加上法律和制度上的制约,战略环境影响评价的全面开展仍受到限制。

20 世纪 90 年代以来,我国也逐渐认识到开展战略环境影响评价的重要性和紧迫性,并在《中国对世纪议程》、《国务院关于环境保护若干问题的决定》等文件中明确提出开展对现行重大政策和法规的环评。特别是加入世贸组织和签订《京都议定书》后,政府更多地通过法规、政策、计划和规划的制定和实施来参与经济活动。2003 年 9 月 1 日,《中华人民共和国环境影响评价法》正式实施,这部法律第一次将环评从单纯的建设项目扩展到各类发展规划,用法律的形式确保环境保护参与综合决策,同时,更加突出公众在环境保护中的作用,并通过环境影响跟踪评价和后评价制度,将环境影响评价落实到规划执行和建设项目运行的整个过程中。因而,随着我国经济的发展,人们生活水平的快速提高,实施战略环评是环评的必然发展趋势。

二、战略环境影响评价的基本含义

从战略的范畴考虑。“战略(Strategy)”一词,源于军事,现逐渐广泛用于带有全局性、长期性、整体性的政治、经济、外交、生态环境保护领域。它具有以下几个方面的内涵:首先,战略是带全局性整体性的主要力量在相当一段时间内的使用方向和使用方式。其次,战略是总的指导规划,包括为达到广泛目标而确定的资源投入重点。最后,战略是确定系统基本的和长期的目标以及决定系统方向和实现这些目标的总体规划和政策体系。因此,战略可定义为“是实现系统的长远目标所选择的发展方向,所确定的行动方针以及资源分配方案的总纲。”战略的范畴包括法律、政策、计划和规划四个不同层次,其中政策是战略的核心和主要表现形式,法律以政策为内核,是政策的定型化和具体化;计划是政策目标在时间和空间范围的具体化和细化;而规划则是由为落实计划而具体实施的一系列项目或工程。

从战略环境影响评价的范畴。近年来,在环境影响评价中,战略环境影响评价越来越受到人们的重视,它已成为环境影响评价的发展趋势。关于战略环境影响评价可以上溯到 20 世纪 70 年代美国《国家环境政策法》,现在世界上很多国家十分重视环境影响评价工作,我国也已经把环境影响评价用法律规定为一种必须遵守的制度。但战略环境评价这一术语在国内外学术界出现是在 90 年代以后。众多不同领域内的学者从各自的角度展开了对战略环境影响评价含义的认识:有的学者认为,战略环境影响评价(Strategy Environmental Impact Assessment,SEIA)(也简称战略环评)是指对政策、计划或规划及其替代方案的环境影响进行正式的、系统的和综合的评价过程。在这里,战略可以是大到全球和国家,小到区域和部门的战略,从政策一计划—规划—项目既含有时间顺序，又包含等级顺序。但无论是政策，还是计划或规划的环境影响评价都被称为战略环境影响评价。SEIA 在应用上主要表现为三种形式：一是部门 SEIA，二是区域 SEIA，三是间接 SEIA。部门 SEIA 的评价对象主要是废物处理、供水、农业、林业、能源、娱乐、运输以及工业房屋建筑和冶炼等方面的计划。区域 SEIA 的评价对象主要是区域规划、城市规划、社区规划、区域再发展规划、乡村规划及机场规划、大学城规划和其他有关发展地点选择的决策。间接 SEIA 的评价对象主要是科学与技术政策、理财政策和法律规定等。显然这主要是一种环境管理科学的角度而进行的认识，是从各种规划的层次性、逻辑性来了解和认识环境影响的，并且其侧重点在于环境规划管理，而不是对可能的环境影响进行预断评价，及时采取预防可能产生的不利环境影响措施。有的学者认为，战略环境影响评价是指对政策（Policy）、计划（Plan）、规划（Program）（简称 3P）及其替代方案的环境影响进行系统的和综合的评价过程。它是在 3P 层次上及早协调环境与发展关系的一种决策和规划手段。有的学者认为，SEIA 是英国的 N. Lee 和 F. Walsh 等几位学者根据可持续发展战略的思想提出的全新概念，是对规划环境影响评价、区域环境影响评价、环境累积评价、总体环境评价等概念所进行的高度概括。

总的来说，SEIA 具有如下特点：①建设项目的环境影响评价（EIA）只能对具体项目认可或否决，而不能改变实施战略，不能指导计划朝着有利于环境恢复能力或远离敏感区的方向发展；SEIA 则不同，它是整体的评价过程，能够客观地评定和衡量战略环境影响评价是对政策、规划或计划及其替代方案的环境影响进行规范的、系统的、综合的评价过程，包括把评价结果应用于负有公共责任的决策中，它是在政策、规划和计划层次上及早协调环境与发展关系的决策和规划手段。② 项目 EIA 比较注重减少某一开发行为对环境产生的近期不良效应，缺乏对整体发展计划的了解和对其他开发项目的控制，无法考虑多个项目的累积影响；SEIA 评价范围较大，跨越时间长，包含项目多，综合性强，可以充分考虑项目的累积影响。③EIA 往往在开始准备时，某个项目已进行明确的筹划，决策已定，无法更改；在项目阶段的 EIA 中，某些关于技术、资源利用和生活方式等方面的替代方案很难加以考虑；SEIA 能全面考虑替代方案和减缓措施，提出合理的解决办法。

三、战略环境影响评价与环境影响评价的区别

环境影响评价和战略环境影响评价都可以保障有效的资源利用，增加对社会问题的思考，识别主要影响以及弥补它们的削减措施，为决策和设定有关要求提供依据，避免严重的和不可逆的环境破坏，保护人类健康安全。但是二者也有一些不同之处（见表 11-1）。可见，战略环境影响评价强调对话、参与、减缓和替代方案；它是环境评价、健康影响评价的补充；同时它也是开放式的，一个迭代的过程。另一方面，当

计划由多个具体的项目构成，SEIA 被看成是 EIA 的加和。因此，EIA 和 SEIA 有时也是相互关联，无法明确分开的。

表 11-1　EIA 和 SEIA 的差别

EIA 特点	SEIA 特点
集中在项目	集中在政策/规划/计划
少关注协调，空间和间接影响	事前的，预防的和累积性的
部门内部	跨部门的
反应性的	更大的时间和空间尺度
有限的时间尺度	综合考虑社会和经济问题
独立的，地区的环境问题	使用政策工具

第二节　战略环境影响评价程序和内容

一、战略环境影响评价程序

在美国，根据《国家环境政策法》和美国环境质量委员会(CEQ)条例，环境影响评价的程序如下。

第一步是决定是否编制报告书。需要作出判断决定的机关是有“提议行动”的政府部门，如果该部门认为其提议的行动属于通常不要求做环境影响评价的行动，则要发表一份“无重大影响认定”的文件，并交由有关各方和公众审查。如认为该行动是不同于通常的行动则要编制“环境影响评估书”。对可能造成重大环境影响后果的项目，政府的项目主管部门一般会提出以下意见：修改或更改；有条件批准；选择一个可以达到相同目标的替代方案；不予批准；超越环境影响综合考虑平衡决定等。审批项目的环境影响评价实行审查收费制度。一般按有关政府部门工作人员的审查时间计算，由项目提出单位支付费用，所收费用直接进入政府审查部门。在这一过程中，如果得出了可以不编制“环境影响报告书”的结论，则须由该机关作出“无重大影响认定”，并交由有关各方和公众审查，这种审查可以认可或推翻该认定。如果认可了，则无需编制报告书。如果审查推翻了原认定，那么必须编制报告书。

我国根据《环境影响评价法》第九条和第三十六条的规定，规划编制机关在决定是否要编制和在哪些范围内编制环境影响报告书的主动权是十分有限的，因为“进行环境影响评价的规划的具体范围，由国务院环境保护行政主管部门根据国务院有关部门规定，报国务院批准”(第九条)，县级人民政府的环境影响评价办法由省制定(第十三条)。从法律的这些规定来看，在我国，战略层面上的经济活动是否进行环境影响评价，其具体评价范围是由行政规章或行政法规来规定，即具有法定的统一性，没有“一事一议”的灵活性，环保行政主管部门拥有主要的立法权，在决定是否要进行和在什么范围内进行环境影响评价的问题上占有主导地位。同时，因为是以规章的形式决定了进行环境影响评价的范围，对于不需要进行环境影响评价或“无重大环境影响”的具体规划，缺乏一种公示制度，可能会影响到公众参与的效力和范围。

第二步是确定评价范围，领头机关要在《联邦公报》上发表一个“意图通告”，通知有关各方和公众，并且召集各方协商，共同确定环境影响评价的范围、分配编制任务、设定编制期限和报告书的规模。

第三步是编制报告书初稿。环境影响报告书内容确定之后，领头机关应开始编制报告书初稿，必须尽量公开并讨论包括拟议行动在内的所有可供选择方案的环境影响，初稿应使用明白易懂的语言和适当相称的图表，以便于决策者和公众读懂和理解。

第四步是报告书的评论和定稿。这是环境影响评价中具有决定性意义的阶段，是报告书编制程序的核心环节。

领头机关必须在初稿形成之后和在定稿形成之前邀请各方评论，提出实质性的并尽可能具体和明确的意见，这段评论时间是 90 天，领头机关必须对各方评论意见作出反应(如修改拟议行动方案，发展和评价替代方案，纠正事实错案，提供作出不予反应的权威根据等)。评论期结束后，必须把所有实质性评论作为附件附在报告书定稿之后，再次邀请有关各方对其进行评论，期限为 30 天，待此次评结束后，领头机关指把报告书交给决策者，使其成为决策依据之一。

可见，在指定期限内的公开性评论和公众参与是美国环境影响评价程序的重要特点，使环境影响报告书能够比较充分地报告拟议行动及其替代方案的环境影响，为决策提供全面的客观的科学依据。在规划环评评价时机的选择上，中美都选在规划形成初步方案至上报审批之前，这样规定可以防止环境影响评价变为事后论证，也可以避免一定的经济损失。但我国在法律中并未规定具体评论的期限，使得操作性受到了一定的影响，也没有规定再评论制度，这对于那些只有一般环境影响的规划，则起到了简化程序，节约资源，争取时间的作用，而对于那些对环境有重大影响的规划来说，则有失草率之嫌。我国《环境影响评价法》也规定了战略环境影响评价活动的公众参与制度(第五、六、十一、十三条)，但程序上鼓励和支持公众参与环境影响评价的规定很少，相反还规定了较多的参与条件，如必须是专项规划前能造成不良环境影响，并直接涉及公众环境权益，更重要的限制对前述条件的认定是专项规划的编制机关作出的，从而使公众参与的内容和影响力大大减小。

二、战略环境影响评价的范围和评价报告书(表)的内容

1.战略环境影响评价的范围

评价的范围实质上就是指“评价对象”,即哪些活动受到环境影响评价法律调整必须进行环境影响评价。根据我国《环境影响评价法》的规定,我国对战略性活动的环评主要在于规划,包括“一般规划”的环境影响评价,即国务院有关部门、设区的市级以上地方人民政府及其有关部门组织编制的土地利用的有关规划,区域、流域、海域的建设、开发利用规划。专项规划的环境影响评价,即国务院有关部门、设区的市级以上地方人民政府及其有关部门组织编制的工业、农业、畜牧业、林业、能源、水利、交通、城市建设、旅游、自然资源开发的有关专项规划。从中可以看出,我国的战略环境影响评价不包括立法活动、政策行为以及国务院的规划行为,也即在我国权力机关(包括省市级人大)、国务院、国务院各部委以及省级政府的制定规章的抽象行政行为也被排除在环境影响评价活动范围之外。而且,第三十六条的规定也对县级政府编制的规划的环境影响评价作了淡化处理,这样,受战略环境影响评价的主体范围就相对有限,弱化了战略环境影响评价制度的作用。

2.环境影响评价书的内容

环境影响评价书的内容大致包括:①区域可持续发展的战略目标;②考虑将各级政府的国民经济发展中的中长期规划、资源开发计划、城市总体规划、对区域发展有重大影响的基本建设项目和开发活动等列为评估对象;③进行区域可持续发展潜力的评估;④对各类利益集团之间的协调与互补;⑤区域内重大基本建设项目和开发活动的专门评估;⑥评估区域可持续发展的综合效益;⑦进行区域细部的结构设计。这是从广泛意义上来理解的一种环境影响评价内容,作为一个环境影响评价的具体表现形式或结果的环境影响报告书(表),其侧重点应该在战略性活动可能会产生的环境影响以及对有害环境影响的预防措施。美国环境影响评价报告一般有以下几种类型:单项工程的环境影响评价报告、政策性的环境影响评价报告、整体的环境影响评价报告、补遗的环境影响评价报告、增加新内容的环境影响评价报告和后续的环境影响评价报告等。

我国《环境影响评价法》第十条规定的专项规划的环境影响报告书内容包括:①实施该规划对环境可能造成的影响的分析、预测和评估;②预防或者减轻不良环境影响的对策和措施;③环境影响评价的结论。其中“一般规划”和“指导性规划”只要求包括①、②项(第七条、第八条),即这种环境影响评价总是以“一般规划”和原规划方案为基础进行,是对原方案的修正,补充和论证,即使该方案草案不合理,不科学,也无需采取不行动方案或用其他方案来替换,而且在对待③的问题上,只强调其作为

“非指导性规划”决策的重要依据(第十四条)。如果“评价结论”对该专项规划作出实质性的重大修改或者甚至否定该方案的生态环境可行性时,决策进如何采纳意见、作出适应性反应,则没有规定,而且在法律责任部分也没有对那些不采纳评价结论或未作出相应调整的行为规定法律责任。这是令人遗憾的,环境影响评价的法律效力势必受到影响。比较二者对评价报告书内容的规定,我们可以十分容易地发现我国法律规定对美国相应内容的吸收和借鉴,主要的差异在于对替代方案的态度上。美国的战略环境影响评价制度很重视“替代方案”,规定得很详细,具有较强的操作性,这就为进行环境影响评价的战略性活动设置了一个“缓冲器”,兼顾了环境效益和经济、社会效益。尽管其成本比较高,并且在一定程度上会影响行政的效率性,但从长远的角度、从社会稳定和现代行政法治的目的来看,这都是值得的,也是我们今后与环境影响评价相关的法律法规和规章修订时可以考虑进一步借鉴的地方。

第三节 战略环境影响评价原则和方法

一、战略环境影响评价的原则

2001 年,国际影响评价协会(IAIA)提出实施 SEIA 的 6 个标准,包括综合性、可持续性导向、集中重点、可解释性、公众参与以及迭代性。据此,SEIA 的专家经共同讨论提出以下具体的原则:①与评价对象相适宜:不同的政策或规划有不同特点,评价的过程或方法应与此相适宜;②目标导向:评价的程序或方法应该主要考虑环境目标或者优先考虑环境问题;③可持续性导向:评价的过程应有促进可持续发展目标的识别,而且建议的提出应该使环境方面具有可持续性;④综合性:评价过程应该与经济评价、社会评价相平行,并在适宜的层次上与项目环境影响评价(EIA)相衔接;⑤相关性:评价应该集中在有关的主题;⑥实践性:评价应该提供决策时所需要的信息。

二、SEIA 的评价标准及评价因子

1. 评价性质

SEIA 系统评价标准,要具有以下性质:

(1) 目的性。即所选择的评价标准既能反映 SEIA 的预测内容,又能反映战略环境目标的实现程度;

(2)层次性。所选择的评价标准应能充分反映战略及其环境影响的层次差异;

(3)可操作性。度量指标所需数据易获取和表达;

(4)充分性。所选取的标准能充分满足衡量战略运行各个阶段的环境影响。

2. SEIA 的评价标准

按性质来分，SEIA 系统中所确定的评价标准有定量标准和定性标准两类。

(1)定量评价标准。定量评价标准主要有 3 类：

环境标准：包括环境质量标准、污染物排放标准以及总量控制目标。

背景或本底标准：以战略实施或影响范围内的生态环境背景值或本底值作为评价标准。

类比标准：把与评价区域的社会经济环境条件相似且未实施该战略地区的生态环境质量和功能作为 SEIA 系统的评价标准。

(2)定性评价标准。定性评价标准是指可接受性、合法性、同战略标准的一致性与兼容性。

3. SEIA 的评价因素

在 SEIA 中，评价因素用于衡量和表征环境现状并预测环境的变化趋势，它也是比较选择不同的政策、规划、计划以及监督它们的实施和目标的主要技术指标。

在某一领域的 SEIA 或某一区域的 SEIA 中不可能设计所有环境因素，选择、确定评价因素的目的在于识别与所研究的政策、规划、计划关系最为密切、最重要的环境问题并把它们以评价要素的形式表达出来。法国和瑞典提出在选择评价因素时应主要考虑以下几个方面：①具有长期特征的宏观环境问题；② 次生的和累积的环境影响；③该领域的项目规划与其他发展计划的关联性；④评价区域范围内的总体发展趋势。

每一类评价因素中又可以给出一系列评价因子，SEIA 的评价因子可分为 3 类：①表征环境质量状态的指标，如 SO_2、NO_2 的浓度水平；②表征人类活动对环境造成影响和压力的指标，如 SO_2 排放；③表征人类自身环境行为的指标，如安装尾气净化装置的车辆百分比。对于评价因子的选择也应基于政策、规划、计划的环境目标、相关的环境法规及现行的环境监测方案，进行综合考虑。

三、战略环境影响评价的方法

总结十几年来大量的 SEIA 案例表明，几乎每一个案例都因为决策特点的差异而采用了不同的方法。而且事实上，SEIA 没有属于自己的独特方法。SEIA 可以被看作是由多种评价方法组成的方法体系。目前大部分 SEIA 采用的方法来源于政策制定、评价、规划、项目评价等。可见，基本上可以分为基于项目环境影响评价的方法和基于政策/规划分析的方法(见表 11-2)。

表 11-2 战略环境影响评价的方法

评价环节	方 法
判定是否需要 SEIA	矩阵法、列表法
战略分析	影响清单
环境信息的收集	数学方法、GIS、遥感照相、指标法
影响分析与决策	数学模型法、德尔斐法、风险分析、指标法、GIS+叠图法、民意测验、趋势外推法、投入产出法、幕景分析法
综合评价	投入产出法、数学模型法、GIS、列表清单法、网络法
社会经济分析法	打分加权分析法、投入产出法、数学模型法、费用—效益分析法
替代方案形成与优选	德尔斐法、矩阵法、列表法、费用—效益分析法、多目标决策法、目标决策分析

战略环境影响评价的方法简述：

(1)基于项目环境影响评价的方法

SEIA 的方法根源于 EIA 的实践。比如美国、荷兰、香港和欧盟。它们利用 EIA 的经验并将其需求和程序应用到 SEIA 之中。主要包括核查表法、矩阵法和网络法等。

(2)基于政策/规划分析的方法

建立在政策/规划分析的基础上，在决策的过程中决定战略环评的时间和形式，在项目的最后立项之前进行决策干预，并试图影响整个过程。根源于土地利用规划发展的实践经验。比如英国、瑞典和澳大利亚。尤其是英国，在很早期就在土地利用规划中考虑环境问题。从某种意义上说，土地利用规划和 SEIA 是一个并行的过程。又如在荷兰，体现为一种综合的模式，很难区分 SEIA 何时开始；一些国家比如丹麦和加拿大的 SEIA 根源于制定政策的实践。评价的方法、所考虑的环境问题都与政策分析息息相关。具体包括：情景分析和模拟法、预测法、投入产出模型、土地适宜性分析、地理信息系统方法、系统模型方法、多目标分析的方法、目标取得矩阵、规划平衡表、成本效益分析、成本最小化技术、敏感性分析等。

第四节 战略环境影响评价展望

一、开展战略环境影响评价的意义

SEIA 是 EIA 发展的新趋势，为了真正落实科学发展观，构建和谐社会，我国必须高度重视 SEIA，真正把 SEIA 制度付诸实践。美国、加拿大、俄罗斯等国家的实践表明，SEIA 是将可持续发展战略从宏观、抽象概念落实到实际、具体方案的桥梁，是提高 EIA 有效性的客观要求和科学生态补偿的重要前提，也是保证环境与发展综合决策的标志。

SEIA 的开展具有以下意义：①有助于将可持续发展原则纳入决策过程；②通过为政策或规划的形成提供环境适宜的、可持续的综合背景以影响并改善决策的制定；③建立环境有序的结构行动；④为累积性影响评价提供更好的条件；⑤为低层次的环境影响评价尤其是项目环境影响评价提供选择初步的评价范围；⑥预测在项目层次上可能出现的影响，改善或加强 EIA。

二、战略环境影响评价的趋势

在过去的实践中，SEIA 一直发展缓慢。主要原因首先是评价对象的不确定性和复杂性。目前许多的 SEIA 沿用 EIA 的途径，回顾多于前瞻。对于更大尺度和更长时间尺度方面的评价少有作为。其次，部门或区域范围的参与在实施上的烦琐使得操作很难；第三，尽管目前的信息很多，但高质量的数据仍然匮乏；第四，目前尚缺少指导实际操作的战略环评导则。

未来 SEIA 的发展有以下趋势：

(1)以决策过程为核心的综合决策模型将成为未来 SEIA 的主流

基于 EIA 的评价方法在面临 SEIA 所具有的不确定性、复杂性、长期性、大尺度性以及宏观性等问题时逐渐显得无能为力，以为决策提供环境可持续依据为目标的 SEIA 的方法将逐步与政策、规划和计划的方法相融合，形成以决策过程为核心的综合决策模型，而成为未来 SEIA 的主流。

(2)SEIA 逐步成为推动决策过程中的政治和社会过程的框架

战略决策离不开社会和政治要素，而且社会过程和政治过程影响着方案的选择，这是未来的一种综合趋势。SEIA 不得不面临这样一种现实，而不仅仅是考虑狭义的环境影响方面。在整合社会过程、经济过程和环境审批过程中，SEIA 将成为一个重要的工具和框架。

(3)根据决策系统和文化的不同，SEIA 有不同的形式

无论是发达国家还是发展中国家都利用 SEIA 作为工具，以不同的方式来实现其自己的期望。各国都会根据自身的政治制度、文化特点和经济特征发展符合自己国家和决策特点的 SEIA 形式，以实现 SEIA 真正的为决策服务的目标。

(4)将 SEIA 纳入到环境管理体系和环境审计中

SEIA 一开始就是应环境法律的要求而开展的。由于目前尚未形成在一定范围内公认的、可操作的又易于为管理者所用的方法和指标体系，因此，真正的纳入到环

境管理体系仍需一定的时间,但这是必然的趋势。此外,像项目环境影响报告书的质量监控一样,SEIA 报告书的质量保证也是一个重要的挑战。为此,环境审计也必将在这一领域得以实施。

三、开展战略环境影响评价的建议

1. 以环境容量为基础开展战略环评

环境容量是国家或地区在一定的时期内,为达到一定的环境质量目标而规定某一环境单元范围内所能容纳的污染物的最大负荷量。它是可持续发展的内涵之一,也是生态学的规律之一。可持续发展要求发展以环境和自然资源为基础,同环境容量相协调。在推行循环经济、清洁生产,从源头削减污染物总量的基础上,使环境容量逐步与经济社会发展相适应是我们的目标。所以,面对我国人口众多、资源短缺,要解决快速发展经济和尽量减少环境污染及生态破坏的矛盾,在制定政策、规划和计划时,为了使社会经济与环境的协调发展,使之符合可持续发展的要求,更应加重视环境容量的问题,在战略环评中应加强对环境容量的研究。

2. 规划环评是战略环评的切入点

从理论上讲,政策战略环评应先行之,区域与行业的规划环评次之,而建设项目的环评则再次之。规划环评是在政策法规制定之后,项目实施之前,对有关规划的资源环境容量进行科学评价。相比项目环评,规划环评真正开始实现了从微观到宏观,从尾部到源头,从枝节到主干,从操作到决策的转变和飞跃,是环评制度的一次根本性改革。由于我国环评法中只规定了规划环评,因此只能将规划环评作为进行全面战略环评切入点,推进规划环评就是推进战略环评。

3. 建立战略环评的公众参与制度

公众参与是战略环评过程的基本组成内容之一,在提高战略环评的质量和有效性,从而完善决策、实现决策科学化方面有着重要意义。虽然我国在环评法中肯定了公众参与,对公众参与也作一些程序上的规定,但这些规定仍然相当原则性,缺乏可操作性,如对公众的范围、参与的具体程序,参与的效果等没有进行明确规定,公众参与工作不仅深度不够广度更不够,存在着建设单位和审批机关对公众意见重视不够,公众参与缺乏司法保障的问题。探讨战略环评中公众参与的可行方法和程序,对加强环境影响评价中的公众参与工作以及在我国全面开展战略环评具有迫切的现实意义。

与建设项目环境影响评价中的公众参与工作相比,战略环评中的公众参与具有广泛性、受限性、敏感性、复杂性等特点,因此建议在实际工作中应妥善解决以下几个问题。

(1)战略环评中公众参与者

《环境影响评价法》规定：对可能造成不良环境影响并直接涉及公众环境权益的专项规划，应当在规划草案报批前征求“有关单位、专家和公众”的意见，但对公众的范围没有详细界定。由于战略是宏观的、全局性的，影响的人员和范围并不特定，很难确定谁是具体的受影响者。在这种情况下，公众参与者主要有3类：①可能受到战略决策活动影响的群体和个人，如有关政府部门或机构、企事业单位、居委会、普通群众等；②与战略决策有利益关系的群体和个人，如相关金融机构、某些资金持有者等；③可为战略环评提供知识和信息的群体和个人，如各种环境组织、相关的管理机构、有关专家和学者、对此感兴趣的团体和个人等。他们常常可根据其知识背景和专业特长提供拟定政策、规划或计划对环境可能产生的影响等有关方面的信息，战略环评中的公众参与要充分考虑到这3类对象。

(2)战略环评中公众参与的方式、程序

《环境影响评价法》规定：“举行论证会、听证会，或者采取其他形式，征求有关单位、专家、公众”的意见，事实上，公众参与的主要方式是听证。由于我国没有对听证会制度进行统一的规定，环境影响评价听证会制度只能单独建立。首先由于听证会目的是集思广益，避免决策失误，损害公众利益，所以应坚持“公开、公正、客观”的原则；其次《环境影响评价法》将组织公众听证会的任务交给专项规划的编制者，显然不符合听证制度的精神，应参考国外的做法，由编制专项规划部门的上级主管部门和环保组织共同组织，把听证会的地点选择在中立的地方，并由有一定素质和专业的中立人士担任主持人；再次听证的程序应包括两个阶段：①准备，包括确定代表及人数并将听证材料送达代表、公告举行的时间、地点、主要内容、旁听席位等；②举行听证，首先由主持人宣布听证会纪律，介绍听证会代表；然后由有关部门说明拟行动概况及其对环境的影响；环评机构陈述评价意见及依据；听证会代表对拟行动及其环评报告书发表意见及论证；最后主持人总结、听证代表对会议记录予以审阅并签名。

(3)公众参与的司法保障

《环境影响评价法》虽然要求行政主管部门对可能造成不良环境影响并直接涉及公众利益的规划，在报批前征求公众的意见，但却没有对在没有实施相关义务的情况下应当承担的法律责任作规定，这将不利于从根本上鼓励公众参与。因此应借鉴美国的公民诉讼制度，确立我国的环境公益诉讼机制，赋予公众环境监督权。

基于公益诉讼制度对弥补国家在维护公共利益方面不足的事实，以及为维护环境法律的权威，监督环境执法，确立我国环境公民诉讼制度是一项必须认真研究和解决的重要课题。可以进行有关环境公益诉讼的宏观立法，将环境公益诉讼与传统民诉、行政、刑事诉讼并列的诉讼类型；对环境领域的公民诉讼结合国情进行具体规定，确立对政府非自由裁量行政行为的公民诉讼制度；大力发展环境保护社团，全面推动公众参与；完善对政府抽象行政行为的司法审查等。

第五节　实例:水利建设 SEIA 有效性分析

一、水利建设项目对环境的影响分析

水利建设项目主要包括开辟航道、疏浚、堤坝加固、水库建设与水电工程及城市防洪堤建设等。在此仅分析城市防洪工程、水库及水电工程以及灌溉工程等对环境的影响。

1. 城市防洪工程对环境的影响

主要表现为对城市饮用水水源地水质的影响、城市基础设施的影响(包括城市排水、城市排污以及交通等)、土地资源的影响、拆迁安置的影响、环境噪声和环境空气以及城市景观的影响等。

2. 水库及水电工程对环境的影响

主要表现在水库移民安置;水库蓄水后由于长期浸泡和风浪冲刷从而造成库岸崩塌、破坏农田、道路和建筑物、并增加水库的泥沙淤积等;水库内水质发生季节性变化;均匀地减少下游进入河口的流量而可能引起盐水入侵;降低下游河段自净能力;水库蓄水后,水面大大增加,对库区及周围的气候条件可能产生影响,如引起风速、温度、降水、气温等气象要素的变化等;妨碍洄游性鱼类的生长、繁殖;促进库区内水草和浮水植物的生长;可能减少输入下游土地的营养物质;对库区和周围的人群健康也会带来一定的影响等。

3. 灌溉工程

它是用人工控制方法把水施于农作物,促其生长。这类工程的影响是从河流和湖泊中取走大量的水使河流流量减少,灌溉回流水对河流可能造成污染。

二、水利建设环评现状

我国水利建设开发项目的环境影响评价始于 20 世纪 90 年代。虽然因一些早期兴建的大型水利工程不同程度的发生了环境和社会问题,而使得 70 年代以来,借鉴了国外的有关经验,开始对项目进行环境影响评价,水利建设的环境问题在某种程度上得到了一定的重视。但据不完全统计,到 1999 年底,有关水利建设项目在国家环境评估中心存档的环评报告与工业项目相比就显得微不足道了,而且大多数是世界银行贷款项目。例如,到目前为止,以节水灌溉为中心开展的环境影响评价工作还很少,处于空白阶段。并且其环境影响评价的理论与方法还比较落后。对于在水利建设项目中开展 SEIA 还只是处在定性分析层次上,没有形成完整的体系,其研究还处在工作经验、工作方法的总结阶段。

三、SEIA 有效性分析

1. 从制度层次上分析 SEIA 有效性

在制度层次上,从以下五个方面来分析水利建设项目中 SIEA 有效性。

(1) 法律基础

SEIA 在水利建设项目中是否真正有效执行,关键看它是否建立在一个坚实的法律基础之上。2002 年 10 月 28 日,经第九届全国人大常委会第三十次会议审议通过的《中华人民共和国环境影响评价法》,把现行的单纯对建设项目进行环境影响评价扩大到对发展规划进行环境影响评价,我国的环评制度将由此向全局性的战略环评方向发展。这部法律的出台不仅是对我国环境影响评价制度的完善与发展,而且将为这项制度的深入推广提供坚实的法律后盾。但是,在水利建设项目中除了一部《水利水电工程环境影响评价规范》(SDJ302－88) 外还没有出台一部 SEIA 纲要或规范,它只是一种笼统的"概念"性质。因此,在水利建设项目中,SEIA 的法律基础并不完善,甚至尚没有实施 SEIA 的"权威性法律"依据。因而从法律角度来说,不能保证水利建设项目中 SEIA 的有效实施。

(2) SEIA 技术导则

一套完备的技术导则,既可以是 SEIA 具体执行的行动纲领,同时还可以用来判断 SEIA 的实施效果,即具体 SEIA 的有效性。因此 SEIA 技术导则是否完备是保证和衡量其有效性的重要条件。我国虽然从 20 世纪 90 年代以后就开始进行 SEIA 研究,并已形成了一系列的理论和方法。但是,具体到水利建设项目中,理论与方法上还不太成熟,因而不可避免地会出现因无法较好地起到"理论指导实践"的作用而降低 SEIA 的有效性。

(3) 权威、高效的管理机构

与一般的项目 EIA 不同,SEIA 的评价战略的建议者并不是建设单位(企业),而是决策管理者或决策管理部门。因此,SEIA 管理机构(我国的各级环境保护局)的权威性不仅影响到 SEIA 的执行,而且直接关系到 SEIA 结论能否真正体现或落实到最终的决策之中。

对于 SEIA 在我国水利建设项目中其权威性将要面临极大挑战,主要原因有:①目前对于水利建设项目一般倾向于其有利方面,而极少考虑它的环境问题。或者考虑了,但没有对整个水利项目的开展具有很大的约束力。②一个水利工程,其建设的目的就是为了发展经济。因而,即使某一个水利工程可能会对环境造成很大的影响,环保局由于其"难言之隐"而放之任之。由此可见,据目前的环境管理状况,要想水利建设项目中 SEIA 真正落实执行,还有一定的难度。

(4) 完备、先进的信息技术支持系统

由于我国 SEIA 起步较晚，还没有形成一整套完备的信息技术支持系统。这样会影响到水利建设项目中 SEIA 的有效性。

(5) 高素质的评价者

评价者是指负责实施 SEIA 工作的组织或个人，是 SEIA 系统的评价主体。评价者的综合素质，即评价者的阶级性、价值取向、知识水平、环境意识责任心以及评价者的态度等将直接关系到 SEIA 整个体制和工作质量，甚至 SEIA 活动的成败。同时 SEIA 的有效性还依赖于是否有一个高素质的 SEIA 研究群体。对于我国目前来说，已有大量的高素质的环境影响评价者，但在水利建设项目中，由于各种原因，SEIA 的研究群体还显缺乏，从而在不同程度上影响了 SEIA 的有效性。

2. 从具体战略层次上分析 SEIA 有效性

与 SEIA 制度有效性相比，具体战略 SEIA 有效性则更具有实质性的内涵。现主要从以下两个方面来进行分析。

(1)广泛、充分的公众参与

广泛、充分的公众参与是具体的 SEIA 实施过程中所必不可少的。也是衡量具体 SEIA 有效性的重要基准之一。我国在《中华人民共和国环境影响评价法》中第五条规定："国家鼓励有关单位、专家和公众以适当方式参与环境影响评价"。同时第十一条规定："专项规划的编制机关对可能造成不良环境影响并直接涉及公众环境权益的规划，应当在该规划草案报送审批前，举行论证会、听证会，或者采取其他形式，征求有关单位、专家和公众对环境影响报告书草案的意见。但是，国家规定需要保密的情形除外。"

由此可见，对于环境影响评价中公众参与已在法律上给予了支持。但目前在水利建设项目 SEIA 中公众参与还存在着广泛性和深度不够、形式单一、缺乏问卷设计的科学性、反馈意见合理公正处理不够重视等弊病。

(2)战略决策者对 SEIA 结论的重视程度

在水利建设项目 SEIA 结论能够为战略决策者重视并最终体现在战略方案中，是 SEIA 有效性的最终体现。目前我国对环境问题越来越重视，并将 SEIA 纳入法律之中，可以认为，战略决策者对 SEIA 的结论肯定会有所重视。但也不容乐观，由于各种因素，在水利建设项目上，人们普遍认为不管其环境影响如何，总觉得该项目是有利的，当然也包括战略决策者。从而在某种程度上影响了战略决策者的最后定论。

四、结论

通过以上分析，在目前水利建设项目中，SEIA 的实行还只是处在定性分析层次上,没有形成完整的体系,其研究还处在工作经验、工作方法的总结阶段。SEIA 在水利建设项目中的有效实施,还需要有一定的过程。江泽民同志指出:“经济决策对环境影响极大。要从宏观管理入手,建立环境与发展综合决策的机制。在制定重大经济和社会发展政策,规划重要资源开发和确定重要项目时,必须从促进发展与保护环境相统一的角度审议其利弊,并提出相应对策”以及《中华人民共和国环境影响评价法》的正式实施等,SEIA 在未来水利建设项目中一定会发挥重要的作用,从而使得其有效性能得到真正执行和落实。

第十二章　规划环境影响评价

第一节　规划环境影响评价目的和意义

一、规划开发建设项目及特点

随着我国经济建设的发展，出现了包括土地利用、某个区域、某个流域的建设、开发利用规划建设项目，或工业、农业、畜牧业、林业、能源、水利、交通、城市建设、旅游、自然资源开发的专项规划建设项目。而规划开发建设行为，是在特定的地区、特定的时间内、集中大量的人力、资金、能源、土地等资源有计划地集中开发一批新建设项目，或扩建、改建一批原有项目。因此，规划开发建设的占地面积大、建设内容复杂、总体规模大，其建设和投入营运，将会对区域或流域的社会、经济、自然和生态环境造成全面的影响。

与单个建设项目相比较，包括规划和专项规划的规划开发建设项目具有以下特点。

(1) 建设规模大。规划开发建设项目往往涉及几十、几百亿的工程投资；关系几万到几十万人口的迁移和居住；几百万吨至几千万吨的物资流动和能源消耗。

(2)占地面积广。规划开发建设项目，少则占地几平方千米、多则占地几十、几百乃至上千平方千米。

(3)建设项目复杂。一个规划开发建设项目，往往需要进行多功能的综合开发建设，不仅会包括不同行业的工业建设项目，还可能涉及农业、畜牧业、林业、能源、水利、交通、城市建设、旅游、自然资源等类型的开发建设，这些不同类型和行业的建设项目对于开发建设环境有着不同的要求。

(4)环境管理难度大。规划开发的各建设项目，往往隶属于不同系统和行业，每个建设项目都有不同的独立的法人和业主，造成环境管理上的困难。

(5)可变因素多。规划开发建设只确定区域内的建设项目的类型和行业，具体的建设项目一般不可能在开发建设的初期就能确定。

(6)环境影响复杂。规划开发建设项目多、规模大、范围广,不仅各建设项目之间会产生相互影响,而且区域开发规划活动会对区域外部产生长距离和大范围的影响。此外,区域外部的环境也会对区域开发建设产生一定影响。

(7)有利于污染控制。在规划开发活动中,项目相对集中,有利于实施集中供热、废水集中处理等污染集中控制治理措施;同时,由于区域开发建设涉及的建设项目多,有可能在各建设项目之间实现废物的循环利用,形成小范围内的循环(生态)经济。

二、规划环境影响评价及意义

《中华人民共和国环境保护法》中规定"一切企业、事业单位选址、设计、建设和生产,都必须注意防止对环境的污染和破坏。在进行新建、改建和扩建工程中,必须提出对环境影响的报告书,经环境保护部门和其他有关部门审查批准后才能进行设计",把环境影响评价作为环境管理的一项重要制度确定下来,建设项目的环境影响评价在为我国的环境影响评价制度的建立和发展、为我国的经济建设环境保护的健康协调发展中发挥了积极的作用。

但在包括众多建设项目的规划开发建设中,如果仅分别对各建设项目进行环境影响评价,则不能准确地预测规划开发活动造成的环境变化,不能整体说明规划开发建设的环境影响,难以在规划开发建设中合理发展经济、合理开发利用自然资源、合理采取环境保护综合防治对策,难以以较少的投入获得最大的环境效益、经济效益和社会效益,难以使区域或流域环境质量达到预期的目标。

因此,将规划开发建设作为一个整体,考虑所有开发建设行为,遵循生态学和可持续发展的观点,从区域自然、社会、经济和环境现状出发,整体上考虑规划拟开展的各项社会经济行为对环境的影响,找出其影响途径和规律,论证规划建设项目的布局、结构合理性,提出环境影响最小的整体优化方案和合理的环境保护综合防治对策措施,为规划和专项规划的环境管理提供科学依据的"规划开发建设活动的环境影响分析和环境保护方案、对策研究"的过程,称为规划环境影响评价。

规划环境影响评价的目的是在规划区环境质量现状调查的基础上,依据有关环境保护的法律、法规和标准,通过对规划开发活动的环境影响评价,识别影响环境的主要因子,提出规划开发建设活动中可能出现的主要环境问题,完善开发活动的规划,保证规划建设和环境保护的协调发展。规划环境影响评价的对象是规划中的拟开发建设行为,而开发建设行为又是在规划方案的指导下进行的,事实上规划环境影响评价是对规划方案进行评价、论证,提出修改意见,对修改后的规划方案再进行环境影响分析论证,减少或避免环境问题的出现,最终帮助形成可持续发展的规划、专项和环境保护的对策与措施。因此,规划环境影响评价工作与规划方案相互交错,是规划方案用于考虑环境因素的主要工具之一，对于有效地控制区域性环境污染、总量控制、实现规划区环境目标具有积极的作用。

鉴于规划开发建设对环境的影响和规划环境影响评价在规划方案中的重要作用，规划环境影响评价受到了政府和环境保护专家的高度重视，规划环境影响评价工作已被逐步运用于城市(城镇)规划、开发区规划、工业园区开发规划等区域开发建设项目中。

《中华人民共和国环境影响评价法》在第二章中明确指出规划和专项规划的环境影响评价对象和要求，规定了“国务院有关部门、设区的市级以上地方人民政府及其有关部门，对其组织编制的土地利用的有关规划，区域、流域、海域的建设、开发利用规划，应当在规划编制过程中组织进行环境影响评价，编写该规划有关环境影响的篇章或者说明”、“国务院有关部门、设区的市级以上地方人民政府及其有关部门，对其组织编制的工业、农业、畜牧业、林业、能源、水利、交通、城市建设、旅游、自然资源开发的有关专项规划，应当在该专项规划草案上报审批前，组织进行环境影响评价，并向审批该专项规划的机关提出环境影响报告书”，明确了规划环境影响评价所涉及的对象和时段；1998年11月颁布的中华人民共和国《建设项目环境保护条例》中规定“流域开发、城市新区建设、旧城改建等区域开发，编制建设规划时，应当进行环境影响评价”也明确了规划环境影响评价所涉及的对象和时段；对规划的环境影响评价工作从法律、法规上提出了要求。

根据规划环境影响评价在规划建设中的地位和作用，规划环境影响评价在规划开发活动中具有重要的意义。

(1) 规划环境影响评价可从宏观的角度对论证规划方案的经济建设与环境保护协调发展问题，避免在规划开发建设项目的选址、规模、性质上的重大失误，最大限度地减少对自然生态环境的破坏，对资源的合理开发利用。通过规划环境影响评价工作合理地测定规划方案，以协调经济发展与环境保护的关系，运用经济、技术、法律的手段规范开发活动，达到既发展了经济，又保护好环境的目的。

(2) 规划环境影响评价的分析、论证，可为规划建设项目布局的合理调整、规划区内建设项目的选择和筛选提供科学依据。

(3) 规划环境影响评价，对规划方案的修改建议可减少或规避规划区内建设项目相互间的影响、规划区开发建设对规划区外环境的影响或规划区外环境对规划区内的开发建设项目的影响。

(4) 规划环境影响评价，有助于了解规划区环境现状、存在的环境问题以及规划开发建设可能产生新的环境问题，所提出的环境保护综合防治规划建议可以帮助实现规划区污染物总量控制、建立相应的环境保护规划、达到预定的环境质量目标，以实现区域社会经济的可持续发展。

(5) 规划环境影响评价可作为进入规划区开发建设单个建设项目的审批依据,从项目的性质、功能区的要求、与相邻建设项目的相容性、区域环境的承载力等方面确定项目建设的可行性。同时,规划环境影响评价的基础性工作可减少单个建设项目环境影响评价工作的内容,缩短工作周期,并使单个建设项目环境影响评价能兼顾区域环境的宏观特征,更具有科学性、可靠性、可信性。

三、规划环境影响评价的特点

规划开发建设活动具有建设规模大、开发强度高及经济密度高于一般地区的特点,往往使规划区域内的自然、社会、经济、人口和生态环境在短期内发生巨大变化。因此,规划开发建设活动的环境影响评价涉及因素多,层次复杂,相对于建设项目的环境影响评价具有以下特点。

(1)广泛性和复杂性

规划环境影响评价范围广,内容复杂,其范围在地域上、空间上、时间上均远远超过单个建设项目对环境的影响,一般小至几十平方千米,大至一个地区、一个流域;其影响评价涉及包括区域内所有规划开发建设项目以及这些开发活动对规划区内外的自然、社会、经济和生态的全面影响。

(2)战略性

规划环境影响评价涉及区域发展规模、性质、产业布局、产业结构及功能布局等区域规划方案。要从土地利用规划、污染物总量控制、污染综合治理等方面论述环境保护和经济发展的战略性对策。

(3)不确定性

规划开发建设活动是逐步建设和发展的过程,规划方案只能确定拟开发活动的基本规模、性质,而具体建设项目、污染源种类、污染物排放量等不确定因素较多。因此,规划环境影响评价具有一定的不确定性。

(4)评价时间的超前性

规划环境影响评价应在规划开发建设活动详细规划以前进行,它是规划决策不可缺少的参考依据。只有在超前的规划环境影响评价工作的基础上,才能制定出实现规划合理的开发建设活动,以较小的经济投资取得最大的环境效益、社会效益、经济效益的规划方案。

(5)评价方法的多样性

由于规划开发建设活动往往涉及较大的地域、较多的人口、对区域的社会、经济发展和自然生态环境有较大影响。它可以包括对规划所涉及的社会和自然生态环境保护、修复和塑造环境的过程,因此社会和生态环境影响评价是规划环境影响评价的一项重要内容。而社会和生态环境的评价大多采用定性或定性、定量结合的评价方法。

综上所述，规划环境影响评价与建设项目环境影响评价特点比较见表 12-1。

12-1 规划环境影响评价与单个项目环境影响评价特点比较

评价内容	规划环境影响评价	建设项目环境影响评价
评价对象	包括规划方案中所有拟开发建设行为，项目多、类型复杂	单一和几个建设项目，具有单一性
评价范围	地域广、范围大，属区域性或流域性	地域小、范围小，属局域性
评价方法	多样性	单一性
评价精度	规划项目具有不确定性，只能采用系统分析方法进行宏观分析，论证规划方案的合理性，难以进行细化，评价精度要求不高	确定的建设项目，评价精度要求高，预测计算结果准确
评价时间	在规划方案确定之前，超前于开发活动	在建设项目的可行性研究同时进行，与项目建设同步
评价任务	调查规划范围内的自然、社会、环境质量状况，找出环境问题，分析规划方案中拟开发活动对环境的影响，论述规划布局、结构、资源的配置合理性，为保护、修复和塑造生态环境，提出规划优化布局的整体方案和污染综合防治措施，为制定和完善规划提供宏观的决策依据	根据建设项目的性质、规模和所在地区的自然、社会、环境质量状况，通过调查分析和预测，给出项目建设对环境的影响程度，在此基础上做出项目建设的可行性结论，提出污染防治的具体对策建议
评价指标	包括能反映规划范围内环境与经济协调发展的环境、经济、生活质量的指标体系	水、气、声等环境质量指标

第二节 规划环境影响评价的类型

规划环境影响评价是为规划决策提供依据的。因此，规划环境影响评价的类型与规划类型和性质是相互对应的。一般来讲，制定某类型和性质的规划，应开展相应的环境影响评价。

(1) 根据规划的类型划分

从大的方面可将规划环境影响评价分为涉及区域内各个方面的土地利用、区域、流域、海域的建设、开发利用的区域规划环境评价和涉及社会经济某个领域的工业、农业、畜牧业、林业、能源、水利、交通、城市建设、旅游、自然资源开发的专项规划环境影响评价。

规划环境评价：规划环境影响评价涉及面广，可涉及社会经济的各个领域不同类型和性质的规划建设项目，具有较大的不确定性。

专项规划环境影响评价：专项规划环境影响评价涉及面相对较狭窄，它涉及某个经济领域的一批规划建设项目，不确定性相对较小。

(2) 根据规划区域的性质划分

分为城市规划、区域规划、流域规划的环境影响评价工作。

城市规划的环境评价：它涉及城市发展的方方面面，根据城市总体发展战略规划中的经济、社会发展目标进行城市环境质量预测分析，进行环境影响的综合分析，提出城市环境保护和综合整治的对策建议。

区域规划环境影响评价：改革开放以来，我国许多地区，特别是沿海省市开辟了一系列经济开发区、高科技园区、保税区等。这些区域性开发建设项目一般都有各自的经济发展规划，因此需要开展相应的环境影响评价，制定与之相适应的环境保护的对策和措施。

流域开发规划环境影响评价：近年来，我国流域开发发展迅速，例如三峡水利工程、南水北调工程等大型的流域开发规划，其时、空尺度大，涉及诸多问题，较为复杂，与上述两类区域开发具有明显的差异。

(3) 根据环境要素划分

可分为大气污染防治规划、水质污染防治规划、土地利用规划和噪声污染防治规划的环境影响评价。在规划环境影响评价中一般都涉及上述环境要素的评价，为规划环境影响评价重点关注的因素。

第三节　规划环境影响评价的指导思想和基本原则

一、规划环境影响评价的指导思想

规划环境影响评价坚持环境建设、经济建设的同步规划、同步实施、同步发展，实现经济效益、社会效益、环境效益的统一，促进环境、经济、社会持续协调地发展，在实现经济、社会发展目标的同时，实现环境保护目标，使环境质量与经济发展水平相适应。

二、规划环境影响评价遵循的基本原则

规划环境影响评价是区域规划的重要组成部分，着重研究环境质量现状、确定规划涉及的各环境要素的容量以及预测开发活动的影响，因此，它是一项科学性、综合性、预测性、规划性和实用性很强的工作，应遵循如下原则。

(1)统一性原则。要把规划环境影响评价纳入规划之中，应在制订规划的同时开展规划环境影响评价工作。

(2)整体性原则。规划环境影响评价涉及协调和解决规划开发建设活动中产生的各种环境问题,包括所有产生污染和生态破坏的各个部门、地区和建设单位。应全面评价各规划开发建设行为以及各开发项目之间的相互影响,因此必须从整体观点认识和解决环境影响问题,不但要提出各具体建设项目的环境保护措施。还要提出规划区集中控制的方案对策。

(3)综合性原则。在规划区内广大地区和空间范围内,评价工作不仅要考虑社会环境,还要考虑自然环境以及生活质量影响。因此在评价分析中必须强调采用综合的方法,以期得到正确的评价结论。

(4)战略性原则。规划环境影响评价不仅要考虑规划开发活动对周围环境的污染影响,还应从战略层次,评价开发活动与其发展规划的一致性和开发活动内部功能布局的合理性,并从总量控制的思想上提出规划方案鼓励开发建设和限制开发建设项目的划分原则以及污染物排放控制总量和削减方案。

(5)实用性原则。规划环境影响评价的实用性集中在制定优化方案和污染防治对策方面,应该是技术上可行、经济上合理、效果上可靠,能为规划所采纳。

(6)可持续性原则。规划开发活动往往是一个长期滚动的发展过程,因此,在规划环境影响评价中,不仅要从可持续发展角度评价规划开发活动对环境的影响,而且更重要的是应该通过对开发活动及其环境影响的分析与评价,帮助建立一种具有可持续改进功能的环境管理体制。以确保规划开发建设的可持续性。

(7)长效性原则。规划环境影响评价在一个开发活动的规划阶段或可行性研究阶段进行,作为规划方案的一部分或一个独立部分,参与规划的评审。鉴于规划环境影响评价面临的问题复杂,一项规划的环境影响评价一般耗用较长的时间,要留有充分的时间开展情况调查、方案研究和项目协调工作。

(8)科学方法原则。规划环境影响评价所采用的技术,可以采用在单项开发建设项目环评中使用的成熟的工作方法和监测手段,以此为基础,结合规划环境影响评价的特点,采用相应的分析技术和方法,例如,系统分析的方法,生态功能流分析的方法,受体模型和源解析分析的方法等。同时,根据需求,选用地理信息系统、遥感、景观模拟等先进的技术和手段,以达到良好的评价效果。

第四节　规划环境影响评价技术路线

一、规划环境影响评价技术路线

规划环境影响评价与建设项目环境影响评价工作程序基本相同,大体分为三个阶段,即准备阶段、评价工作阶段和报告编写阶段。

但是,一个规划开发活动涉及多项目、多单位,不仅需要评价现状,而且需要预测和规划未来,协调项目间的相互关系,合理确定污染分担率。因此,为使规划环境影响评价工作成果更有针对性和符合实际,应在评价中间阶段提交阶段性中间报告,向规划制定部门汇报情况和预审,以便完善充实,修订最终报告。

规划环境影响评价技术路线如图 12-1 所示。

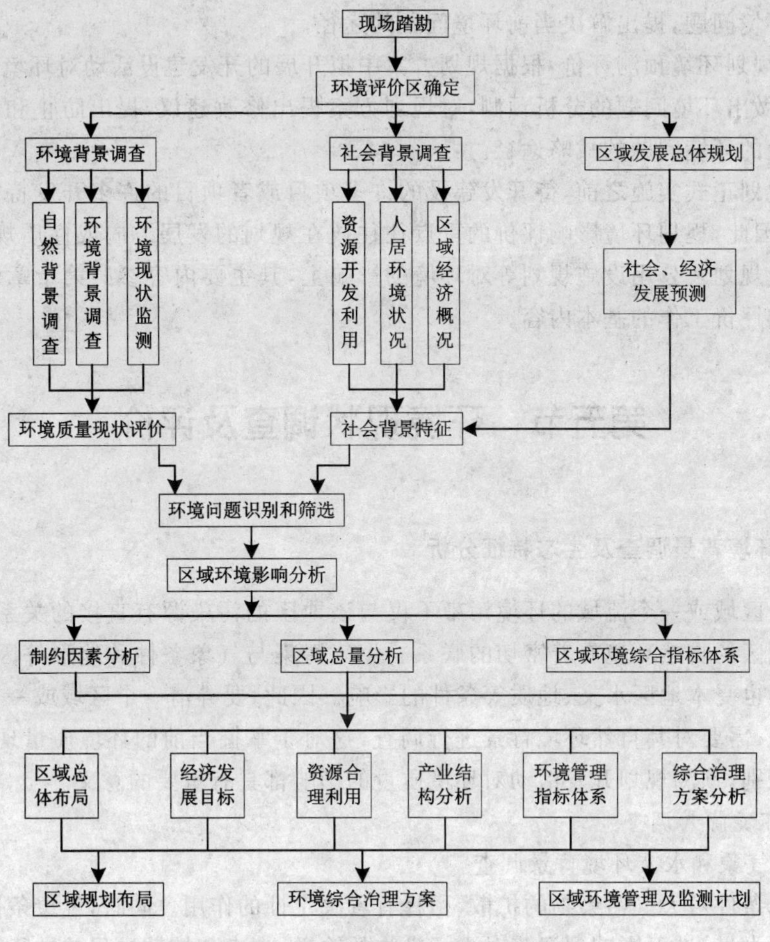

图 12-1　规划环境影响评价技术路线

二、规划环境影响评价的基本内容

根据《中华人民共和国环境评价法》的要求,区域规划和专项规划的环境影响评价要对规划或专项规划实施后可能造成的环境影响做出分析、预测和评估,提出预防或者减轻不良环境影响的对策和措施。

要对规则实施后造成的环境影响做出正确的分析、预测和评估，提出适当的预防或者减轻不良环境影响的对策措施，不仅要考虑规划开发建设活动对环境可能带来的影响，而且需要了解目前的环境问题。因此，规划的环境影响评价需要环境现状评价和影响预测评价。

(1)规划环境现状评价：根据环境调查、监测及评价筛选出规划区环境问题，针对不同的环境问题，提出解决当前环境问题的途径。

(2)规划环境预测评价：根据规划方案中拟开展的开发建设活动对环境可能带来的影响，做出环境问题的分析预测，对规划方案提出修改建议，提出防止和解决今后可能发生的环境问题的战略途径。

在规划正式实施之前，待开发建设的许多项目或者项目的许多开发特征都是不确定的，因此，规划环境影响评价的重点往往放在规划的发展方向或性质规划、土地利用功能规划及公用设施规划等对环境的影响上，其主要内容参照第十章中的区域环境影响评价工作的基本内容。

第五节　环境现状调查及评价

一、环境背景调查及生态特征分析

一个区域或一个流域的环境污染不仅与该地区的污染源有直接的关系，而且还与这个地区的自然环境有着密切的联系。大气污染与气象条件和地形等因素有关，水体污染也受本地区水文、地质等条件的影响。因此，要弄清一个区域或一个流域的污染状况，需要对其自然环境背景进行调查，这对于掌握当前的环境质量现状，环境问题的识别，预测规划开发活动对环境质量的影响都具有重要的意义。

1. 环境背景调查

(1) 气象和水文环境背景调查

气象条件对大气污染物的扩散、稀释有着决定性的作用。同时，气象条件又影响着河流的水量，进而影响到河流对水污染物的输送、自净和扩散过程的进行。大气环境背景调查包括风向风速、气温、降水、能见度、日照量、大气稳定度等。

风向风速对大气污染物的扩散和迁移有着直接的影响；气温是环境中的重要因素，它的变化会引起污染物的迁移转化以及其他气象条件和水文条件的改变，温度的垂直变化是决定大气稳定度的重要因素；降水对大气污染物有较大的净化作用。因此，气象条件的调查对于分析、预测大气环境质量具有重要的作用。

河流的水文条件影响到对水污染物的输送、自净和扩散。水文环境调查主要包括河流水量、水位、流速、泥沙、水化学状况的调查。

在规划环境影响评价中，河流的水文背景的调查对于开展河流的污染分析，制定水污染综合防治措施具有重要的作用。

(2) 地质和地貌环境背景调查

地质条件影响到规划开发建设项目的地质承载力和地下资源的合理开发利用。地质背景调查包括对底层、岩性、地质构造和裂隙的基本情况调查和矿产资源的调查。

地貌条件对大气污染的迁移和扩散也有较大的影响。平原地区，大气中的污染物容易被扩散，地处盆地和谷地，在局部地区可能形成污染物的积累，出现严重污染现象。地貌条件也是影响降水、土壤、植被分布以及水土流失的重要因素，是水环境中污染物迁移的动力因素，它决定了水污染物的迁移方向和迁移速度。

地貌背景调查内容包括：山地形态、组成、山地高度、山脉走向的调查、河谷形态、河谷横剖面、河谷纵剖面、河流比降的调查，区域或流域盆地、洼地特征的调查，土壤性质及分布的调查。

(3) 土壤和生物环境背景的调查

土壤和生物条件是环境污染的受害者，同时也是净化环境的重要因素。

土壤环境背景调查包括土壤的化学性质、物理性质、土壤矿物类型、土壤生物群落和土壤微生物对污染物的降解。在土壤环境背景调查时，对土地利用状况进行调查，包括农、林、牧用地情况、用地面积、产量等，对主要农作物进行调查，进行产品化学分析，因为农产品中的化学成分的含量同自然条件和污染状况有着内在联系，对农药和化肥的使用状况、种类进行调查。

生物环境背景调查包括生物资源、种类、形态、生态习性等方面的调查，生物资源包括植物和动物两部分。

(4) 社会环境背景调查

社会环境背景调查包括人口（人口数量、组成、密度及分布，静态和动态分布）、产业（工业结构、布局、产品的种类和数量）、经济密度及建筑密度、交通及公共设施等。

2. 生态特征分析

(1) 生态因子筛选

在环境背景科学调查的基础上，对原始资料汇总分析，得到本区域或流域的生态特征，筛选出主要生态因子。

采用专家咨询或效益调查等方法，筛选生态因子。生态因子可依据环境指标体系中的生态指标进行筛选，包括形态结构指标、能量结构指标、物质结果指标和生态功能等方面的指标。

生态因子筛选要结合规划区域的性质和功能，视具体情况而定。例如，在城市规划中,可选择土地条件、气象因子、绿地覆盖率、人口密度、经济密度、建筑密度、能耗密度、交通流量等生态因子。

(2) 生态登记和分析

结合总体规划功能分区的要求,将规划区域按一定的尺度网格划分并将网格逐个编号,以便进行调查、登记和分析。

1) 生态登记。对筛选的生态因子逐个进行网格调查,并登记在调查表上。

2) 生态图绘制。将填表所得的基础数据核实整理,将各生态因子进行分级,绘制各生态因子的生态图。例如,将人口密度、建筑密度、绿地覆盖率分别绘制成人口密度分布图、建筑密度分布图、绿地覆盖率分布图等。

二、污染源调查和效益评价

1. 污染源调查

污染源是指产生(或排放)污染物的场所或位置。按类型可分为天然污染源和人为污染源。规划环境评价主要调查人为污染源。

人为污染源按功能特征分类可分为工业污染源、生活污染源、农业污染源和交通污染源等,按时空特征可分为点污染源、移动污染源、面污染源和空间污染源等,按环境要素可分为大气、水(地表水、地下水)、土壤、噪声、固体废弃物等。

有关污染源和污染源的调查方法参见其他章节。

2. 污染源分析

规划建设项目的污染物调查的基础资料和数据,必须满足环境预测、制定污染综合整治方案的需要,因此需要在污染源调查的基础上分析绘制污染源分布图,通常要在网格图上按环境要素或污染因子来绘制污染源分布图。例如:大气污染物分布图、水污染源分布图和噪声污染源分布图等。

(1) 大气污染源分布图

在网格图上标明大气污染源分布。高架源要逐个标明,中、低架源要按网格进行统计和标明,标明位置、能耗及污染物排放量。

(2) 水污染源分布图

在水系图上画出排污口的位置分布,标明排污量及废水排放量、重点污染源至排污口的排水管网。

(3) 噪声污染源分布图

噪声污染源,按网格标明污染源的分布,标出强度。交通噪声源要画出主要交通干线、标明车流量。

3. 环境污染效益评价

环境作为一种资源,空气、水、土地等自然环境为人类提供了必要的生存条件。

同时它也为人类提供了生产资料和消费资料。例如，空气、水、土地对污染物的承载能力为人们提供了生产资料。

人类活动破坏或污染了环境，使环境功能退化和自然环境对污染物的承载能力下降，给社会带来危害。给人体健康带来影响，造成了经济损失，这就是环境污染的经济损失或环境污染效益。为考虑规划建设的整体经济效益，有必要计算环境破坏或污染所带来的经济损失。

(1) 水污染引起的经济损失

1) 工业经济损失

① 水资源短缺。用环境污染造成水资源短缺数量(B)和当地吨水量可创造的工业净产值(C)两个参数来计算环境污染可能引起的工业经济损失(A)，公式为

$$A = B \times C \tag{12-1}$$

式中 A 为工业经济损失，万元；B 为环境污染造成水资源短缺量，t；C 为吨水量可创造的工业净产值，万元/t。

因水体污染需采用远处取水方案，通过新建取水工程的投资和运行费用，得到平均每吨水量所需的成本。

② 处理费用的增加。以水体污染造成自来水运转费用的增加、工业软化水处理设施投资和运行费用的增加等。

2) 农业经济损失

① 污染引起的农业损失。农田损失效益；若农田被污染使农作物污染物含量超标丧失了正常的使用功能，则认为损失了全部产值；农田被污染降低了农作物的产量，则计算减产部分的产值。

② 土壤盐碱化。农田盐碱化减产损失的效益和成本增加，包括所增加化肥、农药生产资料成本和劳动力成本。

3) 渔业经济损失。污染前后渔业产量的变化；污染造成水产品死亡的损失。

4) 人体健康的损失

水污染造成发病率的增加、劳动力的损失；通过人均国民收入、医疗费用、护理费用等计算人体健康的损失

(2) 大气污染引起的经济损失

1) 农业经济损失。大气污染物排放造成农作物被污染，农作物减产或品质下降所造成的经济损失。

2) 畜牧业经济损失。从畜牧发病率、畜牧放养密度、污染面积、医疗成本计算畜牧业损失。

3) 建筑物损失。建筑物材料腐蚀、损坏而造成的维修费用增加、维修周期缩短以及使用寿命的缩短而造成的损失。

4）人体健康的损失。大气污染造成发病率的增加、劳动力的损失；通过人均国民收入、医疗费用、护理费用等计算人体健康的损失。

(3) 固体废弃物污染引起的经济损失

1）农业经济损失。堆放或填埋固体废弃物土地丧失了农业生产机会，根据土地可使用特性不同计算造成的农业经济损失。

2）地下水污染造成的经济损失。固体废弃物堆放或填埋而污染地下水源，需新建水源替代地下水源而增加的投资运行费用；为防止地下水污染，固体废弃物堆放或填埋场所需建的防渗处理费用。

3）引起的大气污染损失。固体废弃物所引起的大气污染造成的经济损失，同(2)大气污染引起的经济损失。

(4) 噪声引起的经济损失

主要考虑改善噪声环境所支付的费用、噪声影响人体健康的损失等。

(5) 生态破坏引起的经济损失

1）森林资源破坏引起的经济损失。森林涵水能力下降，引起水资源的损失；固土功能的下降、用拦截泥沙工程替代森林固土功能；森林生产能力减少而造成的森林产值的减少。

2）草原资源破坏引起的经济损失。草原退化和沙漠化造成畜产品生产能力下降的经济损失。

3）水资源破坏引起的经济损失。水资源短缺引起工业减产、停产的损失；地下水位下降增加地下水开采成本；水面减少引起农业、渔业生产能力降低的经济损失；河流枯竭引起航运的经济损失。

4）土地资源破坏引起的经济损失。水土流失，水土流失泥沙量，土壤中有机质和氮、磷、钾等肥料的流失而造成的经济损失；耕地破坏造成弃耕的土地，这些土地的效益损失；水库库容量减少而造成的经济损失；水土流失造成河道泥沙淤积，泥沙清除的费用和影响航道运输能力造成的损失。

三、环境质量现状评价

环境质量现状评价是对目前的大气、水体及土壤、噪声等污染现状做出评价，以进行环境问题的识别和筛选，同时它是环境影响评价的基础，环境质量现状评价包括环境污染现状评价和生态环境现状分析。

1. 环境污染现状评价

环境污染现状评价包括对大气、水、噪声、土壤等现状进行调查和评价。一般采用环境污染指数进行定量评价，主要有污染物的含量、标准指数和综合指数三类。有关环境污染现状评价调查和评价的内容和方法在前面的章节中已做过详细介绍。

与单个建设项目的污染现状调查和评价的差别在于，最终需要进行规划区域的污染现状分析，画出污染分布图，分别画出各污染物的浓度分布图、等值线图或综合污染指数分布图。

2. 经济环境现状分析

经济环境现状分析包括对经济结构、工业结构以及工业布局的环境经济分析评价。

经济结构包括能源结构、产业结构、交通结构等。重工业结构、工业布局现状及存在的环境问题是经济环境现状分析中重要的内容。

工业结构一方面是指工业体系中各部门各行业的比例关系，如轻、重工业之比。轻工业中可分为以农副产品为原料的轻工业和以工业产品为原料的轻工业；以农副产品为原料的轻工业往往污染较重，如造纸、酒类食品加工等；以工业产品为原料的轻工业往往污染较轻，如手表、自行车、塑料加工等，一般收益高而污染轻。重工业一般污染加大，但重工业中生产原材料、初级产品的重工业和深加工的重工业又不一样。行业的比例关系有如电力、化工、冶金、轻纺、机械制造等行业的比例关系。比例关系往往用产值表示，这种比例关系对环境的影响较为重要。如重工业比例过大，会带来一系列问题，如污染重、人口比例失调等。

工业结构的另一方面是指区域内工业要有一个合理的组合。如工业区的各行业彼此之间没有生产上的联系，结构比较混乱，往往造成工业产值不高而污染却比较严重。如果以某一两个行业为骨干，资源、能源相互利用，物流、能流的合理流动，废物的综合利用，实现循环工业经济，就会使经济密度大而污染小。

自然环境的差异会导致对不同污染物的稀释、扩散、净化的不同，合理进行工业布置，对于保护环境、减轻污染有重要的经济意义。例如，工业布局中防止过分集中、规模过分庞大，污染物不要放在城市盛行风向的上风向、水源的上游和居民稠密区，可以合理利用环境的自净能力。工业布局不合理，就有可能加重环境污染。经济环境现状分析要在调查的基础上，结合环境污染现状进行汇总分析，给出下列调查分析资料：

(1) 工业结构的变化历程；

(2) 工业结构变化与污染物排放量关系的分析；

(3) 物流、能流分析及工业产值密度、污染负荷分析；

(4) 工业布局及存在的问题。

3. 生态环境现状分析

(1) 自然资源开发利用的现状分析

自然资源开发利用情况的调查：包括调查水资源、矿产资源、生物资源、旅游资源的开发利用是否合理，这些自然资源开发利用带来的后果，土地、植被、生物、大气等生态因素因自然资源开发受到破坏的程度如何、补救措施的落实情况。

水资源开发利用现状分析：分析水资源的供需情况，地下水是否超采、超采量以及引起的问题，分析各行业单位产值耗水量指标，与先进地区及国家规定的指标比较。水体自净能力合理利用的分析，摸清利用现状，对排污分布是否合理进行分析，水环境生产能力的利用及保护。

土地资源开发利用现状分析：土地利用结构的现状分析，对土地利用系统内部各种土地利用方式的比例关系进行调查分析，如工业用地、居住用地、公共建筑用地、道路用地、绿化用地等的比例关系。对于土地的开发率和适宜布局率进行调查分析。对土地资源利用城市的经济效益及所造成的环境影响进行分析。土地有偿使用的现状及存在的问题。

(2) 绿化系统现状分析

绿化系统的构成包括公共绿地、道路绿地、专用绿地等。几种绿地相互组合的比较协调，覆盖面积又达到一定的程度，就会形成一个较好和合理的绿化系统。

调查绿化系统的结构组成，各种绿地的比例关系以及绿地树种的组成是否合理。

各项绿地指标的现状调查，如绿地覆盖率及其分布，人均占有绿地、工厂绿地率，与国家规定的有关指标进行分析比较。

绿化效益的现状分析，绿化大气污染物的吸收效益，滞尘、减噪的作用。对不同绿化覆盖率的区域进行对比监测，包括气象和环境污染因子的对比监测。

第六节 环境质量预测

一、社会经济发展规划

环境质量变化是可知的，可以预测因污染而引起的环境质量变化。环境质量预测是环境规划的核心。把经济发展、科学技术方法与环境管理有机地结合起来，通过对区域环境的历史、现状、信息等资料的分析、探索社会经济发展与区域环境之间的关系和变化规律，并运用这种变化规律，估计实施社会经济发展规划后，可能产生的环境影响，以便对环境质量状况和环境的发展趋势做出环境预测，为规划建设决策预先提供环境保护的科学依据。以达到调控和指导规划建设行为，避免重大决策失误。预测的主要目的是要预先推测出实施某项社会发展规划达到某个水平年的环境质量状况，对此在时间和空间上做出相应的安排和部署。环境预测是把环境分析、预测技术、实际应用有机结合的环境规划手段。由于环境质量与社会经济发展密切相关，总体发展战略和社会经济发展规划是环境预测的主要依据。工业产值、农业产值、各主要行业产品产量、人口、发展规模、资源的开发利用、交通及其他发展规划等，都是环境规划的基本依据。

经济、社会发展规划中各水平年的发展目标是进行环境预测的主要依据。经济发展与环境质量之间存在有一定的相关性。利用这种相关性，当社会经济发展到某个水平年的时候，就可以对未来的环境状况作出相应的预测。

总体规划中的集中供热规划、能源发展规划和污水处理厂、绿化等环境建设，直接关系到未来的环境质量状况，这些资料都是环境预测不可缺少的组成部分。

因此，在环境预测中应结合社会经济发展计划中以下几个方面的内容：

(1) 社会、经济发展规模(包括开发面积、产值、人口等)；

(2) 产业结构；

(3) 功能区划和规划布局；

(4) 公用设施，包括供电供水、供热、排水、通讯、道路等；

(5) 资源的合理开发利用及污染综合防治等。

二、环境预测方法

环境预测是对未来环境状况进行定量(或半定量)的描述。预测精度受到环境预测对象、条件、时间、技术、方法等多种因素的制约，其中预测方法占有重要的位置。环境预测方法有很多，各种预测方法都具有自己的特点和局限性。众多的预测方法归纳起来有两大类，一类是逻辑判断预测，另一类为用数学模型进行环境预测。

1. 逻辑判断预测

逻辑判断预测属于定量或半定量的预测方法。主要根据预测人员的经验和判断能力得到预测结果。逻辑判断预测也有多种方法，常用的有以下几种。

(1) 调研判断预测。调研判断预测是根据预测的目的要求，调查研究各有关情况和数据，结合过去的经验来推断今后环境质量发展变化和程度的过程。在进行调研判断预测时，需要尽可能地收集各方面的资料，只有深入实际进行周密的调查研究，才能使调研判断预测结果符合或接近实际。

(2) 进度判断预测。进度判断预测利用进度统计资料，根据规划期内执行的计划任务的进度情况，结合有关资料，推测期末是否能完成任务的程度、进度，判断预测在环境计划过程中存在的问题，以便及时提出解决的方法，为决策提供环境预测，以抓紧工作、完成环境计划。一般进度判断预测是环境工程进度的预测。

(3) 平衡判断预测。平衡判断预测是利用环境指标、经济指标的平衡关系，推算预测的各种指标数值。一般方法是收集和整理与预测有关的各种数据、资料，编制平衡表，最后根据平衡表中的数据，分析和预测所需的数值。

(4) 综合判断预测。综合判断预测是综合众多的专家和专业人员的集体智慧和经验，对未来和未知的环境前景进行判断和推测。集思广益，把各种意见集中起来进行分析研究，从不同的意见中找出共同的看法，做出综合判断。

2. 数学模型预测

应用数学模型进行环境预测，已成为环境预测的发展方向。用数学模型进行环境预测的一个重要的技术过程是把所有研究的对象抽象为数学模型，是对环境系统中的各种因素定量描述的基础，用数学模型模拟环境系统进行预测。

数学模型可以从不同的角度进行分类。按照数学模型不同的推导方式，可以分为理论模型和经验模型。

理论模型是将系统中所包含的现象根据物理、化学、生物化学等各种定律以及物质的迁移转化规律，经过数学处理而建立起来的数学模型。但建立和完善需要较长的时间和反复的检验修正。

经验模型不考虑系统内部的变化过程，而是直接从系统的输入、输出实际资料，通过数学处理而建立起来的。但由于没有考虑系统内部变化过程，需要对大量输入、输出进行类推，反复检验和标定才能实际应用。

逻辑判断预测带有主观性，因人而异。在环境预测中一般多采用数学模型预测。

三、环境预测程序

环境预测一般需要经过以下三个阶段。

(1)准备阶段。包括明确预测的目的、制定预测计划、确定所有预测的期间和收集预测所需的有关资料和数据等。

(2)综合分析阶段。分析所收集的资料和数据，选择环境预测的预测方法，建立或借鉴预测模型以及检验和修正模型等。

(3)实施阶段。用模型进行预测、分析预测结果和提交预测报告。

环境预测的一般工作程序见图 12-2。

四、环境预测

环境预测目前还没有通用的数学模型，由于环境系统是一个复杂而又多过程的系统，目前还难以用明确的理论数学模型表达。同样地各种自然和社会因素的变化规律也是如此。对于环境和自然、社会因素的变化预测一般还是采用经验模型来进行环境预测。以下为环境预测常用的几个经验预测模型。

1. 产值预测模型

根据规划的经济发展目标和基准年的调查资料进行预测，为

$$M = M_0(1+\alpha)^{t-t_0} \tag{12-2}$$

式中 M 为预测年产值，万元/年；M_0 为基准年产值，万元/年；α 为产值年均增长率；t

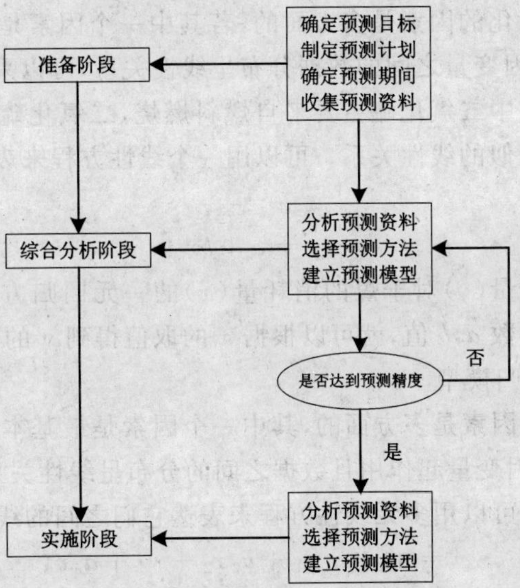

图 12-2　环境预测的一般工作程序

为预测年；t_0 为基准年。

2. 人口预测

根据人口增长系数和基准年的调查资料预测，为

$$N = N_0(1+\beta)^{t-t_0} \tag{12-3}$$

式中 N 为预测年人口数，人/年；N_0 为基准年人口数，人/年；β 为人口年均增长率；t 为预测年；t_0 为基准年。

人口年增长率包括经济发展带来人口增长率和人口自然增长率两部分。

经济密度、人口密度和人均产值等指标可通过产值和人口的预测结果进行计算。

3. 污染物浓度预测

污染物浓度预测可采用简单概略性预测方法（比例法）进行预测，为

$$\frac{C_0}{G_0} = \frac{C_1}{G_1} \tag{12-4}$$

式中 C_1，C_0 为不同时间（年）污染物在环境中的浓度；G_1，G_0 为不同时间（年）污染物的排放量。

4. 回归预测分析

环境预测可采用回归预测分析方法进行预测。回归预测是以相关原理为基础的预测方法，由于预测对象受某些因素的影响，当这些因素变化时将导致预测对象的变化。回归预测的基本思路是分析研究预测对象与有关因素的相互关系，用适当的回归预测模型表达出来，根据预测模型预测未来环境状况。

(1) 一元线性回归模型

虽然影响事物变化的因素是多方面的，若其中一个因素是最基本的且起决定性的作用时，自变量和因变量之间的数据分布呈线性关系，可以采用一元线性回归模型进行预测。例如大气中二氧化硫主要来自燃料燃烧，二氧化硫的排放量与煤的消耗量两者之间是一个近似的线性关系。可以用一个线性方程来表达它们之间的线性关系

$$y = a + bx \tag{12-5}$$

上式为二氧化硫排放量(y)对于煤的消耗量(x)的一元回归方程。采用参数估计的方法确定方程中的参数 a,b 值，就可以根据 x 的取值得到 y 的预测估计值。

(2) 多元线性回归模型

影响事物变化的因素是多方面的，其中一个因素是最基本的且起决定性的作用时，若多个自变量对因变量起作用且数据之间的分布呈线性关系，可以采用多元线性回归模型进行预测。可以用多元线性方程来表达它们之间的线性关系

$$y = a_0 + a_1x_1 + a_2x_2 + \cdots + a_nx_n \tag{12-6}$$

同样，采用参数估计的方法确定方程中的参数 $a_1, a_2, \cdots, a_n$ 的值，就可以根据 $x_1, x_2, \cdots, x_n$ 的取值得到 y 的预测估计值。

五、大气污染预测

大气污染预测包括污染源强的预测（排污量的预测）和环境质量预测（环境质量变化的预测）。在进行大气污染预测时需要确定主要污染物以及影响主要污染物排放量变化的主要因素，最后预测污染物排放量变化对环境的影响。

在前面的章节中已经提到，大气污染物的来源可分为工业生产、交通运输及民用三大类。其中工业生产产生的污染物排放量大、种类多、危害严重，其来源于工业生产使用大量的燃料燃烧排放的污染物、生产过程化学反应排放的污染物和生产过程产生的工业粉尘等。

1. 能耗量增长预测

(1) 工业耗煤量预测。耗煤量预测采用弹性系数法进行预测，为

$$E = E_0 \times (1 + \gamma \times C_k)^{t-t_n} \times (1 - \lambda)^{t-t_n} \tag{12-7}$$

式中 E 为预测年耗煤量，t/a；E_0 为基准年耗煤量，t/a；t 为预测年；t_0 为起始（基准）年；γ 为经济年平均增长率，%；C_k 为能耗弹性系数，是反映能源消费增长速度与国民经济增长速度之间比例关系的指标，计算公式为

能源消费弹性系数＝能源消费量年平均增长速度/国民经济年平均增长速度

近期 C_k 取 0.8；远期 C_k 取 0.6；λ 为清洁能源平均年替代率，0～1。

考虑到规划涉及发展方向和产业结构调整的因素，煤耗量按行业分别进行预测，根据行业能耗水平和行业经济目标计算其耗煤量。

(2) 取暖耗煤量预测。公式为

$$E_{暖} = \frac{A_s \cdot S}{1000} \tag{12-8}$$

式中 $E_{暖}$ 为预测年采暖耗煤量，t/a；S 为预测年采暖面积，m^2；A_s 为采暖耗煤系数，$kg/(m^2 \cdot a)$。

(3) 居民生活耗煤量预测。根据人口增长和总人口数预测居民生活耗煤量，公式为

$$E_{生} = \frac{A_N \cdot N}{1000} \tag{12-9}$$

式中 $E_{生}$ 为预测年居民生活耗煤量，t/a；N 为预测年人口数量，人；A_N 为人均年耗煤量，kg/(人·a)。

人均年耗煤量应考虑到能源结构调整，包括液化气、天然气等清洁能源的替代率等。

(4) 年耗煤量大的企业应单独预测。如火电厂等耗煤量大的工业企业，应单独进行年耗煤量的预测，可根据其发展计划和科技进步能力进行耗煤量预测。

(5) 耗油量预测。车辆等流动污染源的耗油量可根据各年度实际耗油量的平均增长率和预测年的各种车辆总台数预测耗油量。

通过以上预测结果可以计算预测年的人均能耗量、单位面积能耗量、万元产值能耗量等指标。

2. *污染物排放量预测*

污染物排放量预测主要包括燃料燃烧向大气排放的各种污染物和工艺生产过程向大气排放的各种污染物。我国大气污染主要为煤烟型污染，主要污染物为烟尘、二氧化硫、氮氧化物和一氧化碳，重点控制的污染物主要为烟尘、二氧化硫。

(1) 烟尘排放量预测。公式为

$$\begin{aligned} G &= A \times D \times B & &\text{无治理措施} \\ G &= A \times D \times B \times (1-\eta) & &\text{有治理措施} \end{aligned} \tag{12-10}$$

式中 G 为预测年烟尘排放量，t/a；A 为煤的灰分，%；D 为烟气中烟尘占灰分的百分比，%；B 为燃煤量，t/a；η 为除尘效率，%。

(2) 二氧化硫排放量预测。二氧化硫发生量计算公式为

$$G_{SO_2} = 16 \times W \times S \tag{12-11}$$

式中 G_{SO_2} 为二氧化硫年排放量，kg；W 为年耗煤量，t；S 为煤的含硫量，kg/t。

(3) 氮氧化物、一氧化碳排放量预测。氮氧化物、一氧化碳排放量根据表 12-2 提供的参数进行预测。

表 12-2　燃煤污染物排放参数 (kg/t)

污染物	炉型		
	电站锅炉	工业锅炉	采暖及家用炉
一氧化碳	0.23	1.36	22.7
氮氧化物	9.08	9.08	3.62

(4) 燃油污染物排放预测。根据环境统计的有关参数进行预测。

(5) 生产工艺污染物排放量的预测。生产工艺中硫、氮氧化物按产品产量的增长率进行预测，在排放源不多的情况下可逐个污染源预测，最后求出总量。公式为

$$G = \frac{K \times M}{1000} \tag{12-12}$$

式中 G 为预测年生产工艺某种污染物排放量，t/a；K 为某产品产量，t 或 m^3；M 为某产品产量排放系数，kg/(t · a)或 kg/(m^3 · a)。

将以上污染物相加就得到预测年的污染物排放总量，并进行汇总。可按各功能区进行汇总。

3. 大气环境污染预测

预测大气环境中未来污染物含量的方法较多，常用的方法有比例法、箱体模型和面源扩散模式等。有关大气环境污染预测模型在第四章中已有详细叙述。

六、水环境污染预测

水环境污染预测是按水系进行的，预测前首先要调查清楚各水系污染源及其分布，然后预测区域由于实施经济发展规划将要造成的环境影响。

1. 预测水系污染物排放量的变化

预测污染源水污染物排放量的变化，比大气污染源的预测更为困难，水污染物无法根据能耗增长来进行估算。较常用的预测方法如下。

(1) 废水排放量的预测。废水排放量的预测公式为

$$W_t = W_0(1 + Q_w)^t + Q_r \cdot R \tag{12-13}$$

式中 W_t 为预测年废水排放量，t/a；W_0 为基准年工业废水排放量，t/a；Q_w 为工业废水排放量年平均增长率；t 为基准年至预测年的时间间隔；R 为预测年人口数；Q_r 为人均年生活污水排放量，t/a。

人均年生活污水排放量 Q_r 随人均生活污水量的不同而变化，用下式计算

$$Q_r = \alpha \cdot Q \tag{12-14}$$

式中 α 为生活污水排放系数，0.7～0.8；Q 为人均年生活用水量，t/a。

生活污水量与当地气候特征、人们的生活习惯以及生活水平有关，表 12-3 为我

国部分城市和地区生活用水参考用量，其中六、七分区的用水量标准可根据当地气候条件和生活习惯等情况，参照相似地区的标准选用。

表 12-3　部分城市和地区生活用水参考用量

卫生设备情况	平均日用水量(L/人)				
	一分区	二分区	三分区	四分区	五分区
室内无给水排水卫生设备用水取自水龙头	15～25	15～30	25～45	30～50	15～30
室内有给水排水卫生设备但无冲式厕所	25～50	40～55	50～80	50～85	30～50
室内有给水排水卫生设备但无淋浴设备	70～110	70～110	80～120	80～120	70～110
室内有给水排水卫生设备并有淋浴设备	110～160	120～160	130～170	140～180	120～160
室内有给水排水卫生设备并有淋浴设备和集中热水供应	160～200	170～220	180～230	190～240	170～220

注：用水量分区如下：

一分区：黑龙江与吉林全部，辽宁与内蒙古大部分，河北、山西、陕西、宁夏的偏北小部分。

二分区：北京市、天津市、山东全部，河北、山西、陕西、宁夏的大部分、辽宁南部、河南北部、甘肃东部、青海偏东和安徽、江苏偏北的小部分。

三分区：上海市、浙江全部、江苏、安徽与江西的大部分，河南南部，湖北与湖南的东部，福建北部。

四分区：广东与台湾全部，广西的大部分，福建与云南的南部。

五分区：贵州全部，四川与云南的大部分，湖北与湖南的西部，陕西与甘肃在秦岭以南的地区和广西偏北的一小部分。

六分区：西藏全部，青海大部分，四川西部，新疆南部高原地区。

七分区：新疆的大部分，青海的柴达木盆地，甘肃的西北部，内蒙古西部沙漠地带。

(2) 大气污染物排放量预测。测试公式为

$$W_{产} = U_b \cdot B + U_r \tag{12-15}$$

式中 $W_{产}$ 为预测年污染物排放量；U_b 为预测年单位产值污染物排放量；U_r 为人均年污染物排放量；B 为预测年工业总产值。

2. 预测水系污染物浓度

污染物浓度预测实质上是水质变化的预测，预测方法有定性和定量预测，在规划预测中两种方法可同时采用。目前，一般较多采取定量预测方法，计算公式为

$$C = \frac{M}{Q} \tag{12-16}$$

式中 C 为预测年污染物浓度，mg/L；M 为预测年某污染物排放量，t/a；Q 为预测水域水量，$\times 10^6$ m^3/a。

此外根据物质平衡原理，建立污染物平衡方程进行预测以及采用《环境影响评价技术导则》推荐的预测模式进行预测。最终绘出各规划期的水环境质量图。

第七节　预防或减轻不良环境影响的对策和措施

一、大气污染物总量控制措施

为保证达到一定大气环境质量目标，必须对区域大气污染物进行排放总量的控制，区域总量控制具体落实到各大气污染源，给各大气污染源合理分配排放量，使其排放量限制在某一允许范围内。

在区域大气污染物总量控制中，A-P 值控制法是一种简单易行的方法。它通过区域允许排放总量的估算，将负荷合理地分配到各个排放单元，以得到每个排放源的允许排放量、削减量、而总排放量则不突破区域允许排放总量。

1. 区域总量控制 A 值法

A 值法是以箱模式为依据的，在长时间平衡的单箱模型中，考虑到干、湿沉降及化学衰变后，箱中平均浓度 C 用下式表示（近期 C_b 取 0.8，远期 C_b 取 0.6）

$$C = \frac{uC_b + x \cdot q_a/H}{u + (u_d + W_r R + H/T_c)x/H} \tag{12-17}$$

式中 C 为箱内大气污染物的浓度，mg/m^3；q_a 为单位面积上污染物在单位时间内的排放量，$mg/(s.\,m^2)$；u 为平均风速，m/s；H 为污染物可达到的高度（可用混合层厚度替代），m；C_b 为上风向和进入该箱内的大气污染物本底浓度，mg/m^2；u_d 为干沉降速度，SO_2：0.01m/s，根据粒径不同，TSP：0.04～0.19 m/s；R 为年降水量，mm/a；W_r 为清洗比，取 1.9×10^{-5}；x 为箱内顺风向长度，m；T_c 为污染物化学半衰周期，SO_2 取 12 h，TSP 取∞。

若给定平均浓度 C 为大气污染物浓度标准限值 C_s，且设 C_b 近于零，而污染物的半衰期足够地长，由式(12-17)可得到

$$q_s = C_s uH/x + (u_d W_r R)C_s \tag{12-18}$$

若规划区间积为 S，其等效直径为

$$x = 2\sqrt{S/\pi} \tag{12-19}$$

在控制周期 T 时间内，整个区域内允许排放的污染物总量为

$$Q = q_a \cdot S \cdot T \tag{12-20}$$

若控制周期 T 为一年，则规划区年允许排放量为

$$Q = 3.1536\times10^{-3}C_s\left[\frac{\sqrt{\pi}V_E\sqrt{S}}{2} + S(u_d + W_r R)\times10^3\right] \tag{12-21}$$

式中 V_E 为通风量，m^3/s；Q 为允许排放量，10^4 t/a；S 为规划区面积，km^2；R 为年降水

量，mm/a；C_s 为污染物年平均浓度标准限值，mg/m^3；u_d 为水平风速，m/s；W_r 为无量纲量，1.9×10^{-5}。

考虑到一般尺度范围内的污染物，下沉积速度较小，降水产生的沉积作用远小于通风稀释作用。因此，在区域总量计算时略去 u_d，W_r 项，Q 的计算公式可简化为

$$Q = AC_s\sqrt{S} \tag{12-22}$$

$$A = 3.1536\times10^{-3}\sqrt{\pi}V_E/2 \tag{12-23}$$

A 值相对一个地区而言是一个常数，取决于通风量。

2. 排放源排放总量控制 P 值法

区域总量控制 P 值法中只规定了规划区允许排放总量，而无法确定每个排放源的允许排放量。GB/T 13201－91 中点源排放 P 值法规定了烟囱有效高度为 h 的点源允许排放率为

$$q_{pi} = P\times C_s\times10^{-6}h^2 \tag{12-24}$$

式中 P 为 GB/T 13201-91 中相应的数值；C_s 为污染物环境标准限值，mg/m^3；q_{pi} 为点源允许排放率，t/h；h 为烟囱有效高度，m。

P 值法是从烟囱排放高度来控制排放速速率的，对于单个排放源可控制其排放总量，但无法限制规划区排放总量。

在实际应用过程中，往往可以将 A 值法和 P 值法结合起来，感兴趣的读者可以参考文献，如郑铭主编的《环境影响评价导论》。

二、水污染物总量控制措施

1. 河流各功能水域总量预测

水污染物允许排放量预测量等于预测年污染物产生总量减去预测年污染物削减量

$$W_{允} = W_{总} - W_{削} \tag{12-25}$$

式中 $W_{允}$ 为预测年向某水体允许排放某污染物总量；$W_{总}$ 为预测年某污染物产生总量；$W_{削}$ 为预测年某污染物削减总量。

2. 污染物削减量预测

水污染物削减量等于预测年污染物产生总量减去允许排放预测量

$$W_{削} = W_{产} - W_{允} \tag{12-26}$$

式中 $W_{允}$ 为预测年向某水体允许排放某污染物量；$W_{产}$ 为预测年某污染物产生量；$W_{削}$ 为预测年某污染物削减量。

三、环境制约因素分析和环境战略对策措施

规划环境影响评价的对象是规划方案，它的总目标是规划建设的可持续发展。

规划环境影响评价通过环境承载力分析、土地利用和生态适宜度分析，可以从宏观角度对规划方案的选址、规模、性质进行可行性论证，从而为规划开发活动各功能的合理布局和项目的筛选提供决策的依据。

1. 环境承载力分析

(1) 环境承载力的概念

人类赖以生存和发展的环境是一个具有强大的维持其稳态效应的巨大系统，它既为人类活动提供空间和载体，又为人类活动提供资源并存纳废弃物。对于人类社会活动来说，环境系统的价值体现在能对人类社会生存发展活动的需要提供支持。由于环境系统的组成物质在数量上存在一定的比例关系，在空间上有一定的分布规律，所以它对人类活动的支持能力有一定的限度，或者说，存在一定的阈值，我们把这一阈值定义为环境承载力。确切地说，环境承载力是在某一时期、某种状态或条件下，某地区的环境所能承受的人类活动作用的阈值。

规划活动和可持续发展是当前区域经济发展中所面临的两个重要问题，实际上表现为如何协调社会经济活动与环境系统结构的相互关系，这就是环境承载力所要解决的问题。环境承载力是指在一定的时期和一定范围内，在维持环境系统结构不发生质的改变，环境功能不朝恶性方向转变的条件下，环境系统所能承受的人类各种社会经济活动的能力，即环境系统结构与社会经济活动的适宜程度。

(2) 环境承载力分析对象和内容

环境科学是以人类环境系统为研究对象，环境承载力是在人们对人类－环境系统有了较深刻的认识基础上提出来的。人类与环境的协调，仅仅从污染物的预防治理方面来考虑已经不能解决问题。必须从环境系统结构和社会经济活动两个方面来分析，因此，环境承载力的研究对象就是社会经济－环境结构系统。它包括两个方面，一是环境系统的微观结构、特征和功能，一是社会经济活动的方向、规模。把两个方向结合起来。以量化手段表示出两个方向的协调程度，这就是环境承载力的研究目的。

(3) 环境承载力的指标体系

要准确客观地反映环境承载力，必须有一套完整的指标体系，它是分析研究环境承载力的根本条件和理论基础。

建立环境承载力指标体系必须遵循以下原则：① 科学性原则。即环境承载力的指标体系应从为社会经济活动提供发展的物质基础条件以及对社会经济活动起限制作用的环境条件两方面来构造，并且各指标应有明确的界定。② 完备性原则。即尽量全面地反映环境承载力的内涵。③ 可度量性原则。即所选指标必须是可度量的。④ 区域性原则。环境承载力具有明显的区域性特征，选取指标时应重点考虑能代表明显区域特征的指标。⑤规范性原则。即必须对各项指标进行规范化处理以便于计算,并对最终结果进行比较等。

环境承载力的指标体系应该从环境系统与社会经济系统的物质、能量和信息的交换上入手。即使在同一个地区、人类的社会经济行为在层次和内容上也可能会有较大差异,因此不应该也不可能对环境承载力指标体系中的具体指标作硬性的统一规定、只能从环境系统、社会经济系统之间物质、能量和信息的联系角度将其分为自然资源、社会条件和污染承受能力三类指标。

①自然资源类指标:如水资源、土地资源、生物资源等。

②社会条件类指标:如经济实力、公用设施、交通条件等。

③污染承受能力类指标:污染迁移、扩散和转化能力、绿化状况等。

环境承载力的指标体系建立之后,对环境承载力的研究就是对环境承载力值进行计算、分析,并提出相应的保持或提高当前环境承载力值的方法措施。一般来说,这些指标与经济开发活动之间的数量关系是很难确定的,一方面是因为这种关系本身是非常复杂的,如大气中二氧化硫的浓度不仅与区域的能源消耗总量有关,而且还与当地的能源结构、环保设施投资状况等有关;另一方面,所选取的指标除与人类的经济活动有关外,还可能受到许多偶然因素的影响。如降雨可将大气中的许多污染物转移到水环境中,使环境承载力的结构发生变化,这些都给环境承载力的量化研究造成了一定的困难。目前有许多学者正在研究如何使环境承载力的量化具有科学性和普适性,同时,也有人认为不可能找到一个普遍适用的公式来计算不同区域或流域的环境承载力。

环境承载力是某个区域客观存在的量,因此可以针对某一具体的区域来进行环境承载力的量化计算分析。例如,可用人均水资源的占有量、人均土地占有量指标来表述水资源和土地资源的承载能力;选取风速指标表述大气环境承载能力;用区域经济总量或人均国民生产总值表述经济承载能力;用人均道路占有量表述交通条件的承载能力等。

2. 土地使用适宜性分析

各项开发活动的迅速发展,使得对土地的需求日益加重,现有的可开发土地已不能满足长期发展的需要。但如果对土地开发与整个自然环境的关系认识不清,忽略其自然环境的承受能力及土地使用适宜性,过度或不当地开发将导致自然灾害的发生、生态体系的破坏等环境负效应。因此,为了更好地开发使用土地,合理使用土地资源。应当对土地使用进行适宜性分析。

土地使用适宜性分析是区域环境影响评价的重要内容,它实际上提供了区域环境的发展潜力和承载能力,对区域环境的可持续发展具有十分重要的意义。但总的来讲,环境资源的使用及其对人类影响,是随着空间和时间的迁移而变化不定的。因此,要求系统而全面地对土地使用适宜性及环境影响进行精细的分析评价,目前还存在着一定的困难。不可能完全定量地把所有环境变量都结合在决策模型中，而只能按优劣序列排队，采取非参数的统计学方法或多目标半定性分析技术，求得准确解，以作为决策依据。目前具体的方法有矩阵法、图解分析法、叠图法以及环境质量评价法等，这些方法往往结合在一起使用。

(1) 环境敏感地的划设

环境敏感地是指对人类具有特殊价值或潜在天然灾害的地区，这些地区极易因人类的不当开发活动而导致负面环境效应。环境敏感地所包括的范围相当广泛，可以按照资源特征与功能的差异分类。

(2) 土地使用适宜性分析

土地使用适宜性分析用于分析自然环境对各种土地使用的潜力和限制，确保开发行为与环境保护相符合，对资源进行最适宜的空间分配。了解土地的承载开发活动和人口增长的能力，配合土地使用活动的需求，分析自然资源提供土地使用的适宜性，将土地使用生态规划纳入规划中，确立环境敏感地划设原则，使土地开发与环境保护协调发展。

1) 确定土地使用类型。土地使用类型根据总体规划中的土地使用功能进行划分，例如，可分为住宅区、工业区、文化教育区、商贸区、旅游区等。

2) 环境潜能分析。环境潜能分析是分析各种土地使用类别与土地使用需求和环境潜能的关系，以了解环境特征对不同土地开发行为所具有的发展潜力条件。

土地适宜度分析涉及土地条件等级和土地利用等级。

土地条件等级是根据土地的自然地理特征和土地利用目标来确定。土地等级一般可从土地开发利用状况、土地类型等方面来划分成不同的等级，见表 12-4。

表 12-4 土地分类等级划分

划分原则	类　别	土地条件等级(I)
土地开发利用现状	不宜开发建设用地	1
	水面	2
	需工程措施改造的用地	3
	需一般工程措施改造的用地	4
	适宜开发建设用地	5
土地类型	水面	1
	承载力差的土地(如淤泥质土壤)	2
	结构松散的土地和丘陵岗地	3
	冲积平原土地	4
	风化岩层地带	5
地形条件	倾斜大的山坡	1
	较平坦的倾斜地	2
	湖泊低平地	3
	平原地带	4

土地利用等级可按人口密度来划分,或采用经济密度来划分,一般多采用人口密度划分。由于区域规模、性质的差别,其划分标准也不同,划分时要因地制宜。表 12-5 是一种按人口密度划分土地利用状况等级的方法。

表 12-5　土地利用等级划分

人口密度(人/km²)	土地利用等级(L)	人口密度(人/km²)	土地利用等级(L)
<500	1	5001～10000	4
501～1000	2	>10000	5
1001～5000	3		

土地利用现状分析,从土地利用的可能性(土地条件、土地利用等级)和现在的土地利用状况进行评价。其表达式为

$$S=\frac{L}{U} \tag{12-27}$$

式中 S 为土地利用综合评价值;L 为土地条件(利用)等级;U 为土地利用现状等级。

根据区域土地利用现状的调查,对照等级划分标准,得到现状利用等级情况。

土地利用适宜度和土地利用潜能,一般可根据土地利用综合评价价值 S 进行分析评价。取适当的临界值 S_0,当 $S=S_0$ 时,可以认为土地开发条件与开发现状相协调,处于土地开发平衡状态,当 $S<S_0$ 时,表示该土地处于过度划分状态,当 $S>S_0$ 时,表示该土地开发不足,或者说该土地具有开发潜能。

原则上来说,应当选取 $S_0=1$ 为临界值。考虑土地资源的宝贵,并希望有限的土地资源能够得到最大限度地开发,一般临界值 S_0 可选择在 1.15～1.35 之间。

运用上述分析方法确定区域内各网格的土地利用综合评价值,绘制成土地利用适宜度和土地利用潜能分析评价图,供土地开发利用时参考。

3. 生态适宜性分析

生态适宜性分析是在城市生态调查的基础上,寻求区域最佳土地利用方式的方法,生态适宜性分析是对土地特定用途的适宜性评价,通过多种生态因子的评价,得出综合评价结论。

对于不同的土地用途,所选择的生态因子不同。利用表 12-6 为工业用地和居住用地的生态因子选择表。

表 12-6　生态因子选择表

土地用途	生态因子
工业用地	人与自然特征、气象因子、环境质量因子、土地利用评价值等
居住用地	土地利用评价值、环境质量因子、绿地覆盖率等

生态因子的选择没有一般的规律可循,但必须选择对所确定的土地利用目的影响最大的生态因子。生态因子分析一般采用单因子分级评分的方法进行评价,单因子分级没有完全一致的方法,因土地利用方式和区域特征的差别,单因子分级和分级评分标准也不同。表 12-7 为单因子分级评分表。

表 12-7 单因子分级评分表

适宜度 / 因子	1 不适宜	2 基本适宜	3 适宜
位置	重点文物保护单位、园林风景区	居住区、文教区、医院、政府机关	空旷地、工业、交通用地
风向	上风向	中间	下风向
环境空气质量指数	>1.3	0.9～1.2	<0.9
土地利用评价值	<1.0	1.0～1.5	>1.5

生态适宜性分析是在单因子分级评价的基础上,进行各种用地形式的综合适宜性分析。其分析方法有两种:

(1) 直接叠加。其计算公式为

$$B_j = \sum_i B_{ji} \tag{12-28}$$

式中 B_j 为土地利用方式为 j 的综合评价值;B_{ji} 为土地利用方式为 j 的第 i 个生态因子的适宜度值。

(2) 加权叠加。当各生态因子对土地利用方式的影响程度相差很明显时,就不能直接叠加求综合适宜度,需要采用加权叠加,对影响大的因子赋予较大的权值。计算公式如下

$$B_j = \frac{\sum_i W_i B_{ji}}{\sum_i W_i} \tag{12-29}$$

式中 W_i 为第 i 个生态因子对土地利用的权值;其余符号同上。

综合适宜度分析采用分级的方法进行分析评价。综合适宜度一般分为不适宜、基本适宜、适宜三类或很不适宜、不适宜、基本适宜、适宜、很适宜五级。

以上是综合适宜度的一般分级方法,对于具体的问题,应考虑到区域本身的特点,因地制宜地采取适当的分级标准。

对于加权叠加的综合适宜度分级中,应考虑到各单因子权值大小。

4. 环境战略的对策措施

环境战略对策应以经济和社会发展的需求为基础,根据现状和趋势预测中的主

要环境问题，进行资源合理配置和利用。

通过环境承载力分析，土地和生态适宜度分析，可找出影响规划可持续发展的制约因子，对规划发展方向和规模进行调整，对土地利用进行合理规划，调整规划布局，使之与生态环境相适应。针对土地的适用类型，改善土地利用现状，在规划中选择合适的利用方式。

根据环境现状、总量控制分析结果和规划实施后可能出现的环境问题，对规划发展方向和发展规模进行适当调整，以适应总量控制的要求，解决现实的环境问题，且避免规划实施后出现新的环境问题。

为达到一定的环境目标，制定环境综合整治方案。采用集中控制与分散处理相结合的方法，并采用优化控制技术、确定污染综合整治方案。

四、环境管理的作用

1. 环境管理计划

环境管理是运用经济、法律、技术、行政、教育等手段使经济和环境保护得到协调发展。环境监督是环境管理最基本职能和最大权力。环境监督包括环境立法、制定环境标准、环境监测以及环境保护工作的监督。环境监测在环境监督管理中占有主要地位。它的重要作用是：了解和监视环境现状，评价环境质量；为科研和法律提供依据；监督法规的有效实施。

为保证规划区环境功能的实施，必须加强对规划区的环境管理工作，制定必要的环境管理措施。对于特定的区域如经济技术开发区，区内应设置专门的环境管理及监测机构，如开发区管委会可下设环保办公室和监测站，以执行区内环境监测、污染源监督和环境管理工作。

2. 机构设置与监控系统的建立

(1) 环境管理机构的主要职责

① 环保管理机构除执行主管领导有关环保工作的指令外，还应接受上级环境管理部门下达的各项环境管理工作，如统计报表、检查监督，定期与不定期地上报各项管理工作执行情况以及各项有关环境参数，为区域整体环境污染控制服务。

② 贯彻执行环境保护法规和标准。

③ 编制并组织实施区域环境保护规划，协助县(区)领导努力实现区域环境综合整治定量考核目标。

④ 领导和组织环境监测工作。

⑤ 根据有关法规，负责区内建设项目“三同时”的审批和验收，决定新建项目是否应进行环境影响评价工作。

⑥ 检查区域内环保设施运行情况，做好考核和统计工作。

⑦ 及时推广、应用环境保护的先进技术和经验。

⑧ 组织开展环保专业的法规、技术培训，提高各级环保人员的素质和水平。

⑨ 开展其他有关的环保工作。

(2) 环境监测站的主要职责

① 制定区域环境监测的年度计划与发展规划，建立健全本站各项规章制度。

② 根据国家和地区环境标准，对区域重点污染源和区域环境质量开展日常监测工作。按规定编制表格或报告，上报各有关主管部门，建立监测档案。

③ 参加区内新建、扩建和改建项目的验收和测定工作，提供监测数据。

④ 配合区内企业参加污染治理工作，为污染治理服务。

⑤ 技术上接受市环境监测中心和县(区)环境监测站的监督与指导，参加例行的技术考核。

⑥ 开展环境监测科学研究，不断提高监测水平。

⑦ 承担上级主管部门下达的以及有关部门委托的监测任务。

(3) 环境管理机构与监测站的人员与仪器配备

市级规划区域应在区内设环境保护办公室和监测站，根据实际需要确定人员编制，以负责区内环境管理以及环境和污染源监测工作。监测站人员必须经过技术培训合格后方可上岗，并定期参加国家和地方监测部门的考核。其余区(县)级规划区域如所在区(县)环境监测站环境要素测定比较齐全，有能力承担开发区内的监测工作，这些区域可不设专门的环境监测机构，而由区(县)监测站统一安排、实施监测计划。但区内应安排专门人员负责环境管理工作，并协调组织区内监测工作。

各区域监测站可根据本区域的特点配备相应必要的环境监测设备，有条件的监测站可考虑配置 SO_2、TSP 等大气自动监测装置，环境噪声连续自动监测及微机等设备。

(4) 环境监测计划

在编制规划环境影响报告书中，要制定出环境监测计划，明确监测计划的技术、管理要求，以便环境管理部门能够贯彻执行，切实保护环境资源，保障经济社会的可持续发展。

环境监测计划和环境监测有关内容不仅用于规划阶段，而且包括建设时期和运行期。在建设期内，环境监测通常在指定的时间内进行。可以对大气、水等环境要素进行监测，还可以对小规模人类活动进行监测，对所有大规模区域开发都需要在开发期内进行定期监测，监测对象可以包括大气、水、土壤、噪声和人类社会及自然生态等其他要素。环境监测可以由环保和卫生部门承担，或由与某个环保领域有关的专家如生物学家、水文学家、社会学家等执行。环境监测计划的内容要根据区域对环境产生的主要环境影响和经济条件而定，一般包括下面几个方面：① 选择合适的监测对象和环境因子；② 确定监测范围；③ 选择监测方法；④ 估算、筹集及分担监测经费；

⑤ 建立定期考核制度；⑥明确监测实施机构。

3. 环境管理指标体系的建立

环境管理指标体系的建立是进行环境规划方案优化的重要步骤。环境管理指标体系的建立必须在考虑环境、经济、生活质量等几方面关系的基础上，权衡轻重，加以选择。它是由一系列相互联系、相对独立、互为补充的指标所构成的有机整体。在实际规划中，由于规划的层次、目的、要求、范围、内容等不同，环境管理指标体系也不尽相同。指标体系的选择宜适当：指标过多，会给规划工作带来困难；指标太少，则难以保证规划的科学性和完整性，需根据规划对象、所要解决的主要问题、情报资料拥有量以及经济技术力量等条件决定，以能基本表征规划对象的实际状况和体现规划目标内涵为原则。

(1) 规定环境管理指标选取的原则

1) 科学性原则。指标或指标体系能全面、准确地表征管理对象的特征和内涵，能反映管理对象的动态变化，具有完整性特点，并且可分解，可操作，方向性明确。

2) 规范化原则。指标的含义、范围、量纲、计算方法具有统一性或通用性。而且在较长时间内不会有大的改变，或者可以通过规范化处理，可与其他类型的指标表达法进行比较。

3) 适应性原则。体现环境管理的运行机制，与环境统计指标，环境监测项目和数据相适应，以便于规划和管理。此外，所选指标还应与经济社会发展规划的指标相联系或相呼应。

4) 针对性原则。指标能够反映环境保护的战略目标、战略重点、战略方针和政策；反映区域经济社会和环境保护的发展特点和发展需求。

(2) 环境管理指标的类型

环境管理指标在结构上首先可分为直接指标和间接指标两大类。直接指标主要包括环境质量指标和污染物总量控制指标，间接指标重点是与环境相关的经济、社会发展指标，区域生态指标等。

区域环境管理指标按其表征对象、作用以及在环境规划管理中的重要程度或相关性可分为环境质量指标、污染物总量控制指标、环境规划措施与管理指标及相关指标。

1) 环境质量指标。环境质量指标主要表征自然环境要素（大气、水）和生活环境（如安静）的质量状况，一般以环境质量标准为基本衡量尺度。环境质量指标是环境规划管理的出发点和归宿，所有其他指标的确定都是围绕完成质量指标进行的。

2) 污染物总量控制指标。污染物总量控制指标根据一定地域的环境特点和容量来确定，其中又有容量总量控制和目标总量控制两种。前者体现环境的容量要求，是自然约束的反映；后者体现规划的目标要求，是人为约束的反映。我国现在执行的指标体系是将二者有机地结合起来，同时采用。

污染物总量控制指标将污染源与环境质量联系起来考虑，其技术关键是寻求源与汇（受纳环境）的输入响应关系，这是与目前盛行的浓度标准指标的根本区别。浓度标准指标虽对污染源的污染物排放浓度和环境介质中的污染物浓度作出规定，易于监测和管理，但此类指标体系对排入环境中的污染物总量无直接约束，未将源与汇结合起来考虑。

3）环境规划措施与管理指标。环境规划措施与管理指标是达到污染物总量控制指标进而达到环境质量指标的支持和保证性指标。这类指标有的由环保部门规划与管理，有的则属于城市总体规划，但这类指标的完成与公共环境质量的优劣密切相关。

4）相关性指标。相关指标主要包括经济指标、社会指标和生态指标三类。相关性指标大都包含在国民经济和社会发展规划中，都与环境指标有密切的联系，对环境质量有深刻影响，但又是环境规划所包容不了的。因此，环境规划将其作为相关性指标列入，以便更全面地衡量环境规划指标的科学性和可行性。对于区域来说，生态类指标也为环境规划所特别关注，它们在环境规划中将占有越来越重要的位置。

4. 环境目标可达性分析

环境目标是在一定的条件下，决策者对环境质量所要达到（或希望达到）的境地（结果）或标准。在一定条件下是指规划区内的自然条件、物质条件、技术条件和管理水平等。“决策者”是指各级政府，城市建设部门，环保部门等依法行政单位。有了环境目标就可以确定出环境规划区的环境保护和生态建设的控制水平。确定环境目标时应考虑如下几个问题。

① 选择恰当的环境保护目标要考虑规划区环境特征功能。

② 选择环境目标要考虑经济、社会和环境效益的统一。

③ 有利于环境质量的改善。

④ 考虑人们生存发展的基本要求。

⑤ 环境目标和经济发展目标要同步协调。

初步确定环境目标之后，就要论述环境目标是否可达。只有从整体上认为目标可达后，才能进行目标的分解，落实到具体污染源、具体区域、具体环境工程项目和措施。因此，从整体上定性或半定量论述目标可达性是非常重要的。环境目标的可达性可从以下几个方面进行分析。

（1）从投资的角度分析环境目标的可达性。环境目标确定以后，污染物的总量削减指标以及环境污染控制和环境建设等指标也就确定了。根据完成这些指标的总投资，可以计算出总的环境投资，然后与同时期的国民生产总值进行比较。虽然经济发展速度加快有可能增加对环境的压力，但是高速增长的经济实力也将为环境保护提供更强有力的支持。因此，尽可能地利用经济发展产生的效益来实现环境目标。

根据环保投资占同期国民生产总值的比例论述目标可达性时，一定要结合具体的经济结构（特别是工业结构）。因为不同的工业结构，环保投资比例相同时，环境效益会出现明显的差异。

（2）从提高环境管理技术和污染防治技术的角度论述目标的可达性。我国五项新制度的实施，标志着我国环境管理发展到了一个新的水平，也标志着我国环境管理发展到了由定性转向定量、由点源治理转向区域综合防治的新阶段。环境管理技术的提高必将进一步促进强化环境管理，为环境目标的实施提供保证。

科学技术在发展，许多污染治理技术也在发展。生产的工艺技术在不断更新，逐渐淘汰一大批高消耗、低效益的生产设备。一些新技术的普及必将为环境目标的实现提供技术保证。

（3）从污染负荷削减可行性的角度论述环境目标的可达性。在分析总量削减的可行性时，要分析目前削减的潜力及挖掘潜力的可能性，然后粗略地分析今后的一定时期内可能增加的污染负荷的削减能力，也就是比较污染物总量负荷削减能力和目标要求的削减能力，如总量削减能力大于目标削减量，一方面说明目标可能走得太低，另一方面说明目标可达；如果总削减量能力小于目标削减量，一方面说明目标可能定得太高，另一方面说明在不重新增加污染负荷削减能力的条件下，目标难以实现。

参考文献

Javandel I 等著，地下水运移数学模型手册. 林学钰，李生彩等译. 吉林：吉林科学出版社，1985.
Codell R T et al. A colltction of mathematical models for dispersion in surface water and groundwater，NUREG_0868，1982.
Lawrence D P. Environmental Impact Analysis. John Wiley & Sons，2003.
Abaza Hussein. Environmental Impact Assessment and Strategic Environmental Assessment：Towards an Integrated Approach. UNEP，2004.
Leonard H J. Overview in environment and the poor：Development strategies for a common agenda Leonard H J Ed.. Overseas Development Council ，New Brunwick，NJ，1998.
House P W. Trading of Environment，Economics，and Energy EPA′s Strategic Environmental Assessment system，Lexington Books，D，C . Heath and Company ，Lexington，Massachusetts，2002.
Therivel，R，Wilson，E，Thompson，S，Heaney，D *et al*. Strategic environmental assessment. London，Earthscan，1992.
包存宽. 规划环境影响评价方法及实例. 北京：科学出版社，2004.
北京市环境保护科学研究院编. 环境影响评价典型实例. 北京：化学工业出版社，2002.
蔡艳容主编. 环境影响评价. 北京：中国环境科学出版社，2004.
陈爱光，徐恒力编著. 地下水系统与地下水系统分析. 中国地质大学水文地质教研室，1987.
陈晓宏，江涛，陈俊合编著. 水环境评价规划. 广州：中山大学出版社，2001.
陈振民编著. 环境质量评价实务. 郑州：郑州大学出版社，2003.
程声通，陈筑龄. 环境系统分析. 北京：高等教育出版社，1990.
程胜高，张聪辰. 环境影响评价与环境规划. 北京：中国环境科学出版社，1999.
程树通等. 环境系统分析. 北京：高等教育出版社，1990.
崔莉凤，杨忠山，黄振芳. 环境影响评价和案例分析. 北京：中国标准出版社，2005.
戴振学. 地下水流系统概念模型研究. 水文地质工程地质，1992.
丁桑岚主编. 环境评价概论. 北京：化学工业出版社，2001.
傅国伟. 河流水质数学模型及模拟计算. 北京：中国环境科学出版社，1987.
国家环保总局计划司. 环境规划指南. 北京：清华大学出版社，1994.
国家环保总局监督管理司编. 中国环境影响评价. 北京：化学工业出版社，1999.
国家环境保护总局开发监督司编. 环境影响评价技术原则与方法. 北京：北京大学出版社，1992.
国家环境保护总局环境工程评估中心编. 环境影响评价案例分析. 北京：中国环境科学出版社，2005.
国家环境保护总局环境工程评估中心编. 环境影响评价技术方法(2005 年版). 北京：中国环境科学出版社，2005.

国家环境保护总局环境工程评估中心编. 环境影响评价技术方法(2006 年版). 北京:中国环境科学出版社，2006.
国家环境保护总局监督管理司. 中国环境影响评价培训教材. 北京：化学工业出版社，2000.
黄渝祥编著. 费用-效益分析. 上海:同济大学出版社,1985.
姜林. 环境政策的综合影响评价模型系统及应用. 环境科学，2006，**27**(5)：1035－1040.
李爱贞编著. 大气环境影响评价导论. 北京：海洋出版社，1997.
李俊亭主编. 地下水流数值模拟. 北京：地质出版社，1989.
李书绅. 战略环境评价与区域环境影响评价. 中国内地与香港区域性环境影响评估(EIA)研讨会论文集，1999.
李尉卿，吴奇，苏玉江. 环境评价. 北京:化学工业出版社，2003.
李柞泳，丁晶，彭荔红编著. 环境质量评价原理与方法. 北京：化学工业出版社，2004.
郦桂芬. 环境质量评价. 北京：中国环境科学出版社，1987.
梁耀开主编. 环境评价与管理. 北京：中国轻工业出版社，2002.
粱瑞驹主编. 环境水文学. 北京：中国水利水电出版社，1997.
林宇，刘长兵. 试论全面建立我国环境影响评价的法制化体系. 交通环保，1999，**20**(1)：5－8.
刘培桐主编. 环境学概论. 北京：高等教育出版社，2001.
刘兆昌，张兰生等. 地下水系统的污染与控制. 北京：中国环境科学出版社，1991.
刘振，薛宝琪. 环境影响评价研究的现状及发展趋势. 平原大学学报，2005，**22**(2)：43－46.
陆军，郝大举. 规划环境影响评价指标体系及评价方法浅析. 污染防治技术，2006，**19**(1)：64－66.
陆书玉主编. 环境影响评价. 北京：高等教育出版社，2001.
陆雍森编著. 环境评价. 上海：同济大学出版社，1999.
吕晓君等. 完善环境影响评价制度是现实循环经济的保障. 环境科学研究，2006，**19**(3).
马倚如等. 环境影响评价. 北京：中国环境科学出版社，1990.
孟伟，郝英臣著. 固体废物安全填埋场环境影响评价技术. 北京：海洋出版社，2002.
彭应登. 区域开发环境影响评价研究进展. 环境科学进展，1999，**7**(4)：34－40.
区永和等编. 水文地质学概论. 北京：中国地质大学出版社，1988.
沈毅，吴丽娜，王红瑞等. 环境影响后评价的进展及主要问题. 长安大学学报(自然科学版)，2005，**25**(1)：56－59.
施成熙，粱瑞驹. 陆地水文学原理. 北京：中国工业出版社，1997.
宋歌. 关于环境影响评价几个问题的探讨. 环境保护科学，2006，**32**(3)：64－66.
孙钰. 加强环境影响评价推进历史性转变. 环境保护，2006，**6**：30－34.
田萍萍. 浅析我国环境影响评价中的公众参与. 国土与自然资源研究，2006，(2)：38－39.
田子贵，顾玲主编. 环境影响评价. 北京：化学工业出版社，2003.
王炳忱，杨天行等. 地下水污染水质模拟方法. 北京:北京师范学院出版社，1986.
王华东. 环境影响评价. 北京：高等教育出版社，1989.
王华东. 环境影响评价. 天津：天津科学技术出版杜，1986.

吴旦立. 环境工程手册. 北京：高等教育出版社，1998.

吴婧,姜华.我国战略环境评价能力建设综述.环境保护,2006,**1**.

吴森.加强环境影响评价工作促进新疆可持续发展.决策咨询通讯,2006,(2):87－89.

徐鹤等. 战略环境影响(SEA)与可持续发展. 城市生态与城市环境，2002，**14**(2)：36－39.

徐鹤等. 战略环境影响(SEA)在中国的开展——区域环境影响评价(REA). 城市生态与城市环境，2002，**13**(3)：4－7.

徐新阳，于庆波，孙丽娜. 环境评价教程. 北京：化学工业出版社，2004.

杨晓松,谢波.区域环境风险评价方法的探讨.矿冶,2000,**9**(3):107－110.

叶文虎主编. 环境质量评价学. 北京：高等教育出版社，1994.

张从主编. 环境评价教程. 北京：中国环境科学出版社，2002.

张贡生.关于循环经济的内涵、特点、意义及对策综述.长春工业大学学报(社会科学版),2004,**16**(2):23－28.

张书农. 环境水力学. 天津：河海大学出版社，1985.

张永良，刘培督等. 木环境容量综合手册. 北京：清华大学出版社，1991.

张征. 环境评价学. 北京：高等教育出版社，2004.

张志泉,王军,林增.综述区域环境影响评价原则及方法.中国科技信息,2005:**9**.

赵济洲.循环经济和环境影响评价.世界标准化与质量管理,2006,**4**:4.

郑铭主编. 环境影响评价导论. 北京：化学工业出版社，2003.

周国强主编. 环境影响评价. 武汉：武汉理工大学出版社，2003.

朱坦主编. 开发区区域环境影响评价与规划. 天津：天津科学技术出版社，1996.

朱坦主编. 战略环境评价. 天津:南开大学出版社，2005.